HANS REICHENBACH

DER AUFSTIEG
DER WISSENSCHAFTLICHEN
PHILOSOPHIE

In der Abfassung des Buches haben mir meine folgenden Kollegen und Freunde wertvolle Ratschläge in bezug auf Inhalt und Form gegeben: Herr Dr. Wesley Robson, Los Angeles; Herr Dr. William Holther, Berkeley; Herr Prof. Herbert Feigl, Minneapolis; Herr Dr. John Kirk, Los Angeles, und Herr Stillman Drake, Diedmont, Kalifornien.
Ganz besonders dankbar bin ich meiner Frau, Maria Reichenbach, für ihre Hilfe beim Ausarbeiten des Manuskripts. Ihr unermüdliches Interesse, ihr stets bereiter Rat und ihre unbestechliche Kritik haben wesentlich dazu beigetragen, Gedanken klarzumachen, die, wie ich zuversichtlich hoffe, es verdienen, von einem breiteren Publikum diskutiert zu werden, als nur von uns beiden.   H. R.

WISSENSCHAFTSTHEORIE
WISSENSCHAFT UND PHILOSOPHIE

Herausgegeben von
Prof. Dr. Simon Moser, Karlsruhe
und
Dr. Siegfried J. Schmidt, Karlsruhe

Verlagsredaktion:
Dr. Frank Lube, Braunschweig

HANS REICHENBACH

DER AUFSTIEG
DER WISSENSCHAFTLICHEN
PHILOSOPHIE

FRIEDR. VIEWEG & SOHN
BRAUNSCHWEIG

Deutsche Übertragung von Maria Reichenbach
Titel der amerikanischen Originalausgabe:
„The Rise of Scientific Philosophy"
University of California Press
Berkeley and Los Angeles, 1951

ISBN 978-3-322-98113-4   ISBN 978-3-322-98770-9 (eBook)
DOI 10.1007/978-3-322-98770-9

1968

Alle Rechte vorbehalten
© 1968 by Friedr. Vieweg & Sohn GmbH, Braunschweig
2. Auflage der bei F. A. Herbig Verlagsbuchhandlung (Walter Kahnert),
Berlin-Grunewald, 1953 erschienenen deutschen Ausgabe

Bestell-Nr. 7300

INHALT

ERSTER TEIL

DIE WURZELN DER SPEKULATIVEN PHILOSOPHIE

1 · DIE FRAGE	13
2 · DIE SUCHE NACH ALLGEMEINHEIT UND DIE PSEUDO-ERKLÄRUNG	15
3 · DIE SUCHE NACH ABSOLUTER GEWISSHEIT UND DIE RATIONALISTISCHE AUFFASSUNG DER ERKENNTNIS	38
4 · DIE SUCHE NACH ETHISCHEN LEITSÄTZEN UND DER KOGNITIV-ETHISCHE PARALLELISMUS	63
5 · DER LÖSUNGSVERSUCH DES EMPIRISMUS: SEIN ERFOLG UND SEIN VERSAGEN	90
6 · DIE DOPPELNATUR DER KLASSISCHEN PHYSIK: IHRE EMPIRISTISCHE UND IHRE RATIONALISTISCHE SEITE	113

ZWEITER TEIL

DIE ERGEBNISSE DER WISSENSCHAFTLICHEN PHILOSOPHIE

7 · DER URSPRUNG DER NEUEN PHILOSOPHIE	137
8 · VOM WESEN DER GEOMETRIE	145
9 · WAS IST DIE ZEIT?	165
10 · DIE NATURGESETZE	179
11 · GIBT ES ATOME?	189
12 · EVOLUTION	216
13 · DIE MODERNE LOGIK	243
14 · UNSER WISSEN VON DER ZUKUNFT	258
15 · ZWISCHENSPIEL: HAMLETS MONOLOG	281
16 · DIE FUNKTIONELLE AUFFASSUNG DER ERKENNTNIS	283
17 · DAS WESEN DER ETHIK	309
18 · DIE ALTE UND DIE NEUE PHILOSOPHIE: EIN VERGLEICH	339
REGISTER	367

VORWORT
ZUR 2. AUFLAGE DER DEUTSCHEN AUSGABE

Warum eröffnen wir eine Buchreihe über Wissenschaftstheorie verschiedener Hauptdisziplinen mit einer Neuauflage von *Hans Reichenbachs* Buch „Aufstieg der wissenschaftlichen Philosophie", dessen 1. Auflage 1951 in den USA erschien? Weil es sich mit seiner präzisen und verständlichen Sprache nach siebzehn Jahren immer noch so frisch wie damals liest, weil seine Problematik zwischen Rationalismus und Empirismus, seine Opposition gegen Metaphysik und Ontologie als philosophische Grundlegung der Naturwissenschaft immer noch in Mitteleuropa aktuell ist. *Reichenbach* spielt aber trotzdem keinen physikalischen Positivismus gegen Philosophie überhaupt aus, sondern tritt für eine autonome, philosophische Analyse der Physik ein, weil z. B. die Frage, woraus die Materie besteht, „mit Hilfe von physikalischen Experimenten allein nicht beantwortet werden kann, sondern eine solche Analyse erfordert" (S. 199). Ihm genügt auch nicht der „gesunde Menschenverstand", wenn es sich um schwierige wissenschaftliche Untersuchungen handelt (S. 201). Noch ein Beispiel für den Umschlag von Wissenschaft zu Philosophie: Man kann die Geschichte des Weltalls etwa 2 Milliarden Jahre zurückverfolgen. Wenn man nun danach fragt, wie der Urgasball selbst noch entstanden ist, wird der Wissenschaftler mit einer solchen Frage zum Philosophen (S. 233). *Reichenbach* unterscheidet hier aber Philosophen von spekulativem Typ, die eine Kosmogonie erfanden, welche an die Stelle der Wissenschaft ein Märchen setzte oder einen Schöpfungsakt aus dem Nichts annahm, und solche von modernem Typ. Dieser „lehnt es ab, eine definitive Antwort zu geben, welche den Wissenschaftler seiner Verantwortung entheben würde. Er kann nur klar machen, was man überhaupt sinnvollerweise fragen kann und kann gewisse mögliche Antworten skizzieren" (S. 234). Aber wenn schon keine

Kosmogonie älterer Prägung heute möglich sein soll, wäre nicht eine philosophische Kosmologie möglich, so wie sie z. B. *Nicolai Hartmann* in seiner Philosophie der Natur versucht hat? Aber auch in ihm würde wohl *Reichenbach* noch einen Philosophen von spekulativem Typ sehen, der noch eine ontologische oer metaphysische Katogerienlehre der *Natur* versuche, während man sich heute mit einer Philosophie der *Naturwissenschaft* begnügen müsse. Eine solche schrieb schon früher auch *Hermann Weyl*, allerdings mit idealistischen und rationalistischen Einschlägen, was ihn von *Reichenbach* unterscheidet.

Ist aber *Reichenbachs* „Wissenschaftliche Philosophie" eine Wissenschaftstheorie, wenn man darunter die Analyse der Voraussetzungen und Methoden der Wissenschaft versteht? Die Antwort lautet: ja — nämlich im Sinne einer philosophischen Wissenschaftstheorie, d. h. einer philosophischen Reflexion auf Grundbegriffe und Grundsätze einer Wissenschaft, hier etwa der Physik. Ist *Bohrs* und *Heisenbergs* Komplementaritätsauffassung von Welle und Korpuskel eine innerphysikalische Reflexion oder eine philosophische, metatheoretische Überlegung? Zu dieser letzteren würde ich *Reichenbachs* „Wissenschaftliche Philosophie" rechnen. Was er hier an Methoden untersucht, ist hauptsächlich die hypothetisch deduktive Methode, die man auch erklärende Induktion nennen kann (S. 118—119).

Der Philosophiehistoriker wird sich an manchen Urteilen über und Verurteilungen von vergangenen Philosophien stoßen[1]), z. B. der Form-Stoff-Lehre des *Aristoteles*. Aber diese Pauschalurteile sind für den eigenen wissenschaftstheoretischen Ansatz von Reichenbach nebensächlich.

Karlsruhe, im Frühjahr 1968 *Simon Moser*

---

[1]) Zu dieser vergleiche man mein Buch „Grundbegriffe der Naturphilosophie bei *Wilhelm von Ockham*. Kritischer Vergleich der sumulae in libros physicorum mit der Philosophie des *Aristoteles*", in der Schriftenreihe „Philosophie und Grenzwissenschaften", Innsbruck 1932, S. 21—22 und S. 42—65.

VORWORT

Es ist ein weitverbreiteter Glaube, daß Philosophie und Spekulation unzertrennlich sind. Man ist der Ansicht, daß dem Philosophen keine Methoden zur Verfügung stehen, die zu objektiver Wahrheit führen, daß also die Wahrheit von Beobachtungstatsachen ebenso wie die Wahrheit rein logischer Gedankengänge nicht in sein Gebiet fällt, und daß er deshalb eine unverifizierbare Sprache benutzen muß – kurz, daß die Philosophie mit Wissenschaft nichts zu tun hat. Das vorliegende Buch ist in der Absicht geschrieben, eine entgegengesetzte Auffassung zu begründen. Es vertritt die Ansicht, daß philosophische Spekulation eine vorübergehende Phase bedeutet, die nur dann entsteht, wenn philosophische Fragen zu einer Zeit gestellt werden, welche noch nicht über die logischen Mittel zu ihrer Beantwortung verfügt. Es behauptet, daß es eine wissenschaftliche Einstellung in der Philosophie gibt und immer gegeben hat, und will zeigen, wie aus dieser Einstellung eine wissenschaftliche Philosophie entsprungen ist, welche in der modernen Wissenschaft das Handwerkszeug dazu gefunden hat, Probleme zu lösen, die in vergangenen Zeiten das Opfer blinden Ratens geworden waren. Das Buch will den Beweis dafür erbringen, daß Philosophie der Spekulation entwachsen und zur Wissenschaft geworden ist.
Ein solches Buch wird sich notwendigerweise mit älteren Phasen der Philosophie kritisch auseinandersetzen müssen, und der erste Teil des Buches beschäftigt sich daher mit einer Untersuchung über die Unzulänglichkeiten der traditionellen Philosophie. Diesem Teil ist die Aufgabe zugefallen, die psychologischen Wurzeln bloßzulegen, aus denen die spekulative Philosophie erwachsen ist; die Darstellung richtet sich also gegen Vorurteile, welche Bacon „Idole des Theaters" genannt hat. Die Macht dieser Idole, nämlich der traditionellen philosophischen

Systeme, ist immer noch groß genug, um 300 Jahre nach Bacon von neuem zu ihrer Kritik herauszufordern. Der zweite Teil des Buches enthält eine Darstellung der modernen wissenschaftlichen Philosophie und versucht, die philosophischen Resultate zusammenzufassen, die sich aus der Analyse der modernen Wissenschaft und der Erfindung der symbolischen Logik ergeben haben.

Obgleich das Buch von philosophischen Systemen und wissenschaftlichen Gedankengängen handelt, ist es doch nicht unter der Voraussetzung geschrieben, daß der Leser Spezialkenntnisse auf diesen Gebieten besitzt. Philosophische Begriffe und Lehren werden immer erst erklärt, ehe sie zum Gegenstand einer Kritik gemacht werden. Und obwohl das Buch logische Untersuchungen über die heutige Mathematik und Physik enthält, verlangt es nicht, daß der Leser selbst Mathematiker oder Physiker ist. Jeder, der genug gesunden Menschenverstand besitzt, um mehr lernen zu wollen, als ihn der gesunde Menschenverstand lehren kann, ist in der Lage, den Auseinandersetzungen des Buches zu folgen.

Das Buch kann zu einer Einführung in die Philosophie, besonders in die wissenschaftliche Philosophie, benutzt werden. Es ist aber nicht als eine sogenannte „objektive" Darstellung des traditionellen philosophischen Materials gedacht. Es wird niemals der Versuch gemacht, die philosophischen Systeme in dem Bemühen zu deuten, in jeder Philosophie ein Stück Wahrheit zu finden und dem Leser den Glauben einzuflößen, daß jede philosophische Lehre verstanden werden kann. Wenn Philosophie in diesem Sinne gelehrt wird, kann sie sich keinen allzu großen Erfolg versprechen. Viele, die einmal die Absicht hatten, Philosophie auf Grund angeblich objektiver Darstellungen zu studieren, haben gemerkt, daß ihnen eine Menge philosophische Lehren für immer unverständlich geblieben sind. Andere haben versucht, philosophische Systeme so gut es ging zu verstehen und philosophische Resultate mit denen der Wissenschaft zu verbinden,

haben aber bald entdeckt, daß es ihnen nicht gelingen wollte, Philosophie und Wissenschaft zu vereinigen. Wenn aber die Philosophie dem unvoreingenommenen Leser unverständlich bleibt und mit der modernen Wissenschaft nicht in Einklang zu bringen ist, dann muß die Schuld beim Philosophen liegen. Er hat zu oft die Wahrheit dem Verlangen geopfert, um jeden Preis eine Antwort zu geben; und statt seine Probleme klar zu formulieren, ist er der Versuchung erlegen, in Bildern zu sprechen. Daher fehlt seiner Sprache die Schärfe, welche den Wissenschaftler wie ein Kompaß davor bewahrt hat, an den Klippen des Irrtums zu scheitern. Wenn eine Darstellung der Philosophie objektiv sein soll, dann sollte sich diese Objektivität eher in den Wertmaßstäben der Kritik ausdrücken als in Zugeständnissen an einen philosophischen Relativismus. In diesem Sinne sind die Untersuchungen des Buches objektiv. Sie sind für die große Anzahl derer geschrieben, die Bücher über Philosophie und Naturwissenschaft gelesen haben und unbefriedigt geblieben sind; die versucht haben, Klarheit zu finden, aber mit einer Flut von Worten überschwemmt worden sind, und die trotzdem die Hoffnung nicht aufgegeben haben, daß die Philosophie eines Tages so widerspruchsfrei und erfolgreich werden würde, wie es die Wissenschaft heute schon ist.
Es ist leider nicht überall bekannt, daß eine solche wissenschaftliche Philosophie schon existiert. Als Überbleibsel der spekulativen Philosophie hängt noch immer ein Nebel über den Ergebnissen philosophischer Forschung und verhüllt sie vor den Augen derer, die keine Ausbildung in den Methoden logischer Analyse genossen haben. Die vorliegende Darstellung wurde in der Hoffnung unternommen, daß sich dieser Nebel in der frischen Luft klarer Formulierungen verflüchtigen wird. Das Buch möchte die Wurzeln philosophischer Irrtümer aufdecken und den Nachweis erbringen, daß die Philosophie den Schritt vom Irrtum zur Wahrheit gemacht hat. H. R.

VORWORT ZUR DEUTSCHEN AUSGABE

Die in diesem Buch dargelegten Gedanken gehen lange Zeit zurück. In ihren Grundlagen wurden sie entwickelt, als ich noch an deutschen Hochschulen tätig war; und sie bildeten das Programm einer philosophischen Gruppe, die in den Jahren 1926 bis 1933 in Berlin erfolgreich bemüht war, die Anhänger einer wissenschaftlichen Philosophie zu gemeinsamer Arbeit zu vereinen. In den Vortragsabenden der Gesellschaft für wissenschaftliche Philosophie und der Herausgabe der Zeitschrift „Erkenntnis" fand diese Arbeit ihren öffentlichen Ausdruck. Von den Mitgliedern der Gruppe möchte ich hier insbesondere Prof. Friedrich Kraus, Prof. Walter Dubislav, Dr. Kurt Grelling, Dr. Alexander Herzberg und Graf Georg v. Arco nennen, die heute nicht mehr am Leben sind.
Aus der Zusammenarbeit dieser Gruppe mit ähnlichen Gruppen, vor allem dem Wiener Kreis, der von M. Schlick und R. Carnap geleitet wurde, und der Gruppe polnischer Logiker, die sich um J. Lucasiewicz und A. Tarski scharten, erwuchs eine Bewegung, die sich über viele Länder verbreitet hat. In Amerika fand sie Widerhall bei den Pragmatisten, die von John Dewey ausgingen, und in England in der Gruppe analytischer Philosophen, die unter dem Einfluß Bertrand Russells entstanden war. Heute umfaßt diese Bewegung Vertreter in allen Ländern, vor allem in den Vereinigten Staaten von Amerika, in England, in Holland, in Frankreich, in Deutschland, in der Schweiz; und die Probleme einer wissenschaftlichen Philosophie sind wiederholt auf internationalen Kongressen diskutiert worden, die diesem Thema gewidmet waren.
Das große fachliche Material, das inzwischen in Büchern und Zeitschriften angesammelt worden ist, ist aber der größeren Öffentlichkeit nicht zugänglich. Um diesem Mangel abzuhelfen, habe ich die vorliegende Darstellung

geschrieben, die keine technischen Kenntnisse voraussetzt und sich an alle wendet, die von der neuen Philosophie etwas erfahren möchten. Es ist aber nicht die Absicht meiner Darstellung, eine Art Sammelreferat zu geben, welches über die Beiträge der einzelnen Mitarbeiter berichtet. Ich habe vielmehr versucht, die wissenschaftliche Philosophie so darzustellen, wie ich sie sehe; darum liegt die Verantwortung für diese Darstellung ganz bei mir und sollte nicht meinen wissenschaftlichen Freunden zugeschoben werden. Aber ich glaube, daß der Leser die wissenschaftliche Philosophie besser verstehen lernt, wenn er sie durch die Augen eines ihrer Mitarbeiter sieht, als wenn er versucht, gleichsam darüber zu schweben und von jeder jemals vertretenen Ansicht etwas zu erfahren.
Mein Buch faßt daher viele meiner eigenen Arbeiten zusammen, darunter solche, die noch in Deutschland entstanden, andere, die während meines Aufenthalts in der Türkei entworfen wurden, und wieder andere, die in Amerika hinzutraten. Es ist in den Jahren 1946 bis 1950 in Kalifornien und deshalb in englischer Sprache geschrieben worden. Ich bin meiner Frau, Maria Reichenbach, zu großem Dank verpflichtet, daß ihre Übersetzung ins Deutsche meine Gedanken auch deutschen Lesern zugänglich macht.

Hans Reichenbach
University of California · Los Angeles

ERSTER TEIL

DIE WURZELN DER SPEKULATIVEN PHILOSOPHIE

I

DIE FRAGE

In den Schriften eines berühmten Philosophen findet sich die folgende Stelle: „Die Vernunft ist die Substanz wie die unendliche Macht, sich selbst der unendliche Stoff alles natürlichen und geistigen Lebens, wie die unendliche Form, die Betätigung dieses ihres Inhalts. Die Substanz ist sie, nämlich das, wodurch und worin alle Wirklichkeit ihr Sein und Bestehen hat."
Solche sprachlichen Erzeugnisse machen manchen Leser ungeduldig, und er würde wahrscheinlich das Buch am liebsten ins Feuer werfen, da er kein Wort davon versteht. Aber eine rein gefühlsmäßige Reaktion ist noch keine logische Kritik; ich möchte deshalb dem Leser vorschlagen, sich auf die sogenannte philosophische Sprache einmal wie ein neutraler Beobachter einzustellen, so, wie der Zoologe sich eine seltene Art Käfer ansieht. Eine Untersuchung über Irrtum fängt mit Sprachanalyse an. Ein Philosophiestudent wird allerdings nicht so leicht aufgebracht durch unklare Formulierungen. Im Gegenteil, wenn er das obige Zitat läse, würde er wahrscheinlich zu der Überzeugung kommen, daß es seine eigene Schuld ist, wenn er es nicht versteht. Er würde es daher immer wieder und wieder lesen und irgendwann einen Zustand erreichen, wo er denkt, er habe es verstanden. Es würde ihm dann völlig klar erscheinen, daß Vernunft eine unendliche Macht ist, die die Grundlage für alles natürliche und geistige Leben bildet und deswegen die Substanz aller Dinge ist. Er hat sich so an solche Redeweisen gewöhnt, daß er jede Kritik ausschaltet, die ein „weniger gebildeter" Mensch gar nicht unterlassen kann. Stellen wir uns einmal einen Naturwissenschaftler vor, der gewöhnt ist, seine Worte so zu gebrauchen, daß jeder Satz einen Sinn hat. Seine Behauptungen sind so

formuliert, daß er immer in der Lage ist, ihre Wahrheit zu beweisen. Er hat nichts dagegen, wenn sich in diesem Beweis lange und komplizierte Gedankengänge finden, und er hat keine Angst vor abstrakter Logik. Aber er verlangt, daß die abstrakten Gedankengänge in Verbindung stehen mit dem, was seine Augen sehen und seine Ohren hören und seine Finger fühlen. Was würde ein geschulter Naturwissenschaftler zu dem obigen Zitat sagen? Die Worte „Stoff" und „Substanz" sind ihm nicht unbekannt. Er hat sie oft in Beschreibungen von Experimenten benutzt; er hat gelernt, das Gewicht und die Masse einer Substanz zu bestimmen. Er weiß, daß ein Stück Materie aus verschiedenen Substanzen bestehen und daß jede ganz anders als der betrachtete Körper aussehen kann. Diese Begriffe enthalten also an sich keine Schwierigkeiten für ihn.
Aber was für eine Art Stoff ist nun die Basis für alles natürliche und geistige Leben? Man möchte annehmen, daß es die organische Substanz ist, aus der unser Körper besteht. Wie kann diese mit Vernunft identisch sein? Vernunft ist eine abstrakte Eigenschaft von Menschen, die sich in ihrem Verhalten ausdrückt, oder sagen wir vorsichtigerweise, die sich wenigstens manchmal in ihrem Verhalten ausdrückt. Will der zitierte Philosoph behaupten, daß unser Körper aus einer abstrakten Eigenschaft seiner selbst aufgebaut ist?
Selbst ein Philosoph wird sich zu einem solchen Widersinn nicht versteigen. Was meint er also? Wahrscheinlich will er sagen, daß sich alle Geschehnisse in der Welt so vollziehen, daß sie einem vernünftigen Zweck dienen. Das ist wenigstens eine verständliche Annahme, wenn ihre Wahrheit auch fragwürdig ist. Wenn das aber alles ist, was der Philosoph sagen will, warum muß er es auf so dunkle Weise ausdrücken?
Dies ist die Frage, die ich beantworten möchte, bevor ich sagen kann, was Philosophie ist und was sie sein sollte.

DIE SUCHE NACH ALLGEMEINHEIT UND DIE PSEUDO-ERKLÄRUNG

Der Wunsch zu wissen ist so alt wie die Menschheitsgeschichte. Gleichzeitig mit den Anfängen gesellschaftlicher Gruppen und dem Gebrauch von Werkzeugen zum Zwecke einer vollkommeneren Befriedigung der täglichen Bedürfnisse hat sich der Wunsch nach Wissen eingestellt, denn Wissen ist unentbehrlich für eine Beherrschung der Dinge unserer Umwelt, die wir für unsere Zwecke ausnutzen möchten.
Die Grundlage der Erkenntnis ist *Verallgemeinerung*. Aus einer Verallgemeinerung einzelner Erfahrungen stammt die Erkenntnis, daß man Feuer hervorbringen kann, wenn man zwei Stücke Holz auf eine bestimmte Weise aneinander reibt. Der Sinn der Aussage ist, daß das Reiben des Holzes *immer* Feuer hervorbringt. Das Geheimnis der Entdeckung ist das Geheimnis der richtigen Verallgemeinerung. Unwesentliche Eigenschaften, wie z. B. die Form oder die Größe eines bestimmten Holzstückes, werden bei den Verallgemeinerungen außer acht gelassen; aber wesentliche Eigenschaften, wie die Trockenheit des Holzes, sind einzuschließen. Auf diese Weise kann man den Ausdruck „wesentlich" definieren: wesentlich ist, was in einer gültigen Verallgemeinerung genannt werden muß. Die Unterscheidung zwischen wesentlichen und unwesentlichen Faktoren ist der Anfang der Erkenntnis.
Verallgemeinerung ist daher der Beginn der Wissenschaft. Die Wissenschaft der Alten drückt sich in dem Umfang der Technik aus, die sie ihr eigen nannten: im Hausbau, im Tuchweben, im Waffenschmieden, im Bau von Segelbooten, in ihrer Landwirtschaft. Sie ist noch augenscheinlicher in ihrer Physik, Astronomie und Ma-

thematik. Die alten Griechen kannten schon eine ganze Menge allgemeiner Gesetze von umfassender Bedeutung, und daher kann man von griechischer Wissenschaft sprechen: sie kannten Gesetze der Geometrie, die für alle Teile des Raumes ohne Ausnahme gelten; astronomische Gesetze, die die Zeit beherrschen; eine Anzahl physikalischer und chemischer Gesetze, wie z. B. das Hebelgesetz und die Beziehung zwischen Wärme und Schmelzpunkt. Alle diese Gesetze sind Verallgemeinerungen, denn sie behaupten, daß eine bestimmte Folgebeziehung oder *Implikation* für alle Dinge einer bestimmten Art besteht. Mit anderen Worten: sie sind *wenn – dann – immer –* Aussagen. Das Beispiel „wenn ein Metall genügend erhitzt wird, dann schmilzt es immer" ist von dieser Art.

Verallgemeinerung ist daher die Grundlage jeder Erklärung. Unter Erklärung einer beobachteten Tatsache verstehen wir, daß man sie in ein allgemeines Gesetz einordnen kann. Wir beobachten, daß der Wind im Laufe des Tages vom Meer in der Richtung aufs Land hin weht; wir erklären diese Tatsache, indem wir sie in das allgemeine Gesetz einordnen, daß sich erhitzte Körper ausdehnen und, auf gleiche Volumina bezogen, leichter werden. Dieses Gesetz hilft uns, unser Beispiel zu erklären: die Sonne erhitzt das Land stärker als das Wasser, die Luft über dem Land wird warm und steigt empor; auf diese Weise macht sie einer Luftströmung vom Wasser her Platz. Oder: wir haben beobachtet, daß Lebewesen zur Existenz Nahrung brauchen, und erklären diese Tatsache, indem wir sie in das allgemeine Gesetz der Erhaltung der Energie einordnen. Die Energie, die von einem Organismus im täglichen Leben aufgewendet wird, muß durch die Kalorien in der Nahrung ersetzt werden. Oder: wir haben die Erfahrung gemacht, daß frei schwebende Körper herunterfallen, und erklären diese Tatsache dadurch, daß wir sie in das allgemeine Gesetz der Massenanziehung einordnen. Die große Erdmasse zieht die klei-

nen Massen in der Richtung auf ihren Mittelpunkt an.
Das Wort „Anziehung", welches wir in unserem letzten
Beispiel gebraucht haben, ist nicht ganz ungefährlich, da
es an psychologische Erfahrungen erinnert. Dinge, die wir
begehren, ziehen uns an, wie gutes Essen oder das neueste
Automodell, und wir stellen uns die Anziehung der Körper durch die Erde als eine Art Wunscherfüllung vor,
wenigstens von der Erde aus gesehen. Eine solche Interpretation nennt der Logiker einen *Anthropomorphismus,*
d. h. eine Beschreibung physikalischer Dinge durch einen
Vergleich mit menschlichen Eigenschaften. Es ist klar,
daß eine Analogie zwischen Naturereignissen und
menschlicher Psychologie keine Erklärung darstellt. Wenn
wir sagen, daß Newtons Gesetz der Anziehungskraft das
Fallen von Körpern erklärt, dann meinen wir damit, daß
die Bewegung der Körper in Richtung auf die Erde in ein
allgemeines Gesetz einbezogen werden kann, demzufolge
sich alle Körper aufeinander zu bewegen. Wenn Newton
„Anziehung" sagt, dann heißt das nichts anderes als eine
Bewegung der Körper zueinander. Der Erklärungswert
des Gravitationsgesetzes besteht in seiner Verallgemeinerung und nicht in der zufälligen Analogie mit psychologischen Erfahrungen. Erklärung bedeutet Verallgemeinerung.
Manchmal wird eine Erklärung dadurch gegeben, daß
eine Tatsache hypothetisch angenommen wird, die entweder nicht beobachtet worden ist oder nicht beobachtet
werden kann. Das Bellen eines Hundes könnte z. B.
durch die Annahme erklärt werden, daß sich ein Frem-
der dem Hause nähert; und das Vorkommen von See-
wasserfossilien auf Bergen wird durch die Annahme erklärt, daß der Boden früher einmal auf tieferem Niveau
gelegen hat und vom Meere bedeckt war. Aber die unbeobachtete Tatsache hat nur deshalb einen Erklärungswert, weil die beobachtete Tatsache als Auswirkung eines
allgemeinen Gesetzes aufgezeigt wird: Hunde bellen,
wenn sich Fremde nähern; Meerestiere leben nicht auf
dem Land. Mit Hilfe allgemeiner Gesetze kann man

daher auf neue Tatsachen schließen, und die Erklärung wird ein Mittel, die Welt der direkten Erfahrung durch Schlüsse auf unbeobachtete Dinge und Ereignisse zu vervollständigen.
Es ist darum nicht verwunderlich, wenn die erfolgreiche Erklärung einer großen Anzahl von Naturereignissen das Verlangen im Menschen nach immer größerer Verallgemeinerung erzeugt hat. Die Fülle der Beobachtungen konnte das Verlangen nach Erkenntnis nicht befriedigen; der Wissensdrang ging über die Beobachtung hinaus und suchte nach Verallgemeinerung. Unglücklicherweise sind aber die Menschen dazu geneigt, auch dann Antworten zu geben, wenn sie noch gar nicht die Mittel zu einer richtigen Antwort besitzen. Eine wissenschaftliche Erklärung setzt weitreichende Beobachtung und Kritik voraus. Je umfassender die Verallgemeinerung, desto größer muß das Beobachtungsmaterial und desto kritischer der gedankliche Aufbau sein. Wo die wissenschaftliche Erklärung versagte, weil der Wissensschatz der Zeit nicht hinreichte, um die richtige Verallgemeinerung zu erfassen, trat die Phantasie an ihre Stelle und erfand eine Art von Erklärung, die den Drang nach Verallgemeinerung mit primitiven Analogien befriedigte. Oberflächliche Vergleiche, insbesondere mit menschlichen Erfahrungen, verwechselte man mit Verallgemeinerungen und hielt sie für Erklärungen. Die Suche nach Allgemeinheit wurde durch *Pseudo-Erklärung* befriedigt, und auf diesem Boden erwuchs die Philosophie.
Ein solcher Ursprung verspricht keine guten Resultate; aber ich habe auch nicht gerade die Absicht, der Philosophie einen Empfehlungsbrief zu schreiben, sondern möchte ihr Vorhandensein und ihr Wesen erklären. Tatsächlich kann man sowohl ihre Schwäche als auch ihre Stärke aus ihrer Entstehung auf einer so fragwürdigen Grundlage ableiten.
Ein Beispiel möge verdeutlichen, was ich unter einer Pseudo-Erklärung verstehe. Zu allen Zeiten hat das Be-

dürfnis, die physikalische Welt zu begreifen, zur Frage nach dem Ursprung der Welt geführt: die Mythologien aller Völker enthalten primitive Berichte über die Erschaffung des Weltalls. Die bekannteste Schöpfungsgeschichte, ein Werk jüdischer Dichtkunst, findet sich in der Bibel und stammt ungefähr aus dem 9. Jahrhundert vor Christus. Hier wird die Welt als Gottes Schöpfung dargestellt, eine naive Erklärung, die einen primitiven oder kindlichen Geist durch anthropomorphe Analogien befriedigt: So wie die Menschen Häuser, Werkzeuge und Gärten machen, so hat Gott die Welt gemacht. Eine der allgemeinsten und grundlegendsten Fragen, nämlich die nach dem Ursprung der Welt, wird mit Hilfe einer Analogie mit Erfahrungen des täglichen Lebens beantwortet. Es ist schon oft richtig betont worden, daß derartige Bilder keine Erklärung darstellen, und daß sie das Problem einer Erklärung der Welt nur noch schwieriger gestalten würden, wenn sie wahr wären. Die Schöpfungsgeschichte der Bibel ist deshalb eine Pseudo-Erklärung.
Trotzdem – was für eine Überzeugungskraft atmet dieses Werk! Das jüdische Volk, das damals noch ein primitives Dasein führte, hat der Welt eine Dichtung geschenkt, die mit ihrer Lebenswärme den Leser bis auf den heutigen Tag in Bann gehalten hat. Unsere Phantasie wird von dem ehrwürdigen Bild eines Gottes gefesselt, dessen Geist über den Wassern schwebt und der die ganze Welt durch ein paar Gebote erschafft. Der tiefe, unbewußte Wunsch nach dem mächtigen Vater wird in diesem uralten Märchen erfüllt. Doch die Erfüllung unserer Wünsche ist keine Erklärung, obgleich die Philosophie durch alle Zeiten hindurch unter der Verwechslung von Logik mit Dichtung, von wissenschaftlicher Erklärung mit Phantasiebildern, von Gesetzen mit Analogien gelitten hat. Viele philosophische Systeme gleichen der Bibel und sind wie sie ein Meisterwerk der Dichtkunst, unerschöpflich an Bildern, die

unsere Phantasie anregen, während ihnen jegliches Erklärungsvermögen im wissenschaftlichen Sinne abgeht. Gewisse griechische Kosmogonien unterscheiden sich von der jüdischen Schöpfungsgeschichte dadurch, daß sie eine allmähliche Entwicklung, also eine Evolution, und keinen Schöpfungsakt annehmen. In dieser Hinsicht sind sie besser, aber auch sie bieten keine wissenschaftliche Erklärung im modernen Sinne dar, denn sie sind ebenfalls auf primitiven Verallgemeinerungen täglicher Lebenserfahrungen aufgebaut. Anaximander, um 600 vor Christus, glaubte, daß die Welt sich aus einer unendlichen Substanz, die er *apeiron* nannte, entwickelt habe. Erst hat sich das Warme von dem Kalten getrennt. Das Kalte wurde die Erde, und das warme Feuer umgibt die Erde in räderartigen, mit Luft gefüllten Schläuchen. Das Feuer ist immer noch da, man kann es nämlich durch Löcher in den Schläuchen sehen, und so erscheint es uns als Sonne, Mond und Sterne. Aus der die Erde umgebenden Feuchtigkeit entwickelten sich die Lebewesen, zuerst in niedrigen Formen; auch die Menschen gehen auf die Fische zurück. Der Philosoph, von dem dieser phantastische Bericht über den Ursprung der Welt stammt, hat ebenfalls Analogie mit Erklärung verwechselt. Aber seine Pseudo-Erklärungen sind nicht gänzlich hinfällig, denn sie sind wenigstens ein Schritt in der richtigen Richtung. Sie enthalten primitive wissenschaftliche Theorien, und wenn man sie als Wegweiser für weitere Beobachtungen und Untersuchungen benutzt hätte, würden sie unter Umständen zu einer besseren Erklärung geführt haben. Anaximanders räderartige Schläuche sind zum Beispiel Versuche, die kreisartigen Bahnen der Sterne zu erklären.

Es gibt zwei Arten von falschen Verallgemeinerungen, die man als harmlose oder bösartige Formen des Irrtums unterscheiden kann. Die erste, die man oft bei wissenschaftlich eingestellten Philosophen findet, läßt sich relativ leicht berichtigen und angesichts weiterer Erfahrungen verbessern. Die zweite, die in Analogien und Pseudo-Erklärungen besteht, führt zu leeren Wortklaubereien und gefährlicher Dogmatik. Verallgemeinerungen dieser Art spielen in den Werken der spekulativen Philosophen eine große Rolle.

Das philosophische Zitat in der Einleitung kann als ein Beispiel einer bösartigen Verallgemeinerung angesehen werden, da es eine oberflächliche Analogie dazu benutzt, um ein allgemeines Gesetz aufzustellen. Die Beobachtung, auf die sich die Aussage stützt, ist die Tatsache, daß die Vernunft in großem Ausmaße menschliche Handlungen beherrscht und auf diese Weise zum Teil wenigstens soziale Entwicklungen bestimmt. Auf der Suche nach einer Erklärung sieht unser Philosoph nun die Vernunft als gleichbedeutend mit einer Substanz an, welche die Eigenschaften der Dinge, die aus ihr bestehen, bestimmt. Die Substanz Eisen bestimmt z. B. die Eigenschaften einer eisernen Brücke. Dies ist offensichtlich eine sehr schlechte Analogie. Eisen ist dieselbe Art Stoff wie die Brücke; aber Vernunft ist kein Stoff von der Art menschlicher Körper und kann daher nicht der materielle Träger menschlicher Handlungen sein. Als Thales, der um 600 vor Christus großen Ruhm als der „Weise von Milet" erlangte, seine Theorie, daß das Wasser der Ursprung aller Dinge sei, verkündete, machte er sich auch einer falschen Verallgemeinerung schuldig, denn die Beobachtung, daß Wasser in vielen Stoffen, wie z. B. im Boden oder in den Lebewesen enthalten ist, verführte ihn zu der Behauptung, daß alle Dinge Wasser enthalten. Seine Theorie ist aber insofern vernünftig, als sie einen physikalischen Stoff zum Element aller anderen macht; und deshalb ist sie wenigstens eine Verallgemeinerung, wenn auch eine falsche, und keine bloße Analogie. Wie überlegen ist Thales' Sprache der des angeführten Zitates!

Die Folge einer unklaren Sprache ist die Erweckung falscher Ideen, für die der Vergleich der Vernunft mit einem Stoff ein gutes Beispiel bildet. Natürlich würde

sich der Verfasser des Zitates sehr nachdrücklich gegen unsere Interpretation wenden, daß es sich nur um eine Analogie handelt. Er würde behaupten, daß er die wahre Substanz aller Dinge gefunden habe, und würde es lächerlich finden, wenn wir nur physikalische Substanzen anerkennen. Und er würde sagen, es gäbe eine „tiefere" Bedeutung von Substanz, und die physikalische Substanz wäre nur ein Spezialfall. Wenn man solche Aussagen in verständliche Sprache übersetzt, dann würde es bedeuten, daß zwischen den Ereignissen in der Welt und der Vernunft dieselbe Beziehung bestünde wie zwischen der Brücke und dem Eisen, aus dem sie besteht. Ein solcher Vergleich ist selbstverständlich unhaltbar, und die Übersetzung zeigt ganz klar, daß eine ernsthafte Interpretation dieser Analogie zu logischem Unsinn führen würde. Die Bezeichnung der Vernunft als einer Substanz mag im Leser gewisse Bilder hervorrufen; aber in der weiteren Anwendung solcher Wortverbindungen läßt sich der Philosoph zu Schlüssen, die logisch unhaltbar sind, verführen. Bösartige Irrtümer, die aus falschen Analogien stammen, sind von alters her die Krankheit der Philosophen gewesen.
Der Trugschluß, der aus dieser Analogie gezogen wird, ist ein Beispiel für den Fehler, den man *Substantivierung der Abstrakta* genannt hat. Ein Abstraktum wie „Vernunft" wird behandelt, als ob es sich auf etwas Dingartiges bezieht. Ein klassisches Beispiel eines solchen Trugschlusses, das viel Verwirrung angerichtet hat, findet sich bei Aristoteles (384–322 v. Chr.) in seiner Behandlung von Form und Materie.
Bei einem körperlichen Ding kann man die Form von dem Stoff, aus dem es besteht, unterscheiden; die Form kann sich ändern, während der Stoff derselbe bleibt. Diese einfache, alltägliche Erfahrung ist zur Quelle eines Kapitels in der Philosophie geworden, das ebenso dunkel wie einflußreich und nur durch den Mißbrauch einer Analogie überhaupt möglich geworden ist. Aristoteles

behauptet, daß die Form einer zukünftigen Statue schon in dem Holzblock vorhanden sein muß, ehe sie geschnitzt wird, sonst könnte sie später auch nicht da sein. Alles Werden besteht gleichfalls darin, daß ein Stoff Form annimmt. Form muß darum ein Etwas sein. Man sieht deutlich, daß man einen solchen Schluß nur mit Hilfe eines unklaren Sprachgebrauches ziehen kann. Wenn man sagt, daß die Form der Statue im Holz ist, ehe der Bildhauer sie geschaffen hat, so heißt das, daß es möglich ist, in den Holzblock eine Oberfläche hinein zu definieren oder hinein „zu sehen", welche mit der späteren Oberfläche der Statue übereinstimmt. Wenn man Aristoteles liest, hat man manchmal das Gefühl, daß er nur diese triviale Tatsache meint. Aber in seinen Schriften wechseln sich klare und vernünftige Stellen mit unverständlichen ab. Er sagt z. B., daß man eine Bronzekugel aus Bronze und Kugel macht, indem man die Form in den Stoff tut, und kommt dann dazu, Form als eine Substanz anzusehen, die ewig und unveränderlich besteht.

Ein bildlich gebrauchter Ausdruck ist auf diese Weise zur Wurzel einer philosophischen Lehre, der sogenannten *Ontologie,* geworden, die sich angeblich mit den Grundlagen des Seins befaßt. Der Ausdruck „Grundlagen des Seins" ist natürlich auch eine Metapher, und ich bitte um Entschuldigung, wenn ich hier ohne weitere Erklärung eine metaphysische Sprache gebrauche. Ich möchte nur noch hinzufügen, daß Form und Materie für Aristoteles solche Grundlagen des Seins sind. Form ist aktuelle, Materie potentielle Wirklichkeit, denn die Materie kann viele verschiedene Formen annehmen. Ferner glaubt er, daß die Beziehung zwischen Form und Materie grundlegend für viele andere Beziehungen ist. In seiner Auffassung des Weltalls stehen die oberen und die unteren Sphären und Elemente, Seele und Körper, das Männliche und das Weibliche in der gleichen Beziehung zueinander wie Form und Materie. Die wörtliche Deutung einer Analogie hat so zu einer Pseudo-Erklärung geführt, die mit Hilfe eines naiven Bildes ganz verschiedene Dinge unter einen Hut bringt.

Ich will wohl zugeben, daß man Aristoteles' historische Bedeutung nicht mit modernem Maßstab messen darf. Aber selbst verglichen mit dem Stand der Wissenschaft seiner Zeit oder seinen eigenen Leistungen auf dem Gebiete der Biologie und der Logik, ist seine Metaphysik weder Erkenntnis noch Erklärung, sondern Analogismus, d. h. Flucht in die Bildersprache. Der Drang, Naturgesetze zu entdecken, läßt den Philosophen gerade die Prinzipien vergessen, die er auf einem engeren Gebiet erfolgreich anwendet, so daß er sich mit leeren Worten berauscht, wo Erkenntnis noch nicht möglich ist. Hier ist die psychologische Wurzel dieser seltsamen Mischung von Beobachtung und Metaphysik, die aus dem hervorragenden Sammler wissenschaftlichen Materials einen dogmatischen Theoretiker macht, der sein Bedürfnis nach Erklärung dadurch befriedigt, daß er neue Worte prägt und Prinzipien aufstellt, die sich nicht in verifizierbare Erfahrungen übersetzen lassen.

Was Aristoteles über die Struktur der Welt oder über die biologische Funktion des Männlichen und des Weiblichen wußte, reichte nicht dazu aus, allgemeine Gesetze zu formulieren. Seine Astronomie hielt sich an das geozentrische System, für welches die Erde der Mittelpunkt des Weltalls ist. Seine Kenntnis des menschlichen Zeugungsapparates entbehrte einer für die moderne Biologie grundlegenden Tatsache: er wußte nicht, daß das neue Lebewesen aus der Vereinigung der männlichen Keimzelle mit der weiblichen Eizelle entsteht. Niemand verdenkt es ihm, daß er noch nichts über Dinge wußte, die erst mit Hilfe des Fernrohrs oder Mikroskops entdeckt werden konnten. Aber da er diese Dinge noch nicht wissen konnte, war es ein Fehler von ihm, Erklärungen durch schlechte Analogien zu ersetzen. An einer Stelle, wo er über den menschlichen Zeugungsvorgang spricht, sagt er z. B., daß das männliche Wesen der biologischen

Substanz des weiblichen Wesens lediglich seine Form aufpreßt. Abgesehen davon, daß sie sogar als Metapher völlig danebenzielt, kann diese unbestimmte Behauptung noch nicht einmal als ein erster Schritt auf dem Wege zu einer wissenschaftlichen Denkweise angesehen werden. Die tragische Folge eines solchen Analogismus war, daß die philosophischen Systeme, statt allmählich einer wissenschaftlichen Philosophie näher zu kommen, in Wirklichkeit eine solche Entwicklung verhindert haben. Aristoteles' Metaphysik hat das Denken 2000 Jahre lang beherrscht und wird noch heute von vielen Philosophen bewundert.

Zwar erlauben sich moderne Historiker ab und zu eine gewisse Kritik, soweit sie mit der üblichen Verehrung von Aristoteles vereinbar ist, indem sie so tun, als ob sie zwischen seinen philosophischen Einsichten und den Teilen seines Systems unterscheiden, die sie als das Produkt der Unvollkommenheit seiner Zeit betrachten. Was uns aber als philosophische Erkenntnis dargeboten wird, ist allzuoft leeres Wortgeklingel, dem alle möglichen Bedeutungen zugeschoben werden, die sich der Autor nie hat träumen lassen. Die Beziehung zwischen Form und Materie kann man für viele Analogien gebrauchen, ohne daß man damit eine Erklärung gibt. Eine allzu rücksichtsvolle und nachsichtige Interpretation hilft uns nicht, über tiefeingewurzelte Fehler in der Philosophie hinwegzukommen. Philosophische Erkenntnis wird nicht dadurch gefördert, wenn man den Irrtümern großer Männer derart entstellte Bedeutungen beilegt, daß sie wie geniale Prophezeiungen von Gesetzen aussehen, die erst in viel späterer Zeit mit Hilfe der modernen Wissenschaft bewiesen werden konnten. Die Geschichte der Philosophie hätte sich viel schneller entwickelt, wenn sie nicht immer von Männern aufgehalten worden wäre, die sich gerade die Geschichte der Philosophie zum Gegenstand ihrer Untersuchungen gemacht haben.

Ich habe Aristoteles' Lehre von Form und Materie als

ein Beispiel für den Irrtum benutzt, den ich Pseudo-Erklärung genannt habe. In der Geschichte der antiken Philosophie findet sich noch ein anderer Fall dieses typischen Trugschlusses. Es ist die Philosophie Platos, die dieses Beispiel liefert. Da Aristoteles in seiner Jugend Platos Schüler war, könnte man sich vorstellen, daß seine Denkweise unter dem Einfluß der Bildersprache und des Analogismus stand, von denen sein Lehrer so häufig Gebrauch machte. Wir wollen uns Platos Philosophie hier aber ohne Bezugnahme auf ihre Wirkung auf Aristoteles, die schon oft behandelt worden ist, ansehen. Der Einfluß der platonischen Philosophie ist in einer großen Anzahl philosophischer Systeme zu spüren, und das ist Grund genug, ihrem logischen Ursprung im einzelnen nachzuforschen.

Platos (427–347 v. Chr.) Philosophie ist auf eine der merkwürdigsten und zugleich einflußreichsten philosophischen Lehren aufgebaut – seine Ideenlehre. Die Ideenlehre, so viel bewundert als tiefste Logik und doch im Grunde aller Logik feindlich, war ein Versuch, sowohl die Möglichkeit mathematischer Erkenntnis als auch die Rechtmäßigkeit ethischen Verhaltens logisch zu begründen. Vorläufig will ich nur ihre mathematische Wurzel diskutieren, ihre ethische Wurzel erst im Kapitel 4.

Man hat den mathematischen Beweis stets als eine Erkenntnismethode angesehen, die auch den höchsten Wahrheitsansprüchen genügt, und Plato hat immer die Überlegenheit der Mathematik allen anderen Formen der Erkenntnis gegenüber betont. Wenn man aber an das Studium der Mathematik mit der kritischen Einstellung des Philosophen herangeht, findet man sich in gewisse Schwierigkeiten verwickelt. Es handelt sich hauptsächlich um die Geometrie, die für die Griechen im Vordergrund des Interesses stand. Ich möchte diese Schwierigkeiten in moderner logischer Form und Terminologie darstellen und dann die Lösung besprechen, die Plato vorgeschlagen hat.

Eine kurze Darstellung eines Kapitels der Logik möge uns helfen, das Problem klar zu formulieren. Der Logiker unterscheidet zwischen *All-Aussagen* und *Einzel-Aussagen*. All-Aussagen haben die Form „Alle Dinge einer gewissen Art haben eine gewisse Eigenschaft". Sie heißen auch *allgemeine Implikationen*, denn sie sagen, daß eine bestimmte Bedingung eine bestimmte Eigenschaft impliziert. Nehmen wir folgendes Beispiel: „Alle erhitzten Metalle dehnen sich aus". Das kann man auch in der Form ausdrücken: „Wenn ein Metall erhitzt wird, dann dehnt es sich aus". Wenn man eine solche Implikation auf ein bestimmtes Ding anwenden will, muß man sich erst vergewissern, daß es die angeführte Bedingung erfüllt; dann kann man daraus schließen, daß es auch die genannte Eigenschaft besitzt. Wir beobachten z. B., daß ein gewisses Metall erhitzt wird, und sagen dann, es dehnt sich aus. Der Satz „Dieses erhitzte Metall dehnt sich aus" ist eine Einzelaussage.
Die geometrischen Lehrsätze haben die Form von All-Aussagen oder allgemeinen Implikationen, wie z. B. der Lehrsatz: „Alle Dreiecke haben eine Winkelsumme von 180°", oder der Pythagoreische Lehrsatz „In allen rechtwinkligen Dreiecken ist das Quadrat über der Hypothenuse gleich der Summe der beiden Kathetenquadrate". Wenn wir diese Lehrsätze anwenden wollen, müssen wir nachsehen, ob die genannte Bedingung erfüllt ist. Wenn wir z. B. auf dem Erdboden ein Dreieck gezeichnet haben, dann müssen wir mit Hilfe von gespannten Schnüren feststellen, ob seine Seiten auch gerade sind; erst dann können wir die Behauptung aufstellen, daß seine Winkelsumme 180° ist.
Allgemeine Implikationen dieser Art sind sehr nützlich, denn sie erlauben uns, Voraussagen zu machen. Die Implikation bezüglich erhitzter Körper ermöglicht uns die Voraussage, daß Eisenbahnschienen sich in der Sonne ausdehnen. Die Implikation, die sich auf die Dreiecke bezieht, sagt uns, was für Resultate wir finden werden,

wenn wir die Winkel eines Dreiecks messen, dessen Ecken durch drei Kirchtürme gegeben sind. Solche Aussagen heißen *synthetische* Aussagen, was so viel heißt wie *informierend*, d. h. neues Wissen hinzufügend.
Es gibt noch allgemeine Implikationen einer anderen Art, die man etwa durch den Satz „Alle Junggesellen sind unverheiratet" veranschaulichen kann. Eine solche Aussage hat keinen großen praktischen Wert, denn wenn wir wissen wollen, ob jemand ein Junggeselle ist, müssen wir erst feststellen, ob er unverheiratet ist, und wenn wir das wissen, sagt uns der Satz nichts Neues mehr. Die Implikation fügt zu der genannten Bedingung nichts hinzu. Solche Aussagen sind leer und heißen *analytische* Aussagen, was man mit *selbstverständlich* übersetzen kann.
Nun erhebt sich die Frage, woher man weiß, ob eine allgemeine Implikation wahr ist. Für analytische Implikationen ist das sehr leicht zu beantworten, denn die Implikation „Alle Junggesellen sind unverheiratet" folgt einfach aus dem Sinn des Wortes „Junggeselle". Anders ist es mit synthetischen Implikationen. Die Bedeutung der Worte „Metall" und „erhitzen" schließt die Bedeutung des Wortes „Ausdehnung" in keiner Weise ein. Darum kann diese Implikation nur aus Beobachtungen abgeleitet werden, d. h., alle unsere vergangenen Erfahrungen haben gezeigt, daß sich erhitzte Metalle ausdehnen, und deshalb glauben wir uns berechtigt, die allgemeine Implikation aufzustellen.
Diese Erklärung scheint jedoch auf mathematische Implikationen nicht zu passen. Wissen wir denn aus früherer Erfahrung, daß die Winkelsumme im Dreieck 180° ist? Wenn man einen Augenblick über die Methoden der Geometrie nachdenkt, sieht man, daß dies nicht wahr ist. Wir wissen vielmehr, daß der Mathematiker einen Beweis für die Winkelsumme im Dreieck hat. Zu diesem Zweck zeichnet er gewisse Linien auf das Papier und erklärt uns bestimmte Beziehungen in der Zeichnung;

aber er mißt keine Winkel. Er macht gewisse allgemeine Voraussetzungen, die er Axiome nennt, von denen er den Lehrsatz logisch ableitet. Er bezieht sich z. B. auf das Axiom, daß es nur eine Gerade durch einen gegebenen Punkt gibt, die einer anderen gegebenen Geraden parallel ist. Seine Zeichnung ist eine Illustration dieses Axioms, aber er beweist es nicht mit Hilfe von Messungen; er mißt nicht die Entfernungen zwischen den Geraden, um zu zeigen, daß sie parallel sind.
Er wird sogar zugeben, daß er eine sehr ungenaue Zeichnung gemacht hat und daß sie eigentlich kein gutes Beispiel für ein Dreieck und für Parallelen ist. Und trotzdem würde er darauf bestehen, daß er einen ganz strengen Beweis geliefert hat, denn er würde behaupten, daß geometrische Erkenntnis aus dem Verstand und nicht aus der Erfahrung stammt. Zwar können Dreiecke auf dem Papier sehr nützlich sein, uns unser Problem klarzumachen; aber die Zeichnung ist nicht die Grundlage des Beweises. Ein Beweis ist eine Angelegenheit der Logik, nicht der Beobachtung. Um logisch zu denken, stellen wir uns geometrische Beziehungen vor und „sehen" in einem „höheren" Sinne dieses Wortes, daß die geometrische Schlußfolgerung logisch zwingend und daher streng wahr ist. Geometrische Wahrheit ist ein Produkt des Verstandes und ist daher der empirischen Wahrheit, die mit Hilfe der Verallgemeinerung einer Anzahl beobachteter Tatsachen gefunden wird, grundsätzlich überlegen.
Das Resultat dieser Untersuchung ist, daß der Verstand anscheinend allgemeine Eigenschaften physikalischer Dinge entdecken kann, und das ist eine sehr erstaunliche Folgerung. Wenn die Wahrheit, die aus dem Verstande stammt, sich auf analytische Wahrheiten beschränken würde, wäre das kein Problem. Daß Junggesellen unverheiratet sind, kann man mit dem Verstand allein herausbekommen; da die Aussage aber leer ist, enthält sie kein philosophisches Problem. Anders ist es mit synthe-

tischen Aussagen. Wie kann der Verstand synthetische Wahrheiten finden?

In dieser Form hat Kant, mehr als 2000 Jahre nach Plato, das Problem ausgesprochen. Plato hat die Frage nie so klar gestellt, aber er muß das Problem ähnlich gesehen haben. Das können wir aus seiner Lösung dieses Problems sehen, die er andeutet, wenn er über den Ursprung geometrischer Erkenntnis spricht.

Von Plato hören wir, daß es außer den physikalischen Dingen noch eine andere Art Dinge gibt, die er *Ideen* nennt. Es gibt die Idee eines Dreiecks, oder die Idee von Parallelen, oder die Idee eines Kreises, abgesehen von entsprechenden Zeichnungen auf dem Papier. Die Ideen sind den körperlichen Dingen überlegen; sie weisen die Eigenschaften dieser Dinge in vollkommener Weise auf, und wir können daher mehr über die physikalischen Dinge lernen, wenn wir die Ideen betrachten, als wenn wir uns die Dinge selbst ansehen. Was Plato damit meint, wird mit Hilfe geometrischer Figuren klargemacht: die Geraden, die wir ziehen, haben eine gewisse Dicke und sind daher im Sinne des Geometers keine Geraden, denn diese haben keine Dicke; die Ecken eines Dreiecks im Sand sind in Wirklichkeit kleine Flächen und deshalb nicht ideale Punkte. Der Unterschied zwischen der Bedeutung geometrischer Begriffe und ihrer Verwirklichung durch physikalische Dinge läßt Plato glauben, daß ideale Dinge oder ideale Vertreter dieser Bedeutungen existieren müssen. Auf diese Weise kommt Plato zu einer Welt, die eine höhere Wirklichkeit besitzt als unsere Welt der physikalischen Dinge. Über die letzteren sagt er, daß sie an den idealen Dingen derart teilnehmen, daß sie deren Eigenschaften in unvollkommener Weise aufweisen.

Die mathematischen Figuren sind nicht die einzigen Dinge, die in idealer Form existieren. Plato behauptet, daß es alle möglichen Arten von Ideen gibt, wie z. B. die Idee einer Katze oder eines Menschen oder eines Hauses. Kurz, der Name jeder Klasse (der Name einer bestimm-

ten Sorte von Ding) bedeutet die Existenz einer bestimmten Idee. So wie die mathematischen Ideen sind auch die Ideen anderer Objekte vollkommen im Vergleich zu ihren unvollkommenen Abbildern in der physikalischen Welt. Die ideale Katze besitzt alle Eigenschaften von „Katzigkeit" in vollkommener Form, und der ideale Athlet ist jedem wirklichen Athleten in jeglicher Beziehung überlegen: er hat z. B. die ideale Körperform. Übrigens stammt unser heutiges Wort „Ideal" aus Platos Gebrauch des Wortes.
So seltsam uns auch die Ideenlehre heute erscheinen mag, so muß sie doch im Rahmen der antiken Erkenntnis als ein Erklärungsversuch der anscheinend synthetischen Natur der mathematischen Wahrheit angesehen werden. Wir sehen die Eigenschaften idealer Dinge in einer Art Vision und erwerben uns dadurch ein Wissen über die körperlichen Dinge. Die Ideenvision wird als eine Erkenntnisquelle angesehen, die man zwar mit der Beobachtung der physikalischen Dinge vergleichen kann, die ihr aber insofern überlegen ist, als sie die *notwendigen* Eigenschaften ihrer Anschauungsobjekte enthüllt. Beobachtung mit Hilfe unserer Sinne kann uns keine unfehlbare Wahrheit geben; die reine Anschauung kann das aber. Wir sehen mit dem „geistigen Auge", daß es durch einen gegebenen Punkt zu einer gegebenen Geraden nur eine Parallele gibt. Da dieser Lehrsatz uns als unvermeidliche Wahrheit erscheint, kann er nicht aus empirischer Beobachtung abgeleitet sein. Er wird uns sozusagen in einem visionären Akt aufgezwungen, den wir auch ausführen können, wenn unsere körperlichen Augen geschlossen sind. In dieser Form können wir Platos Auffassung der geometrischen Erkenntnis ausdrücken. Was man auch darüber denken mag, man muß zugeben, daß sich hier eine tiefe Einsicht in das logische Problem der Geometrie offenbart. Kant hat diese Lösung in etwas verbesserter Weise wieder aufgenommen, und tatsächlich konnte sie erst durch eine weniger mysteriöse Auffassung

ersetzt werden, als im 19. Jahrhundert neue mathematische Entdeckungen gemacht wurden, die sowohl Platos als auch Kants Interpretation der Geometrie hinfällig machten.

Man muß sich darüber klar sein, daß für Plato ein Akt der reinen Anschauung Erkenntnis nur liefern kann, weil die idealen Dinge existieren. Die Erweiterung des Begriffes Existenz ist für ihn unerläßlich. Da physikalische Dinge existieren, kann man sie sehen; da ideale Dinge existieren, kann man sie mit dem geistigen Auge sehen. Jedenfalls muß Plato durch solche Überlegungen zu seiner Auffassung gekommen sein, obgleich er sich nie klar darüber ausgedrückt hat. Mathematische Anschauung wird von Plato als ein Analogon der Sinnesanschauung behandelt. Hier kommen wir nun aber zu dem Punkt, wo die Logik seiner Theorie unvernünftig wird, selbst wenn man den Wissensmaßstab seiner eigenen Zeit anlegt. Wieder tritt eine Analogie an die Stelle einer Erklärung; und dabei ist die Analogie nicht einmal besonders gut. Der grundlegende Unterschied zwischen mathematischer und empirischer Erkenntnis wird dadurch verwischt, und es wird übersehen, daß das „Sehen" von notwendigen Beziehungen wesentlich verschieden ist vom Sehen körperlicher Dinge. Wieder tritt ein Bild an Stelle einer Erklärung, und es wird eine Welt unabhängiger und „höherer" Wirklichkeit erfunden, weil der Philosoph mit Hilfe von Analogien statt mit logischer Analyse vorgeht. Wie wir schon an Beispielen aus anderen philosophischen Systemen gesehen haben, wird die wörtliche Interpretation einer Analogie zur Wurzel eines philosophischen Mißverständnisses. Und so ist das endgültige Resultat der Ideenlehre mit ihrer Verallgemeinerung des Existenzbegriffes nichts als eine Pseudo-Erklärung.

Ein Platoniker könnte sich vielleicht auf folgende Weise verteidigen. Er würde sagen, man dürfe die Existenz der Ideen nicht mißverstehen, denn diese Existenz braucht

nicht genau dieselbe wie die der empirischen Dinge zu sein. Gehört es nicht zur philosophischen Freiheit, gewisse Worte der Umgangssprache wenn nötig in weiterer Bedeutung zu gebrauchen?
Ich glaube nicht, daß sich dieses Argument für eine gute Verteidigung des Platonismus eignet. Es stimmt natürlich, daß Ausdrücke der Umgangssprache oft in die Sprache der Wissenschaft übernommen werden, weil sie eine gewisse Analogie zu Begriffen haben, die der Wissenschaftler gerade braucht. So wird z. B. das Wort „Energie" in der Physik in einer abstrakten Bedeutung gebraucht, die eine gewisse Ähnlichkeit mit der Bedeutung im täglichen Leben hat. Eine solche Anwendung von Worten ist aber nur zulässig, wenn die neue Bedeutung genau definiert ist und der weitere Gebrauch des Wortes sich streng an diese neue Bedeutung und nicht an die Analogie mit der alten Bedeutung hält. Der Physiker, der von der Strahlungsenergie der Sonne spricht, würde nie sagen, daß die Sonne energisch ist; denn eine solche Ausdrucksweise wäre ein Rückfall in die frühere Bedeutung. Plato gebraucht das Wort „Existenz" aber nicht im wissenschaftlichen Sinne, denn sonst hätte er die Aussage, daß ideale Dinge existieren, mit Hilfe anderer Aussagen, die den fragwürdigen Ausdruck nicht enthalten, definiert und hätte die Aussage nicht selbständig benutzt, als ob sie die gleiche Bedeutung hätte wie physikalische Existenz. Wir könnten die Existenz idealer Dreiecke definieren, indem wir sagen, dies heiße soviel, wie über wirkliche Dreiecke mit Hilfe von Implikationen zu sprechen. Oder wir können die Algebra als Beispiel nehmen und sagen, daß für jede algebraische Gleichung mit einer Unbekannten eine Lösung existiert, wenn die Gleichung gewisse Bedingungen erfüllt. In diesem Fall bedeutet das Wort „existiert", daß wir wissen, wie man die Lösung finden kann. Hier wird das Wort „Existenz" völlig harmlos benutzt, und der Mathematiker macht häufigen Gebrauch von dieser Ausdrucksweise; wenn aber

Plato von der Existenz der Ideen spricht, dann bedeutet dieser Ausdruck viel mehr als eine Redeweise, die sich in wohlbekannte Bedeutungen übersetzen läßt.
Plato sucht nach einer Erklärung dafür, wie es überhaupt möglich ist, daß wir mathematische Erkenntnis haben, und er hat seine Ideenlehre als Erklärung solcher Erkenntnis angesehen. Das heißt er hat geglaubt, daß die Existenz von Ideen unser mathematisches Wissen erklären kann, weil sie eine Art Anschauung mathematischer Wahrheit ermöglicht, so wie die Existenz eines Baumes die Anschauung des Baumes möglich macht. Es ist klar, daß es ihm nichts helfen würde, wenn er die ideale Existenz einfach als eine Redeweise interpretieren würde; denn dann würde dabei nicht eine Art Sinnesanschauung der mathematischen Figuren herauskommen. Statt dessen kommt er zu einer Auffassung von idealer Existenz, die sowohl die Eigenschaften der physikalischen Existenz als auch die der mathematischen Erkenntnis in sich trägt, eine merkwürdige Mischung von zwei Bestandteilen, die nicht zusammen passen, und die seitdem in der Philosophensprache ihr Unheil getrieben hat.
Ich habe schon früher betont, daß es das Ende der Wissenschaft ist, wenn der Durst nach Erkenntnis mit Pseudo-Erklärungen gestillt wird, wenn Analogie mit Verallgemeinerung verwechselt wird und der Gebrauch von Bildern an Stelle wohldefinierter Begriffe tritt. Ebenso wie die Kosmologien seiner Zeit ist Platos Ideenlehre keine Wissenschaft, sondern Dichtung, ein Produkt der Phantasie und nicht der logischen Analyse. Im weiteren Verlauf seiner Theorie zögert Plato auch nicht, den mystischen Gedankengang dem logischen gegenüber ganz offen zu betonen, denn er verbindet die Ideenlehre mit dem Glauben an die Seelenwanderung.
Diesen Weg schlägt er im Dialog *Meno* ein. Sokrates will die Natur der Geometrie erklären und veranschaulicht dies durch ein Experiment mit einem jungen Sklaven, der, wenngleich ohne mathematische Vorbildung,

einen geometrischen Beweis führt. Sokrates erklärt dem Knaben nicht die geometrischen Beziehungen, die in der Lösung benutzt werden, sondern er veranlaßt ihn durch Fragen, sie zu „sehen"; die reizende Szene wird von Plato benutzt, um zu zeigen, was rationale Einsicht in geometrische Wahrheit bedeutet, nämlich angeborenes Wissen, das nicht aus der Erfahrung stammt. Diese Interpretation ist zwar für uns heute unannehmbar, aber zu Platos Zeit wäre sie eine ausreichende Begründung für eine Ideenschau gewesen. Plato begnügt sich aber nicht mit diesem Resultat, sondern dehnt die Erklärung auch noch auf die Möglichkeit angeborener Erkenntnis aus. In diesem Zusammenhang behauptet Sokrates, daß angeborenes Wissen dasselbe wie Erinnerung sei, nämlich eine Erinnerung an die Ideenschau, welche die Menschen sich aus den früheren Leben ihrer Seelen bewahrt haben. Unter diesen Leben war eines im „Himmel jenseits aller Himmel", und während dieses Lebens sind die Ideen geschaut worden. Plato greift also zur Mythologie, um eine Kenntnis der Ideen zu „erklären". Man kann schwer verstehen, warum eine Ideenschau in einem früheren Leben möglich war, wenn sie im gegenwärtigen Leben unmöglich ist – oder warum die Theorie der Erinnerung nötig ist, wenn wir in unserem gegenwärtigen Leben die Ideen sehen können.

Das poetische Gleichnis fragt nicht nach Logik. In der griechischen Mythologie wird die Frage aufgeworfen, warum die Erde nicht in den unendlichen Raum falle; und es wird dann die Antwort gegeben, daß der Riese Atlas die Erdkugel auf seinem Rücken trage. Platos Lehre von der Erinnerung hat ungefähr denselben Erklärungswert wie diese Geschichte, weil sie nämlich den Ursprung der Ideenvision nur von einem Leben zum anderen verschiebt. Und Platos Kosmologie im *Timaeus* unterscheidet sich von einem naiven Märchen nur durch die abstrakte Sprache. Er erklärt z. B., daß das Sein vor der Entstehung des Weltalls bestanden hätte. Es ist nur die dunkle Sprache, die den Philosophen besticht, tiefe Weisheiten in solchen Worten zu sehen, die bei nüchterner Betrachtung an das Grinsen der Cheshire-Katze gemahnen, das noch sichtbar blieb, nachdem die Katze verschwunden war.

Ich will aber Plato in keiner Weise lächerlich machen. Seine bildliche Redeweise spricht die eindringliche Sprache, die sich an die Phantasie wendet – man darf sie eben nur nicht als Erklärung auffassen. Plato hat Dichtungen geschaffen, und seine Dialoge sind Meisterwerke der Weltliteratur. Die Geschichte von Sokrates, der die Jugend mit seiner Fragemethode unterrichtet, ist ein großartiges Beispiel didaktischer Poesie, die mit Recht ihren Platz neben Homers Ilias und den Lehren der Propheten einnimmt. Wir dürfen nur nicht zu ernst nehmen, was Sokrates sagt; die Hauptsache ist, wie er es sagt und wie er seine Schüler zu logischer Diskussion anregt. Platos Philosophie ist das Werk eines Philosophen, der zum Dichter geworden ist.

Wenn der Philosoph Probleme sieht, die er nicht beantworten kann, scheint es eine unwiderstehliche Versuchung für ihn zu sein, Bildersprache an die Stelle von Erklärungen zu setzen. Wenn Plato den Ursprung der mathematischen Erkenntnis wirklich wie eine Wissenschaft studiert hätte, würde seine Antwort in einem offenen „Ich weiß es nicht" bestanden haben. Der Mathematiker Euklid, der eine Generation nach Plato die Geometrie axiomatisch aufbaute, hat nie den Versuch gemacht, eine Erklärung für unsere Kenntnis der geometrischen Axiome zu geben. Der Philosoph, auf der anderen Seite, scheint unfähig zu sein, seinen Drang nach Wissen zu beherrschen. Durch die ganze Geschichte der Philosophie hindurch finden wir den Verstand des Philosophen mit der Phantasie des Dichters vereint; wo der Philosoph fragt, da antwortet der Dichter. Wenn wir uns also mit den philosophischen Systemen beschäftigen, dann sollten wir unsere Aufmerksamkeit besser auf die

Fragen richten, die gestellt, als auf die Antworten, die gegeben werden. Die Entdeckung grundlegender Fragen ist an sich ein wesentlicher Beitrag zum geistigen Fortschritt, und wenn man die Geschichte der Philosophie als eine Geschichte von Fragen auffaßt, ist sie viel fruchtbarer, als wenn man sie als eine Geschichte von Systemen zu begreifen sucht. Gewisse Fragen, die weit in die Geschichte zurückgehen, haben erst in moderner Zeit eine wissenschaftliche Antwort gefunden. Unter diesen Fragen ist auch die nach dem Ursprung mathematischer Erkenntnis. Andere Fragen mit ähnlicher Entwicklung werden in den folgenden Kapiteln behandelt.
Die in diesem Kapitel gegebene Untersuchung ist die erste Antwort auf unsere psychologische Frage, die sich auf die philosophische Sprache bezog und sich aus der Diskussion des Zitates am Anfang des Buches ergab. Der Philosoph spricht eine unwissenschaftliche Sprache, weil er Probleme zu einer Zeit zu lösen versucht, zu der die Mittel zu einer wissenschaftlichen Lösung noch nicht vorhanden sind. Diese historische Erklärung hat aber nur beschränkte Gültigkeit, denn es gibt Philosophen, die diese Bildersprache auch noch sprechen, wenn die Mittel für eine wissenschaftliche Antwort auf ihre Fragen schon längst vorhanden sind. Während die historische Erklärung auf Plato paßt, kann man sie nicht auf den Verfasser des Zitates anwenden, der von der Vernunft als der Substanz aller Dinge spricht und dem die Resultate von 2000 Jahren wissenschaftlicher Forschung nach Plato zu Gebote standen — der aber keinen Gebrauch davon gemacht hat.

DIE SUCHE NACH ABSOLUTER GEWISSHEIT UND DIE RATIONALISTISCHE AUFFASSUNG DER ERKENNTNIS

Das vorige Kapitel hat uns deutlich gezeigt, daß viele dunkle philosophische Ansichten aus außerlogischen Motiven entspringen, die sich in den logischen Gedankengang einschleichen. So wird die durchaus verständliche Suche nach Erklärung durch allgemeingültige Gesetze in einer Art von Selbstbetrug mit Hilfe von sprachlichen Bildern befriedigt. Dieser Durchsetzung von Wissenschaft mit Dichtung kommt zugleich der Trieb entgegen, sich eine Phantasiewelt auszudenken; und dieser Trieb kann stärker als die Suche nach Wahrheit werden. Man kann den Trieb, in Bildern zu denken, ein außerlogisches Motiv nennen, da solches Denken keine Form von logischer Analyse darstellt, sondern psychologische Wünsche befriedigt, die nichts mit dem Intellekt zu tun haben.

Es ist noch ein zweites außerlogisches Motiv zu nennen, das ebenfalls oft in logische Prozesse störend eingreift. Obgleich das durch Sinneswahrnehmung erworbene Wissen im großen und ganzen für den täglichen Gebrauch genügt, merkt man doch bald, daß es nicht sehr zuverlässig ist. Es scheint ein paar physikalische Gesetze zu geben, die ohne Ausnahme gelten, wie z. B., daß Feuer heiß ist, Menschen sterblich sind, oder daß Körper, die nicht von anderen Körpern getragen werden, herunterfallen. Aber gleichzeitig gibt es zu viele andere Regeln, die Ausnahmen haben, wie die Regel, daß der Samen, den man gesäet hat, keimen wird, oder die Wetterregeln, oder die Regeln, nach denen man menschliche Krankheiten heilt. Und wenn man genauer hinsieht, dann entdeckt man sogar bei den strengeren Gesetzen Ausnahmen.

So ist z. B. das Feuer der Leuchtkäfer nicht warm, wenigstens nicht im gewöhnlichen Sinne des Wortes „warm", und Seifenblasen steigen empor, wenn man sie nicht festhält. Zwar kann man diesen Ausnahmen Rechnung tragen, indem man das Gesetz schärfer faßt und die Geltungsbedingungen und Wortbedeutungen klarmacht; aber trotzdem bleibt gewöhnlich ein Zweifel übrig, ob die neue Formulierung wirklich ohne Ausnahme gilt und ob man auch sicher sein kann, daß spätere Entdeckungen der verbesserten Fassung nicht wieder Beschränkungen auferlegen. Die Entwicklung der Wissenschaft, mit ihrer fortwährenden Überholung älterer Theorien und deren Ersatz durch neue, liefert uns hinreichende Gründe für solchen Zweifel.

Diese Ungewißheit geht noch auf eine andere Quelle zurück; auf die Tatsache nämlich, daß sich unsere persönlichen Erlebnisse auf die wirkliche und auf die Traumwelt verteilen. Historisch gesprochen ist die Entdeckung dieses Unterschiedes in einem relativ späteren Stadium der menschlichen Entwicklung gemacht worden. Wir wissen, daß primitive Völker noch heute keine klare Unterscheidung zwischen diesen beiden Welten machen. Ein Südseeinsulaner träumt zum Beispiel, daß ein anderer Mann ihn körperlich bedroht; es kommt vor, daß er diesen Traum für Wirklichkeit hält und den angeblichen Feind tötet. Oder er träumt, daß ihn seine Frau mit einem anderen Mann betrügt, und führt dann einen ähnlichen Racheakt oder Gerechtigkeitsakt aus, wobei die Terminologie vom jeweiligen Standpunkt abhängt. Der Psychoanalytiker mag geneigt sein, den Mann bis zu einem gewissen Grade zu entschuldigen, indem er zeigt, daß solche Träume nicht ohne Ursache vorkommen und so, wenn nicht die Vergeltung, so doch wenigstens einen Verdacht rechtfertigen. Der primitive Mensch handelt aber nicht nach psychoanalytischen Überlegungen, sondern aus seiner Unfähigkeit heraus, zwischen Traum und Wirklichkeit zu unterscheiden. Wir glauben gewöhnlich, daß unser gesunder Menschenverstand uns gegen eine solche Verwechslung schützt; aber wenn wir schärfer hinsehen, müssen wir doch zugeben, daß man das gar nicht mit solcher Sicherheit behaupten kann. Während wir träumen, wissen wir nicht, daß wir träumen; erst später, wenn wir wach sind, erkennen wir unseren Traum als Traum. Wie können wir behaupten, daß unsere gegenwärtigen Erfahrungen zuverlässiger sind als die geträumten? Wir dürfen nicht sagen: weil wir fühlen, daß sie wirklich sind, denn dies Gefühl haben wir auch im Traum. Wir können also die Möglichkeit nicht völlig ausschließen, daß spätere Erfahrungen uns beweisen, daß wir auch jetzt träumen. Dieser Einwand wird hier nicht vorgebracht, um den gewöhnlichen Menschen von seinem Vertrauen in seine Erfahrungen abzubringen; ich möchte nur zeigen, daß dieses Vertrauen nicht absolut zuverlässig ist.

Die Philosophen haben sich immer von der Unzuverlässigkeit der Sinneswahrnehmungen beunruhigen lassen und haben sich auf ähnliche Beispiele wie die erwähnten bezogen. Weitere Gründe haben sie in optischen Täuschungen im wachen Zustande gefunden, und in der philosophischen Literatur liest man viel über den scheinbar gebrochenen Stab im Wasser oder die Luftspiegelung in der Wüste. Viele führende Philosophen waren daher glücklich, als sie wenigstens ein Gebiet des menschlichen Wissens fanden, das von solchen Täuschungen frei zu sein schien, nämlich die Mathematik.

Wie oben erwähnt, hat Plato die Mathematik immer als die höchste Form der Erkenntnis angesehen. Sein Einfluß hat im großen Maße zu der weitverbreiteten Auffassung beigetragen, daß Wissen nur dann wirkliches Wissen ist, wenn es in mathematischer Form erscheint. Der moderne Wissenschaftler, trotz seines ausgiebigen Gebrauchs der Mathematik, die ein überaus nützliches Werkzeug für seine Forschungen darstellt, würde diese Maxime nicht ohne weiteres annehmen. Er würde darauf bestehen, daß man die Beobachtung in der empirischen Wissenschaft nicht einfach weglassen kann, und würde der Mathematik nur die Funktion überlassen, Beziehungen zwischen den verschiedenen Resultaten der empirischen Forschung aufzustellen. Er benutzt diese mathematischen Beziehungen gern als einen Wegweiser zu neuen empirischen Entdeckungen; aber er weiß, daß sie ihm nur helfen können, weil er von Beobachtungsmaterial ausgegangen ist, und er ist immer bereit, die Ergebnisse mathematischer Schlußfolgerungen aufzugeben, wenn spätere Beobachtungen sie nicht bestätigen. Die empirische Wissenschaft, im modernen Sinne des Wortes, ist eine glückliche Kombination von Mathematik und Beobachtung. Ihre Resultate werden nicht als absolut sicher, sondern als höchst wahrscheinlich und für praktische Zwecke zuverlässig genug angesehen.

Plato wäre dieser Begriff einer empirischen Wissenschaft völlig unsinnig erschienen. Wenn er Erkenntnis mit mathematischer Erkenntnis gleichsetzt, so will er damit sagen, daß die Beobachtung in der Wissenschaft überhaupt keine Rolle spielen sollte. „Wahrscheinlichkeitsüberlegungen sind Betrüger", hören wir von einem Schüler des Sokrates im Dialog *Phaedo*. Plato wollte Gewißheit, nicht die induktive Zuverlässigkeit, welche die moderne Physik für ihr einzig erreichbares Ziel hält.

Natürlich hatten die Griechen keine Wissenschaft, die man mit unserer Physik vergleichen könnte, und Plato wußte nicht, was man durch die Kombination von Mathematik mit Beobachtung erreichen kann. Immerhin gab es ein Gebiet der Naturwissenschaft, das sogar schon zu Platos Zeiten großen Erfolg mit dieser Verbindung hatte, nämlich die Astronomie. Mit Hilfe von sorgfältigen Beobachtungen und geometrischen Beziehungen waren die mathematischen Gesetze des Umlaufs der Sterne und Planeten schon zu einem sehr hohen Genauigkeitsgrad aufgestellt worden. Plato war jedoch nicht gewillt, den Beitrag der Beobachtung zur Astronomie zu-

zugeben, und bestand darauf, daß die Astronomie nur insofern Wissenschaft ist, als die Bewegung der Sterne mit Hilfe „der Vernunft und Intelligenz erkannt wird". Danach können uns Beobachtungen über die Sterne nicht viel über die Gesetze sagen, die ihren Umlauf bestimmen, denn ihre wirkliche Bewegung ist unvollkommen und nicht streng von Gesetzen beherrscht. Plato sagt, die Annahme, daß die wirklichen Bewegungen der Sterne „ewig wären und keine Abweichungen zeigten", sei absurd. Er macht es sehr deutlich, was er von dem beobachtenden Astronomen hält: „Ich meinerseits kann nicht glauben, daß ein anderes Wissen die Seele nach oben blicken lassen könne als jenes, das dem wahren und unsichtbaren Sein gilt! Wer dagegen nach oben gaffend oder nach unten blinzelnd versucht, etwas sinnlich Wahrnehmbares wissenschaftlich zu erfassen, wird nie und nimmer, so behaupte ich, wissenschaftlich lernen, weil etwas derartiges mit „Wissen" überhaupt nichts zu tun hat; und auch seine Seele blickt nicht hinauf zur Höhe, nein, in die Tiefe hinab — und läge oder schwömme er selbst auf dem Rücken, um zu lernen!" Statt die Sterne zu beobachten, sollen wir ihre Bewegungsgesetze durch Denken zu finden versuchen. Der Astronom soll die Gebilde am Himmel auf sich beruhen lassen und sein Problem mit der ihm von Natur gegebenen Vernunft lösen. Stärker als mit diesen Worten, die die Überzeugung aussprechen, daß Naturerkenntnis keine Beobachtung verlangt und durch den Verstand allein möglich ist, kann man die empirische Wissenschaft wohl kaum zurückweisen.
Wie kann man diese beobachtungsfeindliche Haltung psychologisch erklären? Die Suche nach Gewißheit veranlaßt den Philosophen, den Beitrag der Beobachtung zur Wissenschaft völlig zu vernachlässigen. Da er absolut sichere Erkenntnis haben will, kann er die Resultate der Beobachtung nicht anerkennen; da Wahrscheinlichkeitsargumente für ihn Betrüger sind, macht er die Mathematik zur einzigen Wahrheitsquelle. Das Ideal einer voll-

ständigen Mathematisierung der Wissenschaft, einer Physik, die vom gleichen Typus ist wie die Geometrie und die Arithmetik, entspringt dem Wunsche, absolut sichere Naturgesetze zu finden, und führt zu der lächerlichen Forderung, daß der Physiker seine Beobachtungen vergessen und der Astronom seine Augen von den Sternen abwenden soll.

Die philosophische Schule, die die Vernunft als Quelle der Naturerkenntnis ansieht, heißt *Rationalismus*. Man muß diese Bezeichnung und das Adjektiv *rationalistisch* sorgfältig von dem Wort *rational* unterscheiden. Wissenschaftliche Erkenntnis wird durch rationale Methoden gefunden, die die Anwendung der Vernunft auf Beobachtungsmaterial verlangen; aber sie ist nicht rationalistisch. Dieses Prädikat charakterisiert nicht die heutige Wissenschaftsmethode, sondern eine philosophische Methode, welche die Vernunft als Quelle synthetischer Naturerkenntnis ansieht und für die Verifikation solcher Erkenntnis keine Beobachtungen benutzt.

In der philosophischen Literatur wird die Bezeichnung *Rationalismus* oft auf gewisse moderne rationalistische Systeme beschränkt, von denen Systeme vom platonischen Typus als idealistische unterschieden werden. In dem vorliegenden Buch ist das Wort *Rationalismus* immer im weiteren, den Idealismus einschließenden Sinne gebraucht. Diese Bezeichnungsweise erscheint berechtigt, weil beide philosophischen Schulen sich insofern gleichen, als sie die Vernunft als unabhängige Erkenntnisquelle der physikalischen Welt ansehen. Der psychologische Ursprung des Rationalismus im weiteren Sinne ist ein außerlogisches Motiv, d. h. ein Motiv, das nicht auf Grund der Logik gerechtfertigt werden kann, nämlich die Suche nach Gewißheit.

Plato war nicht der erste Rationalist. Sein größter Vorgänger war der Mathematiker und Philosoph Pythagoras (um 540 vor Christus), dessen Lehren Plato sehr beeinflußt haben. Man kann verstehen, daß der Mathematiker eher als andere Wissenschaftler zum Rationalismus geneigt ist. Da er den Erfolg der logischen Deduktion auf einem Gebiet kennt, das keine sinnliche Wahrnehmung verlangt, mag er glauben, daß man diese Methode auch auf andere Gebiete ausdehnen kann. Das Resultat ist eine Erkenntnistheorie, in welcher die aus der Vernunft stammende Einsicht die sinnliche Wahrnehmung ersetzt und welche die Annahme enthält, daß die Vernunft die besondere Fähigkeit besitzt, allgemeine Gesetze der Natur zu erkennen.

Sobald empirische Beobachtung als Erkenntnisquelle abgelehnt wird, ist es nur noch ein kleiner Schritt zum Mystizismus. Wenn die Erkenntnis der Wahrheit aus der Vernunft geschöpft werden kann, mögen andere Schöpfungen des menschlichen Geistes ebenso vertrauenswürdig erscheinen wie solche Erkenntnis. Aus dieser Auffassung erwächst eine merkwürdige Mischung von Mystizismus und Mathematik, die seit ihrem Ursprung in der Philosophie des Pythagoras nie ausgestorben ist. Seine religiöse Verehrung der Zahlen und der Logik veranlaßte ihn zu dem Ausspruch, daß alle Dinge Zahlen seien, eine Lehre, die man schwerlich in eine sinnvolle Aussage übersetzen kann. Die Theorie der Seelenwanderung, die wir im Zusammenhang mit Platos Ideenlehre besprochen haben, war eine der Hauptlehren von Pythagoras, der sie von orientalischen Religionen übernommen haben soll. Wir wissen, daß Plato diese Lehre aus seinen Beziehungen mit den Pythagoräern kannte. Auch die Auffassung, daß logische Einsicht die Eigenschaften der physikalischen Welt enthüllen kann, stammt von Pythagoras. Seine Nachfolger trieben eine Art religiösen Kult, dessen mystischen Charakter man an gewissen Tabus erkennen kann, die ihnen von ihrem Meister auferlegt worden sein sollen. Es wurde ihnen z. B. gesagt, daß es gefährlich sei, den Abdruck seiner Körperform auf dem Bett zu hinterlassen; und sie mußten ihre Bettdecken glattstreichen, wenn sie morgens aufstanden.

Es gibt aber andere Formen von Mystizismus, die nichts mit Mathematik zu tun haben. Der Mystiker hat gewöhnlich antirationale und antilogische Vorurteile und verachtet die Macht der Vernunft. Er behauptet, daß er eine Art übernatürliche Erfahrung besitzt, die ihm die unfehlbare Wahrheit in einem Visionsakt liefert. Das ist der Mystizismus der religiösen Mystiker. Aber außerhalb des Gebietes der Religion hat der antirationale Mystizismus keine große Rolle gespielt, und ich kann die Diskussion darüber in diesem Buch auslassen, da es sich mit der Untersuchung derjenigen Formen der Philosophie beschäftigt, die sich auf wissenschaftliches Denken beziehen und zu dem großen Streit zwischen Philosophie und Wissenschaft beigetragen haben. Nur der mathematisch geneigte Mystizismus fällt in das Gebiet dieser Untersuchung. In einer Hinsicht ist der mathematische Mystizismus mit nicht-mathematischen Formen verwandt, nämlich in der Bezugnahme auf Akte übersinnlicher Visionen; er unterscheidet sich aber von ihnen dadurch, daß er diese Visionen zur Aufstellung intellektueller Wahrheit benutzt.

Natürlich ist nicht jeder Rationalismus mystisch. Auch rein logische Analyse kann zur Aufstellung einer Art von Erkenntnis benutzt werden, die als absolut sicher angesehen wird und sich doch angeblich auf Alltagswissen oder wissenschaftliche Erkenntnis bezieht. Die moderne Zeit hat mehrere rationalistische Systeme dieses nichtmystischen Typus hervorgebracht.

Aus diesen Systemen möchte ich den Rationalismus des französischen Philosophen Descartes (1596–1650) herausgreifen. In vielen seiner Schriften betont er die Unsicherheit der sinnlichen Wahrnehmung in ähnlicher Form, wie wir sie oben besprochen haben. Die Ungewißheit aller Erkenntnis scheint ihn sehr gestört zu haben, und er machte der Heiligen Jungfrau das Gelübde einer Pilgerfahrt nach Loretto, wenn sie seinen Geist erleuchten und ihn die absolute Wahrheit finden lassen würde. Er be-

richtet, daß ihm diese Erleuchtung kam, als er während eines Winterfeldzuges, den er als Offizier mitmachte, in einem Ofen wohnte, und er zeigte der Heiligen Jungfrau seine Dankbarkeit, indem er sein Gelübde erfüllte.
Descartes' Beweis für absolute Gewißheit benutzt einen logischen Trick. Ich kann alles bezweifeln, meint er, bis auf eine Tatsache: nämlich, daß ich zweifle. Aber wenn ich zweifle, dann denke ich, und wenn ich denke, dann muß ich existieren. Auf diese Weise behauptet er, die Existenz des Ichs logisch bewiesen zu haben; seine magische Formel heißt: Ich denke, darum existiere ich. Wenn ich diese Schlußfolgerung einen logischen Trick nenne, will ich damit nicht sagen, daß Descartes seine Leser betrügen wollte, sondern eher, daß er selbst ein Opfer dieses Trugschlusses wurde. Logisch gesprochen gleicht der Schritt vom Zweifel zur Gewißheit, den Descartes in seinem Schluß macht, einem Zauberkunststück: das Zweifeln benutzt er, um den Zweifel als Handlung eines *Ichs* hinzustellen, und glaubt, damit eine Tatsache gefunden zu haben, die man nicht bezweifeln kann.
Bei genauerer Analyse stellt sich der Trugschluß in Descartes' Folgerung heraus; denn der Begriff des Ichs ist nicht so einfach, wie Descartes geglaubt hat. Wir sehen uns selbst nicht in derselben Weise, in der wir Häuser und andere Menschen um uns herum sehen. Wir können vielleicht von einer Beobachtung unserer Denkakte oder unseres Zweifels sprechen, aber sie werden nicht als Produkte eines Ichs, sondern als selbständige Dinge, als eine Kombination von Bildern und Gefühlen wahrgenommen. Wenn man sagt „Ich denke", dann geht man über die unmittelbare Erfahrung hinaus, denn der Satz enthält das Wort „Ich". Die Aussage „ich denke" ist kein Beobachtungsdatum, sondern das Ende einer langen Gedankenkette, die zu der Entdeckung führt, daß die Existenz eines Ichs von der Existenz anderer Ichs verschieden ist. Descartes hätte sagen sollen „es denkt", um damit den Gedankeninhalt als solchen, unabhängig von

Willensakten oder anderen psychologischen Eigenschaften des Ichs, zu betonen. Aber daraus hätte er nicht mehr dieselbe Schlußfolgerung ziehen können. Wenn die Existenz des Ichs kein Resultat der unmittelbaren Erfahrung ist, dann kann diese Existenz mit keinem höheren Grade von Sicherheit behauptet werden als die Existenz anderer Dinge, die man auch aus Beobachtungen zuzüglich anderer glaubwürdiger Annahmen ableitet.

Es ist kaum nötig, den Fehler in Descartes' Schlußfolgerung noch eingehender zu analysieren; denn selbst wenn sie haltbar wäre, würde sie nicht sehr viel beweisen und unsere Erkenntnis von anderen Dingen als dem Ich nicht absolut sichermachen — das ist aus der Art, wie Descartes sein Argument fortsetzt, ersichtlich. Zunächst schließt er, daß Gott existieren muß, weil das Ich existiert, sonst hätte das Ich nicht die Vorstellung eines unendlichen Wesens; dann behauptet er, daß die Dinge um uns herum auch existieren müssen, denn sonst wäre Gott ein Betrüger. Das ist ein theologisches Argument, das bei einem so ausgezeichneten Mathematiker, wie Descartes es war, sehr merkwürdig klingt. Die interessante Frage bleibt, wie es möglich ist, daß die Lösung eines logischen Problems, nämlich der Erreichbarkeit absoluter Sicherheit, mit einer Fülle von Argumenten gesucht wird, die ein Gemisch aus Fehlschlüssen und Theologie sind und die kein moderner, wissenschaftlich gebildeter Leser ernst nehmen kann.

Die Psychologie der Philosophen ist ein Gebiet, das mehr Aufmerksamkeit verdient, als ihm gewöhnlich in Darstellungen der Geschichte der Philosophie geschenkt wird. Ihr Studium kann unter Umständen mehr dazu beitragen, uns die Bedeutung dieser Systeme klarzumachen, als alle Versuche, sie logisch zu analysieren. Descartes' Schlüsse sind voll von schlechter Logik, aber psychologisch kann man sehr viel daraus lernen. Es war die Suche nach Gewißheit, die diesen genialen Mathematiker zu solchen pseudologischen Unsinnigkeiten getrieben hat.

Es scheint, daß die Suche nach Gewißheit den Menschen den Forderungen der Logik gegenüber blind machen kann, daß ihn der Versuch, Erkenntnis auf Vernunft allein zu begründen, leicht dazu verführt, die Prinzipien strengen Denkens aufzugeben.
Die Psychoanalytiker erklären die Suche nach absoluter Gewißheit mit dem Wunsch, in die frühe Kindheit zurückzukehren, in der man nicht vom Zweifel geplagt wird und volles Vertrauen in elterliche Einsicht hat. Dieser Wunsch wird oft noch durch eine Erziehung verstärkt, die das Kind dazu anhält, Zweifel als Sünde und Vertrauen als religiöses Gebot zu betrachten. In einer Biographie von Descartes könnte man versuchen, diese allgemeine Erklärung mit dem religiösen Gepräge seines Zweifelns, seinem Gebet um Erleuchtung und seiner Pilgerfahrt zusammenzubringen; denn es sieht so aus, als ob er sein philosophisches System gebraucht hat, um über einen ganz großen Unsicherheitskomplex hinwegzukommen. Ohne Descartes' Fall im einzelnen zu untersuchen, kann man doch ganz allgemein folgenden Schluß ziehen: Wenn das Resultat einer logischen Untersuchung durch eine vorgefaßte Meinung bestimmt wird, wenn nämlich die Logik dazu benutzt wird, ein Resultat zu beweisen, das man aus einem anderen Grunde aufstellen möchte, dann führt das Argument sehr leicht zu Fehlschlüssen. Die Logik kann nur in einer Atmosphäre völliger Freiheit atmen und sich nur auf einem Boden entwickeln, auf dem weder Angst noch Vorurteile wachsen. Wer sich mit Erkenntnistheorie befaßt, muß seine Augen offenhalten und gewillt sein, jedes Resultat anzunehmen, das wissenschaftliche Schlüsse an den Tag bringen, gleichgültig, ob dieses Resultat seiner Auffassung, was Erkenntnis sein sollte, widerspricht. Der Philosoph darf sich nicht zum Sklaven seiner Wünsche machen.
Dieses Gebot erscheint nur deshalb trivial, weil wir uns gar nicht klar darüber sind, wie schwer es zu befolgen ist. Die Suche nach Gewißheit ist eine der gefährlichsten

Irrtumsquellen, weil sie mit der Behauptung einer höheren Art von Erkenntnis verbunden ist. Die Gewißheit des logischen Beweises wird als die ideale Erkenntnis angesehen und die Forderung aufgestellt, daß alle Erkenntnis Methoden benutzen soll, die ebenso zuverlässig sind wie die Logik. Um zu sehen, wohin eine solche Auffassung führt, wollen wir uns das Wesen des logischen Beweises einmal näher ansehen.
Der logische Beweis wird mit Hilfe der Deduktion geführt. Man zieht einen Schluß, indem man die Schlußfolgerung aus anderen Aussagen, den Prämissen des Argumentes, ableitet. Das Argument ist so aufgebaut, daß, wenn die Prämissen wahr sind, die Schlußfolgerung auch wahr sein muß. Aus den beiden Aussagen „Alle Menschen sind sterblich" und „Sokrates ist ein Mensch" können wir die Schlußfolgerung „Sokrates ist sterblich" ableiten. Das Beispiel zeigt, daß Deduktion leer ist: die Schlußfolgerung kann nicht mehr aussagen, als schon in den Prämissen gesagt ist; sie drückt nur gewisse Folgen aus, die schon unausgesprochen in den Prämissen enthalten sind. Der Schluß packt sozusagen aus, was in den Prämissen noch eingepackt war.
Der Wert der Deduktion besteht in ihrer Leere, denn da sie niemals etwas zu den Prämissen hinzufügt, kann man sie ohne das Risiko eines Fehlschlusses anwenden. Genauer gesagt ist die Schlußfolgerung nicht weniger zuverlässig als die Prämissen. Die Deduktion hat die logische Funktion, Wahrheit von gegebenen Aussagen auf andere zu übertragen — aber das ist auch alles, was sie tun kann. Sie kann keine synthetische Wahrheit aufstellen, wenn nicht eine andere synthetische Wahrheit schon bekannt ist.
Die Prämissen in dem Beispiel „Alle Menschen sind sterblich" und „Sokrates ist ein Mensch" sind beide empirische Wahrheiten, d. h. Wahrheiten, die aus der Beobachtung abgeleitet sind. Die Schlußfolgerung „Sokrates ist sterblich" ist daher auch eine empirische Wahr-

heit und hat keinen höheren Grad von Gewißheit als die Prämissen. Die Philosophen haben immer versucht, eine bessere Art von Prämissen zu finden, die völlig außer Zweifel stehen. Descartes hat geglaubt, daß er eine solche unbezweifelbare Wahrheit in seiner Prämisse „Ich zweifle" gefunden hatte; wir haben aber oben erklärt, daß das Wort „Ich" in dieser Prämisse angezweifelt werden kann und die Schlußfolgerung deshalb nicht absolut sicher ist. Der Rationalist wird es aber nicht aufgeben, sondern immer weiter nach unbezweifelbaren Prämissen suchen.

Und es gibt auch solche Prämissen; sie werden nämlich von den Prinzipien der Logik geliefert. Zum Beispiel, daß jede Größe sich selber gleich ist, oder daß jeder Satz entweder wahr oder falsch ist – das Sein oder Nichtsein des Logikers –, sind unbezweifelbare Prämissen. Leider sind sie aber auch leer, denn sie sagen nichts über die Welt aus. Sie sind Regeln, wie wir die Welt beschreiben, aber sie fügen nichts zum Inhalt dieser Beschreibung hinzu. Sie bestimmen nur ihre Form, d. h. die Sprache unserer Beschreibung. Die Gesetze der Logik sind daher *analytisch*. (Wir haben den Ausdruck oben in der Bedeutung von „selbstverständlich" oder „leer" eingeführt.) Im Gegensatz dazu sind Aussagen, welche uns über eine Tatsache informieren, wie Beobachtungen, die wir mit den Augen machen, *synthetisch*, d. h. sie fügen etwas zu unserem Wissen hinzu. Alle synthetischen Aussagen aber, die aus der Erfahrung stammen, können bezweifelt werden und geben uns keine absolut sichere Erkenntnis.

Ein Versuch, die so heiß ersehnte Gewißheit auf eine analytische Prämisse zu begründen, wurde in dem berühmten ontologischen Gottesbeweis gemacht, der im elften Jahrhundert von Anselm von Canterbury aufgestellt worden ist. Der Beweis beginnt mit einer Definition Gottes als eines unendlich vollkommenen Wesens; da ein solches Wesen alle wichtigen Eigenschaften haben muß, so muß es auch die Eigenschaft der Existenz haben. Daraus wird der Schluß gezogen, daß Gott existiert. Die Prämisse ist tatsächlich analytisch, denn jede Definition ist analytisch. Da aber die Aussage über Gottes Existenz synthetisch ist, so stellt der Schluß einen Trick dar, mit dessen Hilfe eine synthetische Schlußfolgerung aus einer analytischen Prämisse abgeleitet wird.

Man kann den Fehlschluß leicht an seinen unmöglichen Folgerungen erkennen. Wenn es zulässig wäre, die Existenz aus einer Definition abzuleiten, könnte man die Existenz einer Katze mit drei Schwänzen beweisen, indem man dieses Tier als eine Katze, die drei Schwänze hat und existiert, definiert. Logisch gesprochen besteht der Fehlschluß in einer Verwechslung von Klassen mit Einzeldingen. Aus der Definition können wir nur die Allaussage schließen: wenn etwas eine Katze mit drei Schwänzen ist, dann existiert es; und das ist auch wahr. Aber die Einzelaussage, daß es eine Katze mit drei Schwänzen gibt, kann nicht daraus gefolgert werden. Ebenso können wir aus Anselms Definition nur die Aussage ableiten: wenn etwas ein unendlich vollkommenes Wesen ist, dann existiert es, aber wir können nicht beweisen, daß es solch ein Wesen gibt. (Anselms Verwechslung von Klassen und Einzeldingen ist verwandt mit einer ähnlichen Verwechslung, die in der Aristotelischen Theorie des Syllogismus Unheil angerichtet hat.)

Immanuel Kant (1724–1804) hat gesehen, daß synthetische Gewißheit nicht aus analytischen Prämissen abgeleitet werden kann, sondern absolut wahre synthetische Prämissen erfordert. Da er glaubte, daß es solche Aussagen gibt, nannte er sie *synthetisch a priori*. Das Wort „a priori" bedeutet „nicht aus der Erfahrung abgeleitet" oder „aus der Vernunft abgeleitet und notwendigerweise wahr". Kants Philosophie ist ein grandioser Versuch, zu beweisen, daß es synthetisch apriorische Wahrheiten gibt, und historisch gesprochen stellt sie das letzte große System einer rationalistischen Philosophie dar. Er ist seinen Vorgängern Plato und Descartes darin überlegen, daß er ihre Fehler vermeidet. Er legt sich weder auf die Existenz platonischer Ideen fest, noch schmuggelt er eine pseudo-notwendige Prämisse ein, wie Descartes. Er behauptet, daß er das synthetische Apriori in den Gesetzen der Mathematik und der Physik gefunden hat. Wie Plato geht er von mathematischer Erkenntnis aus, aber er erklärt diese Erkenntnis nicht mit Hilfe der Existenz von Dingen, die eine höhere Wirklichkeit haben, sondern durch eine geniale Interpretation der empirischen Erkenntnis, die wir im folgenden behandeln wollen.

Wenn Fortschritt in der Geschichte der Philosophie in der Entdeckung grundlegender Fragen besteht, so muß man Kant wegen seiner Frage nach der Existenz des synthetischen Apriori ein großes Verdienst zuschreiben. Aber wie andere Philosophen beansprucht er dieses Verdienst nicht für die Frage, sondern für die Antwort, die er darauf gegeben hat. Er formuliert die Frage sogar in etwas anderer Weise. Er ist so überzeugt von der Existenz des synthetischen Apriori, daß er es nicht für nötig hält, zu fragen, ob es eins gibt; und darum stellt er seine Frage in der Form: Wie ist ein synthetisches Apriori möglich? Der Beweis seiner Existenz, so fährt er fort, wird durch die Mathematik und die mathematische Physik erbracht.

Man kann sehr viel zur Verteidigung von Kants Auffassung sagen. Daß er die Axiome der Geometrie für synthetisch a priori hält, zeigt tiefe Einsicht in die besonderen Probleme der Geometrie. Kant erkannte, daß die euklidische Geometrie eine Sonderstellung einnahm, weil sie notwendige Beziehungen zwischen physikalischen Dingen aufdeckte, die man nicht als analytisch ansehen konnte. Er macht diesen Punkt viel deutlicher als Plato. Kant wußte, daß die Strenge des mathematischen Beweises nicht die empirische Wahrheit der geometrischen Lehrsätze begründen kann. Geometrische Sätze, wie z. B.

der Lehrsatz von der Winkelsumme im Dreieck oder der Pythagoräische Lehrsatz, können aus den Axiomen mit Hilfe strenger logischer Deduktion abgeleitet werden. Aber die Axiome selbst können nicht so abgeleitet werden — das ist unmöglich, weil die Ableitung von synthetischen Schlüssen auf synthetische Prämissen basiert ist. Die Wahrheit der Axiome muß daher mit anderen Mitteln als der Logik begründet werden; sie müssen synthetisch apriori sein. Wenn man einmal festgestellt hat, daß die Axiome für physikalische Dinge wahr sind, dann ist die Anwendbarkeit der Lehrsätze auf diese Dinge durch die Logik garantiert, da die Wahrheit der Axiome mit Hilfe logischer Ableitungen auf die Lehrsätze übertragen wird. Wenn man umgekehrt davon überzeugt ist, daß man die geometrischen Lehrsätze auf die Wirklichkeit anwenden kann, dann gibt man damit zu, daß man an die Wahrheit der Axiome und damit an ein synthetisches Apriori glaubt. Und wenn jemand sich auch nicht gern öffentlich auf die Existenz eines synthetischen Apriori festlegen möchte, zeigt er doch in seinem Benehmen, daß er daran glaubt: er zögert nämlich in keiner Weise, die Resultate der Geometrie auf praktische Messungen anzuwenden. Dieses Argument, so behauptet Kant, beweist die Existenz des synthetischen Apriori.

Kant meint, daß man etwas Ähnliches für die mathematische Physik behaupten kann. Frage einen Physiker, sagt er, was das Gewicht des Rauches ist: er wird die Antwort finden, indem er den Gegenstand vor der Verbrennung wiegt und davon das Gewicht der Asche abzieht. Darin drückt sich die Annahme aus, daß die Masse erhalten bleibt. Das Gesetz von der Erhaltung der Masse, fährt Kant fort, erweist sich also als ein synthetisches Apriori, das der Physiker stillschweigend durch die Art seines Experimentes anerkennt. Wir wissen heute, daß die Berechnungsweise, die Kant beschreibt, zum falschen Resultat führt, weil sie das Gewicht des Sauerstoffs, der

mit der brennenden Substanz eine chemische Verbindung eingeht, außer acht läßt. Wenn Kant jedoch von dieser späteren Entdeckung gewußt hätte, würde er sich damit verteidigt haben, daß die verbesserte Methode zwar die Berechnungsweise ändert, aber dem Gesetz von der Erhaltung der Masse nicht widerspricht; dieses Prinzip liefert wiederum den Rahmen der Berechnung, wenn das Gewicht des Sauerstoffes mit in die Betrachtungen eingeschlossen wird.
Ein anderes synthetisches Apriori des Physikers ist nach Kant das Gesetz der Kausalität. Obgleich es uns oft nicht gelingt, die Ursache eines beobachteten Ereignisses zu finden, nehmen wir doch nie an, daß es ohne Ursache geschieht; sondern wir sind davon überzeugt, daß wir sie schon finden werden, wenn wir nur weiter danach suchen. Diese Überzeugung bestimmt die Methode der wissenschaftlichen Forschung und ist die treibende Kraft jedes wissenschaftlichen Experiments. Wenn wir nicht an die Kausalität glauben würden, gäbe es keine Wissenschaft. Wie in den anderen Beispielen, die Kant anführt, ist die Existenz des synthetischen Apriori auch hier mit Hilfe der wissenschaftlichen Methode bewiesen: Die Wissenschaft setzt das synthetische Apriori voraus – diese Behauptung ist die Grundlage von Kants philosophischem System.
Was Kants Auffassung so viel Sicherheit verleiht, ist der wissenschaftliche Boden, auf den sie sich stützt. Seine Suche nach Gewißheit ist nicht von dem mystischen Typus, der sich auf Einsicht in eine Welt von Ideen beruft; und sie ist auch nicht von dem Taschenspielertypus, der zu logischen Tricks greift, um die Gewißheit aus leeren Voraussetzungen herauszuholen, wie der Zauberkünstler aus einem leeren Hut ein Kaninchen herausholt. Kant setzt die ganze Wissenschaft seiner Zeit in Bewegung, um zu beweisen, daß absolute Gewißheit möglich ist, und behauptet, daß die Resultate der Wissenschaft den Traum des Philosophen zur Wirklichkeit

machen. Von Kants Auffassung geht so viel Überzeugungskraft aus, weil er an die Autorität der Wissenschaft appelliert.

Aber der Boden, auf dem Kant stand, war nicht so fest, wie er dachte. Er glaubte nämlich, daß die Newtonsche Physik die höchste erreichbare Stufe der Naturwissenschaft darstellte, und deutete diese Physik in ein ideales philosophisches System um. Indem er die Gesetze der Newtonschen Physik aus reiner Vernunft ableitete, glaubte er, die völlige Rationalisierung der Erkenntnis durchgeführt und das Ziel erreicht zu haben, das seinen Vorgängern nicht beschieden war. Der Titel seines Hauptwerkes, *Kritik der reinen Vernunft*, deutet in einem kurzen Schlagwort seinen Plan an, die Vernunft zur Quelle des synthetischen Apriori zu machen und durch eine philosophische Begründung die Mathematik und Physik seiner Zeit als notwendige Wahrheiten hinzustellen.

Es ist eine sehr merkwürdige Tatsache, daß so viele, die die Wissenschaft von außen betrachten und bewundern, mehr Vertrauen zu ihren Resultaten haben als die Fachleute, die aktiv an ihr mitarbeiten. Der Forscher kennt die Schwierigkeiten, die er überwinden mußte, ehe er seine Theorien aufstellen konnte. Er weiß ganz genau, daß es oft Glückssache ist, Theorien zu finden, die auf die gegebenen Beobachtungen passen und die auch mit späteren Beobachtungen in Einklang zu bringen sind. Er ist sich darüber klar, daß sich jeden Augenblick neue Schwierigkeiten und Unstimmigkeiten zeigen können und behauptet niemals, die endgültige Wahrheit gefunden zu haben. Dagegen ist der Philosoph, der sich mit den Grundlagen der Naturwissenschaften befaßt, in Gefahr, gleichsam päpstlicher als der Papst zu sein und die wissenschaftlichen Resultate als viel sicherer anzusehen, als sie in Wirklichkeit sind, als sich nämlich mit der Tatsache vereinbaren läßt, daß sie auf Sinneswahrnehmungen und Verallgemeinerungen zurückgehen.

Der Philosoph ist aber nicht der einzige, der die Zuverlässigkeit der Wissenschaft überschätzt; sondern eine solche Überwertung scheint einen ganz allgemeinen Zug der Neuzeit darzustellen, die mit Galileo anfängt und das Zeitalter der modernen Wissenschaft umfaßt. Der Glaube, daß die Wissenschaft auf alle Fragen eine Antwort hat — daß jemand, der eine technische Auskunft braucht oder krank ist oder irgendwelche psychologischen Probleme hat, nur den Wissenschaftler zu fragen braucht, um eine Antwort zu bekommen —, ist so weit verbreitet, daß die Wissenschaft eine soziale Funktion übernommen hat, die früher der Religion zufiel: nämlich die Funktion, absolute Sicherheit zu geben. Der Glaube an die Wissenschaft hat in einem sehr großen Ausmaß den Glauben an Gott ersetzt. Aber selbst wenn der Wissenschaftsgläubige die Religion für vereinbar mit der Wissenschaft hält, hat er doch eine ganz andere Einstellung zur Religion. Die Aufklärungszeit, in der Kant seine Werke schrieb, schaffte die Religion nicht ab; aber sie verwandelte sie in einen Vernunftsglauben und machte Gott zu einem mathematischen Physiker, der allwissend war, weil er die vollkommene Einsicht in die Gesetze der Vernunft besaß. Kein Wunder, daß der mathematische Physiker wie eine Art Halbgott angesehen wurde, dessen Lehren als unfehlbar galten. Alle Gefahren der Theologie, ihre Dogmatik und ihre Macht über das Denken auf Grund ihres Versprechens, unbedingte Gewißheit zu bringen, kehren in einer Philosophie wieder, die die Wissenschaft als unfehlbar ansieht.
Wenn es Kant vergönnt gewesen wäre, die Physik und Mathematik von heute zu erleben, hätte er wahrscheinlich seine Philosophie des synthetischen Apriori aufgegeben. Darum muß man seine Werke als Dokumente ihrer Zeit ansehen, nämlich als einen Versuch, den Hunger nach absoluter Gewißheit mit dem Glauben an die Newtonsche Physik zu stillen. Man muß Kants philosophisches System als einen ideologischen Überbau auf-

fassen, den er auf einer Physik errichtete, die auf einen absoluten Raum, eine absolute Zeit und einen absoluten Determinismus der Naturerscheinungen zugeschnitten war. Aus dieser Herkunft erklären sich Erfolg und Versagen des Kantischen Systems; und man versteht, warum Kant von vielen Menschen als der größte Philosoph aller Zeiten angesehen worden ist, während seine Philosophie uns, die wir Zeitgenossen der Einsteinschen und Bohrschen Physik sind, nichts mehr zu sagen hat.
Der Zusammenhang der Kantischen Philosophie mit der Naturwissenschaft und Mathematik ihrer Zeit muß auch als Grund für die psychologische Tatsache angesehen werden, daß Kant nicht den schwachen Punkt gesehen hat, der die logische Begründung, mit der er das synthetische Apriori rechtfertigen wollte, hinfällig macht. Sein vorgefaßtes Ziel verhinderte ihn, stillschweigend eingeführte Voraussetzungen zu bemerken. Um meine Kritik ganz klarzumachen, möchte ich den zweiten Teil von Kants Theorie des synthetischen Apriori besprechen, in welchem er die Frage „Wie ist ein synthetisches Apriori möglich?" beantwortet.
Kant behauptet, daß er die Existenz des synthetischen Apriori durch eine Theorie erklären könnte, welche nachweist, daß apriorische Prinzipien notwendige Bedingungen der Erfahrung sind. Er ist der Ansicht, daß bloße Beobachtung keine Erfahrung liefert, sondern daß Beobachtungen geordnet und organisiert werden müssen, bevor sie zu Erkenntnis werden können. Nach Kant ist die Organisation unseres Wissens von gewissen Gesetzen, wie z. B. den Axiomen der Geometrie, dem Gesetz der Kausalität und der Erhaltung der Masse, abhängig; diese Prinzipien sind dem menschlichen Geiste angeboren, und wir benutzen sie als Normen für unsere wissenschaftlichen Theorien. Sie gelten notwendigerweise, so schließt er, denn ohne sie wäre Wissenschaft unmöglich. Er nennt diesen Beweis die transzendentale Deduktion des synthetischen Apriori.

Man wird gern zugeben, daß Kants Interpretation des synthetischen Apriori dem platonischen Versuch, diesen Punkt zu klären, weit überlegen ist. Um zu zeigen, auf welche Weise die reine Vernunft zu einer Naturwissenschaft kommen kann, nimmt Plato an, daß es eine Welt idealer Dinge gibt, die von der Vernunft wahrgenommen werden kann und die die wirklichen Dinge beeinflußt. Kant braucht solchen Mystizismus nicht. Die Vernunft hat Kenntnis von der physikalischen Welt, weil sie selbst zu dem Bilde beiträgt, das wir uns von der Welt machen – so argumentiert Kant. Das synthetische Apriori hat einen subjektiven Ursprung; denn es ist ein Prinzip, das der menschliche Geist der menschlichen Erkenntnis aufzwingt.

Ich will versuchen, Kants Erklärungen durch ein einfaches Beispiel leichter verständlich zu machen. Ein Mensch, der eine blaue Brille trägt, sieht alles blau. Wäre er mit dieser Brille geboren, so würde er Bläue als eine notwendige Eigenschaft aller Dinge ansehen; und es würde eine gewisse Zeit dauern, bis er entdeckte, daß er es ist oder vielmehr seine Brille, die die ganze Welt blau färbt. Die synthetisch-apriorischen Gesetze der Physik und der Mathematik sind die blaue Brille, durch die wir die Welt sehen; und wir sollten uns nicht darüber verwundern, daß jede Erfahrung sie bestätigt, denn wir können ohne sie überhaupt keine Erfahrung haben[1].

---

[1] Man könnte darauf einwenden, daß ein Mensch, der mit dieser blauen Brille geboren wäre, keine anderen Farben als blau kennt und darum blau gar nicht als Farbe erkennt. Um diese Folgerung zu vermeiden, wollen wir annehmen, daß er mit blauen Augenlinsen geboren ist, während seine Netzhaut und sein Nervensystem normal sind. Insofern als seine optischen Wahrnehmungen durch innere Reize hervorgebracht werden, würden sie also normal sein. Er würde daher in der Lage sein, in seinen Träumen andere Farben als blau zu sehen, und zu der Überzeugung kommen, daß die physikalische Welt gewissen Einschränkungen unterworfen ist, die für das Reich seiner Phantasie keine Gültigkeit haben. Er könnte unter Umständen sehr wohl herausfinden, daß diese Einschränkungen eine Folge der Beschaffenheit seiner Augenlinsen ist.

Dieses Beispiel stammt nicht von Kant; und es würde dem Verfasser langatmiger Bücher, die mit lauter abstrakten Betrachtungen in gewundener Sprache angefüllt sind und den Leser nach konkreten Beispielen dursten lassen, sogar völlig fern liegen. Wenn Kant daran gewöhnt gewesen wäre, seine Ideen in der klaren und einfachen Sprache des Wissenschaftlers darzustellen, dann würde er vielleicht gemerkt haben, daß seine transzendentale Deduktion von sehr fragwürdigem Wert ist. Er würde nämlich gesehen haben, daß eine weitere Verfolgung seiner Argumente zu folgendem Resultat führt.
Nehmen wir einmal an, es sei richtig, daß es keine Erfahrung gibt, die jemals das Gegenteil der apriorischen Prinzipien beweisen kann. Das heißt, daß es immer möglich sein wird, alle Beobachtungen, gleichgültig welcher Art, so zu interpretieren und zu ordnen, daß diese Prinzipien befriedigt werden. Beispielsweise, wenn Messungen an Dreiecken gemacht würden, die dem Lehrsatz von der Winkelsumme im Dreieck widersprächen, so würden wir diese Abweichungen als Beobachtungsfehler bezeichnen und die gemessenen Werte derart berichtigen, daß der Lehrsatz der Geometrie befriedigt wäre. Wenn der Philosoph aber beweisen könnte, daß ein solches Vorgehen immer möglich ist, dann würde das heißen, daß diese Prinzipien leer und daher analytisch sind. Sie würden die möglichen Erfahrungen nicht einschränken und deshalb nichts über die Eigenschaften der physikalischen Welt besagen. Tatsächlich hat H. Poincaré unter dem Namen *Konventionalismus* eine derartige Ausdehnung von Kants Theorie versucht. Er hält die euklidische Geometrie für eine Konvention, d. h. eine willkürliche Regel, die wir der Organisation unserer Erfahrung auferlegen. Die für diese Auffassung notwendigen Einschränkungen werden wir in Kapitel 8 besprechen. Um aber den Sinn des Konventionalismus auf einem anderen Gebiete als dem der Geometrie klarzu-

machen, betrachten wir einmal die Behauptung, daß alle Zahlen, die größer als 99 sind, mit wenigstens drei Ziffern geschrieben werden müssen. Diese Behauptung ist nur für das Dezimalsystem wahr und würde für eine andere Schreibweise, z. B. das Duodezimalsystem der Babylonier, welche die Zahl 2 als Grundlage ihres Zahlensystems angenommen hatten, hinfällig. Das Dezimalsystem ist eine Konvention, das wir für unsere Schreibweise benutzen, und wir können beweisen, daß alle Zahlen so geschrieben werden können. Die Behauptung, daß alle Zahlen über 99 mit wenigstens drei Ziffern geschrieben werden müssen, ist analytisch, wenn sie sich auf dieses System bezieht. Um Kants Philosophie als Konventionalismus zu interpretieren, müßten wir beweisen, daß Kants Prinzipien angesichts aller Erfahrungen durchgeführt werden können.
Einen solchen Beweis gibt es aber nicht. Wenn die apriorischen Prinzipien synthetisch sind, wie Kant glaubte, dann ist so ein Beweis überhaupt unmöglich. Das Wort „synthetisch" heißt ja, daß wir uns Erfahrungen vorstellen können, die den apriorischen Prinzipien widersprechen; und wenn wir uns solche Erfahrungen vorstellen können, dann ist die Möglichkeit nicht ausgeschlossen, daß wir sie eines Tages haben werden. Kant würde sagen, daß dieser Fall nicht vorkommen kann, weil die Prinzipien notwendige Bedingungen der Erfahrung sind, oder weil, mit anderen Worten, in einem solchen Fall Erfahrung in Form eines geordneten Beobachtungssystems nicht möglich wäre. Aber woher weiß er, daß Erfahrung immer möglich sein wird? Kant hatte keinen Beweis dafür, daß wir niemals auf umfassende Beobachtungen stoßen würden, welche innerhalb des Rahmens seiner apriorischen Prinzipien nicht geordnet werden können und welche daher Erfahrung, zum mindesten in Kants Sinn, unmöglich machen würden. Für das oben benutzte Beispiel würde dieser Fall eintreten, wenn die physikalische Welt keine Lichtstrahlen mit der Wel-

lenlänge, die Blau entspricht, enthalten würde. Der Mann mit der blauen Brille würde dann gar nichts sehen. Wenn sich der gleiche Fall in der Wissenschaft ereignete, wenn nämlich Erfahrung im Kantschen Sinne unmöglich würde, dann würden sich seine Prinzipien als ungültig für die physikalische Welt herausstellen. Und da man nicht das Gegenteil beweisen kann, darf man diese Prinzipien nicht a priori nennen. Die Forderung, daß Erfahrung im Rahmen der apriorischen Prinzipien immer möglich sein muß, ist die unerlaubte Voraussetzung in Kants System, ist die unbeweisbare Prämisse, mit der das ganze System steht und fällt. Daß er seine Prämisse nicht ausdrücklich formuliert, zeigt, daß die Suche nach absoluter Gewißheit ihn die beschränkte Gültigkeit seines Gedankenganges übersehen ließ.
Ich sage das nicht in der Absicht, dem Philosophen der Aufklärungszeit Vorwürfe zu machen. Wir haben es heute leicht, kritisch zu sein, weil wir ein späteres Stadium der Physik erlebt haben, in dem die Kantische Erkenntnistheorie zusammengebrochen ist. Die moderne Physik erkennt weder die Axiome der euklidischen Geometrie noch das Gesetz der Kausalität oder der Erhaltung der Masse als richtig an. Wir wissen, daß die Mathematik analytisch ist, und daß alle Anwendungen der Mathematik auf die physikalische Wirklichkeit, einschließlich der physikalischen Geometrie, nur empirische Gültigkeit haben und auf Grund späterer Erfahrungen berichtigt werden können. Wir wissen, mit anderen Worten, daß es kein synthetisches Apriori gibt. Aber wir sind zu dieser Einsicht erst gekommen, nachdem die Newtonsche Physik und die euklidische Geometrie überholt worden sind. Wenn ein wissenschaftliches System auf seinem historischen Höhepunkt steht, kann man sich schwer vorstellen, daß es eines Tages zusammenbrechen könnte – aber es ist leicht, von diesem Zusammenbruch zu reden, wenn er einmal zur Wirklichkeit geworden ist.

Solche Erfahrungen haben uns gewarnt, darauf vorbereitet zu sein, daß jedes System zusammenbrechen kann – ohne uns jedoch zu entmutigen. Die moderne Physik hat uns gezeigt, daß wir Erkenntnis außerhalb des Rahmens der Kantischen Prinzipien haben können, und daß der menschliche Geist kein starres System von Kategorien ist, in die er alle seine Erfahrungen hineinpackt. Und sie hat uns gezeigt, daß die Prinzipien der Erkenntnis sich mit ihrem Inhalt ändern und sich einer viel komplizierteren Welt als der der Newtonschen Mechanik anpassen können. Wir hoffen, daß unser Verstand in jeder zukünftigen Situation anpassungsfähig genug sein wird, logische Methoden zu liefern, die das gegebene Beobachtungsmaterial ordnen können. Das ist eine Hoffnung, kein Glaube, für den wir einen philosophischen Beweis zu haben behaupten. Wir können ohne absolute Gewißheit auskommen. Aber es war ein langer Weg zu dieser undogmatischen Einstellung. Die Suche nach Gewißheit mußte sich erst in den philosophischen Systemen der Vergangenheit ausleben, ehe wir in der Lage waren, eine Auffassung von Erkenntnis anzunehmen, die alle Ansprüche auf ewige Wahrheit aufgibt.

4
DIE SUCHE
NACH ETHISCHEN LEITSÄTZEN UND DER
KOGNITIV-ETHISCHE PARALLELISMUS

Sokrates: Wollen wir also zusammen untersuchen, was Tugend ist?
Meno: Gewiß doch.
Sokrates: Da wir noch nicht wissen, was Tugend oder welcher Natur sie ist, laß uns die Frage ihrer Lehrbarkeit behandeln und einstweilen folgende Behauptung aufstellen: Je nachdem sie Wissen bzw. Erkenntnis ist oder nicht, ist sie lehrbar oder nicht. Denn ist es nicht ganz klar, daß man einen Menschen nur lehren kann, was Wissen bzw. Erkenntnis ist?
Meno: Das ist sicher richtig.
Sokrates: Wenn Tugend also eine Art Wissen bzw. Erkenntnis ist, kann man sie lehren?
Meno: Natürlich.
Sokrates: Wir sind schnell am Ende unserer hypothetischen Untersuchung; wenn Tugend den Charakter von Wissen hat, ist sie lehrbar, sonst nicht.

An dieser Stelle aus Platos Dialog *Meno*, die wir hier in gekürzter Fassung bringen, untersucht Sokrates die Frage, ob Tugend Erkenntnis ist. Ebenso wie in einem früheren Dialog Platos, dem *Protagoras*, wo die gleiche Frage behandelt wird, ist Sokrates' Antwort kein klares „Ja" oder „Nein". Er kann auch zu keiner endgültigen Antwort kommen, weil er die Worte „Erkenntnis" und „lehren" nicht eindeutig gebraucht. Sokrates besteht immer darauf, daß er niemals lehrt, sondern einem Menschen nur hilft, die Wahrheit durch die eigenen Augen zu sehen. Seine Methode besteht darin, Fragen zu stellen, und der Schüler lernt, weil die Fragen seine Aufmerksamkeit auf ganz bestimmte Punkte richten, so daß er die wahre Antwort findet, indem er sich auf die wichtigen Tatsachen konzentriert und daraus seine Schlüsse zieht. Von dieser Art ist z. B. das Lernen in der Geometrie; die Einsicht in die Wahrheit der geometrischen Beziehungen, die für einen Beweis benutzt werden, bleibt immer dem Schüler überlassen, und der Lehrer kann ihn nur dazu anleiten, solche Einsicht zu vollziehen. Aber wenn der Schüler als Folge dieser sogenannten dialektischen Methode „lernt", dann kann man wohl sagen, daß die Person, die ihn zum Lernen veranlaßt, „lehrt". Wenn Sokrates nämlich seine seltsame Ausdrucksweise auf die Geometrie ausdehnen und leugnen würde, daß sie lehrbar sei (was er manchmal tut), dann folgte daraus, daß die Geometrie nicht Erkenntnis ist (einen Schluß, den er nicht zieht). Es erscheint daher berechtigt, Sokrates' Ansicht dahin zu interpretieren, daß Tugend eine Form der Erkenntnis ist im gleichen Sinne, wie die Geometrie eine Form der Erkenntnis genannt werden kann.

Diese Deutung wird durch Sokrates' eigene Darstellung des Problems gerechtfertigt. Er will Meno zeigen, auf welche Weise ethische Fragen gelöst werden können und bezieht sich zu diesem Zweck auf die Art, wie man Geometrie lernt. An dieser Stelle wird der Dialog durch die oben erwähnte Szene, in der Sokrates einem jungen Sklaven einen geometrischen Lehrsatz beibringt, belebt. Was er klarmachen will, ist seine Behauptung, daß man intellektuelle Einsicht braucht, um zu wissen, was Tugend und was gut ist, in derselben Weise, wie man logische Einsicht zum Verständnis von geometrischen Beweisen braucht. Ethische Urteile werden also so hingestellt, als ob man sie durch eine besondere Art von Schauen findet, die der Anschauung geometrischer Beziehungen vergleichbar ist. Mit dieser Begründung wird ethische Einsicht als Parallele zu geometrischer Einsicht hingestellt. Wenn es so etwas wie geometrische Erkenntnis gibt, dann muß es auch ethische Erkenntnis geben — diese Schlußfolgerung erscheint unausweichlich, hat man einmal die sokratisch-platonische Lehre von der sophistischen Ausdrucksweise, in der sie formuliert ist, befreit. In diesem Sinne ist das Ergebnis dieser Lehre, daß Tugend Erkenntnis ist.

Mit dieser These haben Sokrates und Plato den *kognitiv-ethischen Parallelismus* aufgestellt, die Theorie nämlich, daß ethische Einsicht eine Form der Erkenntnis, d. h. von Wissen, ist. Wenn ein Mensch unmoralisch handelt, dann ist er in demselben Sinne unwissend wie jemand, der Fehler in der Geometrie macht; er ist der reinen Anschauung unfähig, die ihm das Gute zeigt und die man mit der Anschauung, welche ihm geometrische Wahrheit enthüllt, auf eine Stufe stellen muß.

Wenn wir diese Auffassung mit der Art vergleichen, wie ethische Leitsätze in der Bibel aufgestellt werden, bemerken wir einen wichtigen Unterschied. Die Bibel stellt ethische Regeln als das Wort Gottes auf, des israelitischen Gottes, der Moses am Berge Sinai die zehn Gebote gibt. „Du sollst nicht töten!" „Du sollst nicht stehlen!" Die Imperativform dieser Gebote zeigt ganz deutlich, daß sie als Befehle, und nicht als Tatsachenaussagen, gemeint sind. Die Verwandlung ethischer Regeln in eine Form der Erkenntnis scheint eine spätere Erfindung zu sein. Die Juden würden es als eine Entehrung von Gottes Wort betrachtet haben, die zehn Gebote mit mathematischen oder physikalischen Gesetzen auf eine Ebene zu stellen. Zur Zeit der Bücher Moses war Erkenntnis noch in keiner Weise systematisiert; die Geometrie der Ägypter war nichts als eine Handvoll Regeln, um Land zu vermessen und Tempel zu bauen. Es war eine griechische Entdeckung, daß die Geometrie in Form von logischen Beweisen aufgebaut werden konnte. Die Auffassung der

Tugend als Erkenntnis ist daher charakteristisch für die griechische Denkweise. Erkenntnis mußte erst die Vollkommenheit und Würde erlangen, die der griechische Geist ihr verlieh, indem er die Mathematik zu einem logischen System ausbaute, ehe man sie als grundlegend für ethische Regeln ansehen konnte. Die Gesetze der Physik und der Mathematik mußten erst als Gesetze erkannt werden, nämlich als Beziehungen, die unsere Zustimmung fordern und keine Ausnahme dulden, bevor man sie als Parallelen zu ethischen Gesetzen auffassen konnte. Die doppelte Bedeutung des Wortes „Gesetz", im Sinne von moralischem Gebot und von Regelmäßigkeit in der Natur, oder logischer Regel, unterstreicht die Herkunft dieses Parallelismus.

Das Motiv für diesen Parallelismus scheint der Wunsch zu sein, die Ethik auf einer besseren Grundlage als der Religion zu verankern. Das Vertrauen in Gottes Befehle mag ein naives Gemüt befriedigen, das von keinem Zweifel an die Überlegenheit des Vaters geplagt wird; aber das Volk, das die Mathematik als logisches System aufstellte, entdeckte eine neue Art von Gebot, das Gebot der Vernunft. Die unpersönliche Form dieses Gebotes läßt es als einen höheren Typus erscheinen; das Vernunftgebot verlangt nach Anerkennung, gleichgültig, ob wir an Götter glauben oder nicht, es schaltet die Frage aus, ob die Regeln der Götter gut sind, und es erlöst uns von der anthropomorphen Auffassung, daß Gutes tun darin besteht, sich einem höheren Willen unterzuordnen. Es ist kein Wunder, daß der kognitiv-ethische Parallelismus mit der These, daß Tugend Erkenntnis ist, als der sicherste Weg erschien, ethische Regeln als für die ganze Welt verpflichtend hinzustellen.

Ein philosophisches System, das den kognitiv-ethischen Parallelismus in extremer Form aufweist, ist die Ethik von Spinoza (1632–1677). In diesem System geht Spinoza sogar so weit, Euklids axiomatischen Aufbau der Geometrie formal nachzuahmen, weil er hofft, auf diese

Weise die Ethik so fest zu begründen wie die Geometrie. Wie Euklid beginnt er mit Axiomen und Postulaten und leitet von diesen einen Lehrsatz nach dem anderen ab. Seine Ethik liest sich wie ein Textbuch der Geometrie. Im ersten Teil beschäftigt sich das Buch noch gar nicht mit Ethik in unserem Sinne, sondern entwickelt eine allgemeine Erkenntnistheorie. Danach geht es zu einer Behandlung der Gefühle über. Spinoza entwickelt die Theorie, daß die Leidenschaften aus verworrenen Ideen der Seele stammen, was der sokratischen Auffassung, daß Unmoral dasselbe ist wie Unwissenheit, entspricht. In dem Kapitel „Von der menschlichen Knechtschaft oder von den Kräften der Affekte" will er zeigen, daß die Leidenschaften den Menschen unglücklich machen und daher schlecht sind. Wir sind glücklich, wenn wir die Macht der Affekte überwinden; und die Kraft zu solcher Befreiung ziehen wir aus der Vernunft, wie er in dem Kapitel „Von der Macht des Verstandes oder von der menschlichen Freiheit" auseinandersetzt. Er hat eine stoische Ethik, denn gut ist für ihn nur die geistige Freude an der Erkenntnis. Soweit das Glücksgefühl aus der Befriedigung der Gefühle und aus reiner Lebensfreude stammt, erscheint es ihm vom Standpunkt der Ethik aus gesehen unwichtig, obgleich er es nicht als unmoralisch empfindet. Er empfiehlt diese Art Glück in mäßigen Dosen gleichsam als Nahrung für den Körper, die dieser braucht, um alles das zu leisten, wozu die Natur ihn befähigt hat.

Spinoza genießt einen großen Ruf unter den Philosophen; aber ich habe das Gefühl, daß dieser Ruf mehr das Verdienst seiner Persönlichkeit als seiner Philosophie ist. Er war ein bescheidener, mutiger Mann, der für seine Theorien eintrat und seine Ethik in seinem eigenen Leben verwirklichte. Er verdiente sich seinen Lebensunterhalt mit Schleifen von Augengläsern und weigerte sich, eine akademische Stellung anzunehmen, weil die damit verbundenen Verpflichtungen seine intellektuelle

Freiheit beschränkt hätten. Von den verschiedensten Seiten ist er als Atheist bekämpft worden, und er wurde wegen seiner Ketzerei aus der jüdischen Gemeinde in Amsterdam ausgestoßen. Er blieb aller Kritik gegenüber gleichgültig, war freundlich zu jedermann und bezeugte nie irgendeinen Haß.

Wenn wir seine Ethik von ihrer logischen Form abstrahieren, so stellt sie das Glaubensbekenntnis einer leidenschaftslosen Persönlichkeit dar, der Selbsterziehung und geistige Arbeit als höchstes Ziel erscheinen. Dadurch, daß er seine Ethik in strenge logische Form einzukleiden versucht, beweist er, daß seine Bewunderung für Logik größer war als seine Begabung dafür. Seine logischen Ableitungen sind ganz unzureichend, und man kann sie ohne stillschweigende Ergänzungen und psychologische Interpretationen gar nicht verstehen. Man kann in keiner Weise behaupten, daß sein System innere logische Geltung besäße, d. h., daß es richtig aus den Axiomen abgeleitet sei; denn seine Schlußfolgerungen gehen weit über den Inhalt seiner Prämissen hinaus. Er übernimmt z. B. den ontologischen Gottesbeweis. Aber ungültige logische Konstruktionen können die psychologische Funktion haben, subjektive Überzeugungen zu stärken; und Fehlschlüsse können für einen bestimmten Glauben unersetzlich sein. Spinoza brauchte die logische Form als ein Rückgrat, das seiner Unterdrückung der Gefühle und seiner ungewöhnlichen Gleichgültigkeit gegen die Freuden der Leidenschaft eine Stütze gab. Die sokratische Intellektualisierung der Ethik wird von ihm, wie von vielen seiner Vorgänger, dazu benutzt, ein ethisches System zu konstruieren, das alles Gefühlsleben mit Geringschätzung behandelt. Das ist vielleicht das am wenigsten zu erwartende Ergebnis des kognitiv-ethischen Parallelismus. Seit der Zeit der Stoiker hat die Vorstellung vom Philosophen als einem Mann ohne Temperament die öffentliche Meinung beherrscht und andere Leute zu Minderwertigkeitsgefühlen veranlaßt, wenn sie eine solche

Weisheit in ihrer eigenen Person nicht verwirklichen konnten. Ich kann nicht einsehen, warum Philosophen diesem Ideal des leidenschaftslosen Menschen nachstreben sollen. Zwar will ich niemanden von seinem Vergnügen abbringen, wenn er in der Leidenschaftslosigkeit Befriedigung findet; aber ich verstehe nicht, warum wir übrigen, deren Vergnügungen menschlicher geartet sind, uns minderwertig fühlen sollen. Leidenschaftliche Hingabe gehört zu den Kräften, die das Leben wertvoll machen — diese Regel gilt auch für Philosophen, denn es sieht so aus, als ob Spinozas unglückliche Liebe zur Logik nicht so sehr verschieden war von den mehr irdischen Formen, in denen sich die Leidenschaft in anderen Menschen zeigt.

Spinozas deduktive Konstruktion der Ethik, die zeigen soll, daß man einen deduktiven Beweis für ethische Regeln geben kann, ist eine mehr ins einzelne gehende Ausführung der sokratischen Auffassung, daß Tugend Wissen ist. Sie begründet diese Auffassung sogar auf noch festerem Boden, weil sie die Behauptung aufstellt, daß moralische Erkenntnis nicht nur ein Produkt rationaler Einsicht darstellt, sondern sogar streng logischem Beweis, dem schärfsten Instrument rationalen Denkens, zugänglich ist. Wie in der Geometrie sind die Axiome nur der Anfang für die deduktiven Ableitungen, die über lange Beweisketten zu mehr und mehr Ergebnissen führen. Ethik ist Erkenntnis nicht nur, weil ihre ersten Prinzipien als wahr erscheinen, sondern auch, weil sie den Gesetzen der Logik unterworfen ist und man die Technik des logischen Beweises für die Aufstellung von Beziehungen zwischen moralischen Gesetzen anwenden kann — das ist die Begründung, die hinter der Auffassung von Spinoza und ebenso hinter der Lehre von Sokrates und Plato steckt.

Ein paar Beispiele von Ableitungen aus dem kognitiven und ethischen Gebiet sollen uns zeigen, worin der Parallelismus besteht. In derselben Weise, in der man sich Wis-

sen aneignet, findet man das Gute auch nur allmählich heraus; Schritt für Schritt erwirbt man sich ein besseres Verständnis, und das Lehren der Wahrheit wie auch das Lehren der Tugend besteht darin, einem anderen Menschen bei diesen Schritten zu helfen. Wir fragen z. B. danach, ob ein Kreis in ein Dreieck so eingezeichnet werden kann, daß die drei Seiten Tangenten des Kreises sind. Wir haben gewisse Vorstellungen von Kreisen und Dreiecken, die in einer solchen Beziehung zueinander stehen; aber wir wissen noch nicht, ob dieselbe Beziehung für alle Arten von Dreiecken möglich ist, und für jedes Dreieck nur in einer einzigen Weise. Die Lösung wird schrittweise gefunden, gleichgültig, ob wir selbst den Beweis entdecken, oder ob er uns von einem Lehrer gezeigt wird. In ähnlicher Weise fragen wir, ob es gut ist, andere Menschen zu belügen. Vielleicht antworten wir zuerst, daß es manchmal gut und manchmal schlecht ist; aber wenn wir näher hinsehen, merken wir, daß es zwar ab und zu zu unserem Vorteil sein mag zu lügen, daß Lügen aber trotzdem nicht zu rechtfertigen ist. Denn unser Verhalten könnte andere Menschen zu ähnlichem Verhalten veranlassen, und am Ende ginge jedes gegenseitige Vertrauen zwischen den Menschen verloren. Das schrittweise Vorgehen in dieser Überlegung scheint mathematischen Betrachtungen analog zu sein und erklärt, warum ethische Regeln gelehrt werden können.
Aber das Studium von Ableitungsvorgängen stellt uns die kognitive Auffassung der Ethik in neuem Lichte dar. Eine logische Ableitung ist kein Weg, absolute Wahrheit zu finden, sondern nur ein Mittel, verschiedene Wahrheiten miteinander zu verbinden. Die mathematische Ableitung, die wir oben erwähnt haben, besteht in dem Beweise, daß, wenn gewisse Axiome angenommen werden, der Schluß bezüglich des in das Dreieck eingeschriebenen Kreises gezogen werden kann. Unsere ethische Ableitung ist ein Beweis, daß, wenn wir bestimmte Ziele erreichen wollen, wir uns an das moralische Gebot, nicht

zu lügen, halten müssen. Genauer gesagt: was wir bewiesen haben, ist, daß, wenn wir eine gesellschaftliche Ordnung haben wollen, in welcher die Beziehungen zwischen den Menschen von gegenseitigem Vertrauen getragen sind, wir nicht lügen dürfen.

Was man in beiden Fällen beweisen kann, ist die *wenn-dann*-Beziehung, und es ist die Ableitbarkeit dieser Beziehung, in der die beiden Beispiele sich gleichen. Daß Tugend gelehrt werden kann, hängt damit zusammen, daß ethische Überlegungen, ebenso wie mathematische Ableitungen, eine logische Komponente enthalten, die einer schrittweisen logischen Analyse zugänglich ist und den logischen Schritten in einem mathematischen Beweise entspricht.

Man kann nicht genug betonen, daß logische Deduktion keine unabhängigen Ergebnisse liefern kann. Sie ist nur ein Mittel, um Verknüpfungen herzustellen, und hilft uns, Schlüsse aus gegebenen Axiomen zu ziehen; aber sie kann uns nichts über die Wahrheit dieser Axiome sagen. Die Axiome der Mathematik erfordern daher eine besondere Behandlung, und die Frage, ob sie wahr sind, führt, wie oben erklärt, zu der Frage, ob sie synthetisch a priori sind. Eine Untersuchung ethischer Deduktionen kommt zu ähnlichen Ergebnissen. Ebenso wie in der Mathematik müssen die ethischen Axiome von den ableitbaren ethischen Lehrsätzen unterschieden werden, und nur die Beziehung zwischen ihnen, die *wenndann*-Aussage „wenn du diese Axiome anerkennst, dann mußt du auch den Lehrsatz anerkennen", kann logisch bewiesen werden. Unsere Analyse zeigt daher, daß die Gültigkeit der Ethik mit dem Problem der Gültigkeit der ethischen Axiome zusammenfällt. Wie in der Mathematik kann die Methode der Deduktion die Frage der Zuverlässigkeit nur von den Lehrsätzen auf die Axiome verschieben, aber sie kann keine Antwort auf diese Frage geben.

Um zu beweisen, daß Tugend Erkenntnis ist, daß nämlich ethische Urteile vom kognitiven Typus sind, müßte man beweisen, daß die ethischen Axiome kognitiven Charakter haben. Die Anwendbarkeit der logischen Deduktion auf ethische Probleme beweist nichts in dieser Hinsicht. Die Frage nach dem Wesen der Ethik dreht sich also um die Frage nach dem Wesen der ethischen Axiome. Wieder hat Immanuel Kant das Verdienst, das Problem der Ethik als das Problem der ethischen Axiome gesehen zu haben. Er sah, daß ebenso wie in der Mathematik die analytische Natur der Deduktion es unmöglich macht, die Gültigkeit der ethischen Regel auf Deduktion allein zu begründen. Er betonte, daß man das Wesen der Ethik nur verstehen könne, nachdem das Problem der ethischen Axiome gelöst sei. Aber wie in seiner Erkenntnistheorie glaubt Kant, daß er nicht nur die Frage gestellt, sondern auch die Antwort darauf gegeben hat. Es lohnt sich, Kants Antwort, die ebenso wie seine Lösung des Problems der mathematischen und physikalischen Axiome die letzte große Leistung des Rationalismus ist, näher zu untersuchen.

Kants Antwort besteht in der Behauptung, daß die Axiome der Ethik, genau wie die der Mathematik und Physik, synthetisch a priori seien. In seiner *Kritik der praktischen Vernunft* versucht er, für die Axiome der Ethik eine ähnliche Ableitung zu geben wie die, welche er in seiner *Kritik der reinen Vernunft* für die Axiome der Mathematik und Physik durchgeführt hat. Er erklärt in diesem Werk, daß die ethischen Axiome auf ein einziges zurückgeführt werden können, das er den *kategorischen Imperativ* nennt und folgendermaßen formuliert: „Handle so, daß die Maxime deines Willens jederzeit zugleich als Prinzip einer allgemeinen Gesetzgebung gelten könne". Um das Axiom zu illustrieren, benutzt er das Problem der Lüge: Lügen mag für manche Menschen von Vorteil sein, aber man kann es nicht zum Prinzip einer allgemeinen Gesetzgebung machen, weil es zu der unvernünftigen Folge führen würde, daß niemand dem anderen traut. Kant behauptet, daß die Geltung des kategorischen Imperativs von allen Menschen zugegeben wird, sobald sie nur versuchen, der Einsicht ihrer Vernunft zu folgen, und daß man die Geltung des Imperativs in einem Akt der Anschauung einsieht, ebenso wie man die Axiome der Mathematik und Physik als notwendig wahr erkennt. In Kants System hat der kognitiv-ethische Parallelismus seinen Höhepunkt erreicht; er ist auf ein synthetisches Apriori begründet worden, welches sowohl die kognitiven als auch die ethischen Axiome umfaßt und schließlich im Wesen der Vernunft seinen Ursprung hat. „Der gestirnte Himmel über mir und das moralische Gesetz in mir" — diese berühmte rhetorische Parallele Kants stellt das Symbol für die Dualität der kognitiven und moralischen Gesetze dar, welche von jedem menschlichen Geiste Anerkennung verlangen.

Kant konnte nicht voraussehen, daß es gerade dieser Parallelismus sein sollte, der seiner Ethik den Todesstoß versetzte. Wir haben im vorigen Kapitel erklärt, daß es kein kognitives synthetisches Apriori gibt, daß die Mathematik analytisch ist und alle mathematischen Fassungen physikalischer Gesetze empirischen Charakter haben. Wenn das moralische Gesetz in mir von derselben Art ist wie das Gesetz, welches mir den bestirnten Himmel erklärt, dann ist es entweder eine empirische Aussage über das Verhalten von Menschen, oder eine leere Aussage in der Form einer Implikation zwischen ethischen Axiomen und Schlußfolgerungen, wie mathematische Lehrsätze. Aber es ist kein bedingungsloser Imperativ, oder in der Sprache der traditionellen Logik, die Kant gebraucht, kein kategorischer Imperativ. Das Versagen der kantischen Ethik hat deshalb dieselbe Ursache wie das Versagen seiner Erkenntnistheorie: es entspringt aus dem Irrtum, daß synthetische Aussagen in bloßer Vernunft ihren Ursprung haben können.

Das ist eine negative Antwort; sie besagt, daß ethische Axiome nicht synthetisch apriorische Aussagen sind. Es

bleibt noch die Aufgabe übrig, eine positive Antwort zu finden, was soviel bedeutet, wie eine Deutung des Wesens der ethischen Axiome zu geben. Ich möchte diese Frage nicht im historischen Teil dieses Buches besprechen, sondern werde sie in Kapitel 17 untersuchen, will aber hier ein paar Bemerkungen über die psychologische Wurzel der kantischen Auffassung anfügen.
Wenn wir die Psychologie des großen Kritikers der Vernunft genauer studieren, dann finden wir, daß die Aufstellung des moralischen synthetischen Apriori Kant gefühlsmäßig sogar noch mehr befriedigt, als das kognitive synthetische Apriori. Der trockene und gelehrte Stil seiner Auseinandersetzungen wird in seinen Schriften über die Ethik durch Ausrufe und Verherrlichungen ethischer Gebote und Begriffe unterbrochen:
„Pflicht! du erhabener großer Name, der du nichts Beliebtes, was Einschmeichelung bei sich führt, in dir fassest, sondern Unterwerfung verlangst, doch auch nicht drohest, was natürliche Abneigung im Gemüte erregte und schreckte, um den Willen zu bewegen, sondern bloß ein Gesetz aufstellst, welches von selbst im Gemüte Eingang findet und doch sich selbst wider Willen Verehrung (wenngleich nicht immer Befolgung) erwirbt, vor dem alle Neigungen verstummen, wenn sie gleich insgeheim ihm entgegenwirken: welches ist der deiner würdige Ursprung, und wo findet man die Wurzel deiner edlen Abkunft, welche alle Verwandtschaft mit Neigungen stolz ausschlägt, und von welcher Wurzel abzustammen die unnachläßliche Bedingung desjenigen Werts ist, den sich die Menschen allein selbst geben können?"
Und der Begriff der Pflicht liefert uns auch den Schlüssel zu Kants Ethik. Insofern als unsere Handlungen auf Neigung beruhen, sind sie weder gut noch böse, selbst wenn unsere Neigung sich einem würdigen Ziele zuwendet, wie zum Beispiel der Unterstützung hilfsbedürftiger Personen; was unsere Handlungen moralisch macht, ist das Gefühl der Pflicht, das uns zum Handeln ver-

anlaßt. Was ist das für eine Entstellung des natürlichen Triebes, anderen zu helfen! Und was für eine entartete Moralität äußert sich in einer solchen Intellektualisierung ethischer Entscheidungen! Kant stammte aus einer Familie der unteren Mittelklasse, die in recht kümmerlichen Verhältnissen lebte. Sein Vater war ein Sattler, seine Mutter eine gläubige Anhängerin einer pietistischen Sekte. In einem solchen sozialen Milieu werden Selbstvertrauen und ungehemmte Befriedigung natürlicher Neigungen oft als Sünde betrachtet; und es sieht so aus, als ob der berühmte Sohn stolz und glücklich war, in gelehrten Büchern gerade die Moral zu begründen, die ihm in der Kinderstube eingeflößt worden war.
Auch der Erfolg, den seine Philosophie in seinem Geburtslande hatte und der ihn zum Philosophen des Protestantismus und des Preußentums machte, ist ein weiterer Beweis dafür, daß es die Ethik einer gewissen Schicht der Mittelklasse der Bevölkerung war, die er in seinem philosophischen System verewigte. Die Verherrlichung der Pflicht entspricht der Ethik einer sozialen Klasse, die in kargen Verhältnissen lebt und harte Arbeit leisten muß, um ihr Dasein zu fristen, während ihr zur Muße keine Zeit bleibt. Auf der anderen Seite stellt sie auch die Ethik einer militärischen Kaste dar, die absolute Unterordnung unter den Befehl des Vorgesetzten verlangt. Beide Bedingungen waren im damaligen Preußen erfüllt. Daß Kant sich weigerte, die Autorität bestimmter Gruppen oder Institutionen anzuerkennen, zeugt von seiner geistigen Unabhängigkeit, die ihn denn auch mit der preußischen Regierung in Konflikt brachte. Wenn er nur die Forderung sozialer Zusammenarbeit gepredigt hätte, wie sie in seinem kategorischen Imperativ ausgedrückt ist, würden wir ihn als einen Verkünder der Demokratie betrachten und ihn zusammen mit Locke und den Führern der amerikanischen Revolution zu den Begründern moderner demokratischer Staatsformen rechnen. Aber seine Verehrung der Pflicht

schmeckt allzusehr nach dem Wunsch zur Unterordnung; sie verrät die Befriedigung, die aus einem Dienerschaftsverhältnis fließt und für eine Schicht der bürgerlichen Mittelklasse charakteristisch ist, welche zu lange schon unter der Knute einer mächtigen Herrscherklasse gelebt hat. Es ist die Tragik des Philosophen des synthetischen Apriori, daß die Philosophie, die er aus der Struktur der Vernunft abzuleiten glaubt, dem sozialen Milieu, aus dem er kam, überraschend angepaßt ist. Sein kognitives Apriori fällt mit der Physik seiner Zeit zusammen, sein moralisches Apriori mit der Ethik seiner gesellschaftlichen Klasse. Diese Tatsache möge allen denen zur Warnung dienen, die behaupten, die letzte Wahrheit gefunden zu haben.
Kant scheint seine Begründung der Ethik als eine höhere Leistung angesehen zu haben als seine Erkenntnistheorie, so wie ein Zweck höher steht als die Mittel dazu. Diese Einstellung scheint übrigens für alle Anhänger des kognitiv-ethischen Parallelismus zuzutreffen. Die Suche nach ethischen Leitsätzen oder Direktiven ist das treibende Motiv aller ihrer philosophischen Untersuchungen, und kognitive Gewißheit wird eigentlich nur erstrebt, weil sie die Grundlage für moralische Gewißheit liefert. Diese Verschiebung des Interesses vom kognitiven auf das ethische Gebiet hat eine unglückliche Wirkung: die Erkenntnistheorie wird entstellt und so zurechtgeschnitten, daß sie einen ethischen Absolutismus liefert und natürlich keine vorurteilslose Untersuchung des Erkenntnisproblems mehr darstellt. Die Suche nach moralischen Leitsätzen wird zu einem außerlogischen Motiv, welches in die logische Analyse der Erkenntnis eingreift, und wir müssen nun noch zeigen, in welchem Ausmaß ihr Produkt, der kognitiv-ethische Parallelismus, kognitive Systeme beeinflußt hat und eine der Hauptquellen fehlerhafter Erkenntnistheorien geworden ist.
Da die wirklichen Menschen im allgemeinen nicht mora-

lisch handeln, scheint sich Ethik gar nicht mit dem wirklichen Verhalten der Menschen zu befassen. Der Unterschied zwischen der Art, wie ein Mensch handeln soll und wie er in Wirklichkeit handelt, ist offensichtlich, und Ethik scheint sich also auf das Benehmen des idealen Menschen zu beziehen. Um diese Unterscheidung deutlich zu machen, weist der Theoretiker der Ethik auf den Unterschied zwischen geometrischen Gesetzen und den Beziehungen hin, die für wirkliche physikalische Dinge gelten; er unterscheidet das ideale Dreieck vom wirklichen Dreieck und behauptet, daß der Mathematiker im gleichen Sinne normative Gesetze für geometrische Gebilde entdeckt, wie der Moralphilosoph normative Gesetze für menschliche Handlungen aufstellt. Die Lehrsätze der Mathematik werden damit als Aussagen über etwas, *was sein soll,* hingestellt, zum Unterschied von dem, *was der Fall ist,* haben also angeblich die gleiche Form wie die ethischen Leitsätze.
Eine unvoreingenommene Betrachtung der Mathematik zeigt sofort, daß diese Analogie unzulässig ist. Zwar findet man die idealen geometrischen Figuren nicht in der physikalischen Wirklichkeit, aber die Gesetze der Geometrie lehren uns wenigstens Beziehungen, die annähernd für wirkliche Dinge gelten. Die Geometrie beschreibt die physikalische Welt insofern, als sie uns die annähernde Wahrheit über die Wirklichkeit sagt. Sie sagt uns nicht, wie die Wirklichkeit sein soll, sondern wie sie ist. Was für einen Sinn würde es haben, wenn man verlangen würde, daß der Umfang eines Baumes ein vollkommener Kreis sein soll? Der unvollkommene Kreis, der er in Wirklichkeit ist, befriedigt die geometrischen Gesetze ebenso wie ein vollkommener Kreis; und die Gesetze des vollkommenen Kreises sind nützlich für uns, weil sie uns annähernd über die Beziehungen belehren, die für so unvollkommene Kreise gelten, wie Baumumfänge es nun einmal sind.
Um die Analogie aufrechtzuerhalten, könnten wir ver-

suchen, die Ethik in ähnlicher Weise zu interpretieren; d. h. wir könnten sagen, daß sie uns über das annähernde Verhalten der Menschen informiert. Eine beschreibende Ethik in Form eines historischen Überblicks über existierende ethische Gesetze geht gewöhnlich nicht so vor, sondern bezieht sich auf die wirklichen Handlungen der Menschen. Aber theoretisch könnten wir eine beschreibende Ethik entwickeln, indem wir den idealen Menschen im Auge haben, so wie der Geometer das ideale Dreieck. Das ist möglich, denn die idealen ethischen Gesetze sind zu einem gewissen Grade verwirklicht. Tatsächlich stehlen oder töten die meisten Menschen nicht. Ethische Ideale sind annähernd verwirklicht, weil die Menschen sonst gar nicht als soziale Gruppe existieren könnten. Wir kämen also so zu einer beschreibenden Ethik, die uns über das annähernde ethische Verhalten der Menschen informieren würde, indem sie ihr ideales Verhalten beschreibt, so wie die Geometrie uns über die annähernden Beziehungen zwischen Messungen im physikalischen Raum informiert, indem sie von idealen räumlichen Figuren ausgeht.

Das ist es aber nicht, was der an Ethik interessierte Philosoph will; er möchte moralische Direktiven haben, Regeln, die uns sagen, wie wir uns benehmen sollen, aber keine Berichte, wie wir uns benehmen. Da er behauptet, daß die Vernunft oder eine Vision von Ideen solche Regeln vermitteln kann, wird er gezwungen, umgekehrt die Funktion der Mathematik als normativ und nicht als beschreibend aufzufassen. Er kommt so zu einer Deutung, in welcher der Geist zum Gesetzgeber wird. In einer weniger anspruchsvollen Fassung wird der Geist als ein Instrument angesehen, mit dessen Hilfe wir zu einer visionären Schau normativer Gesetze gelangen, einer Schau, die uns Blicke in eine höhere Daseinssphäre erlaubt. Hier ist der psychologische Ursprung der Vielheit von Existenzsphären, deren führender Vertreter Plato ist. Die unvollkommenen geometrischen Formen der wirklichen physikalischen Dinge werden als Schwächen und Unvollkommenheiten im moralischen Sinne aufgefaßt, wie die Unzulänglichkeiten im Betragen der wirklichen Menschen; und es wird eine Sphäre höherer Wirklichkeit erfunden, die vom kognitiven sowohl als vom moralischen Standpunkt keine Unvollkommenheiten aufweist.

Die moralische Bewertung kognitiver Beziehungen erkennt man an dem Eindringen von ethischen Argumenten in die griechische Wissenschaft, z. B. in die Astronomie. Die himmlischen Bahnen der Sterne werden, um des Prestige willen, könnte man sagen, für vollkommene Kreise gehalten. Daß Baumumfänge unvollkommene Kreise sind, zeigt ihre Minderwertigkeit. Als Folge dieser Auffassung werden die wirklichen Dinge den idealen Dingen gegenüber als minderwertig angesehen. Platos Ideenlehre drückt diese Wertverschiebung von physikalischer zu idealer Existenz aus.

Kant entwickelt eine ähnliche Auffassung, nur benutzt er nicht so naive Argumente. Er unterscheidet zwischen den *Dingen der Erscheinung (Phänomena)* und den *Dingen an sich (Noumena)*. Unser ganzes Wissen ist auf die Dinge der Erscheinung beschränkt, weil die Erkenntnis uns die Dinge der physikalischen Welt im Rahmen der apriorischen Prinzipien darstellt. Hinter den Dingen der Erscheinung, sagt er, müssen die Dinge an sich sein, nämlich die Dinge, wie sie vor ihrer Einordnung in die Gesetze der Geometrie, der Kausalität usw. sind. Wie Plato kommt er zu einer transzendenten Welt, die von der Welt, welche Beobachtung und Wissenschaft uns erschließen, verschieden und ihr überlegen ist.

Es ist klar, warum Kant die Dinge an sich braucht: er will ein Reich haben, wo er seine moralischen und religiösen Prinzipien anwenden kann. Der kausale Determinismus in der Wissenschaft ließ keinen Platz für die Freiheit der menschlichen Handlung oder die Herrschaft Gottes – daher erschienen Kant die Grundlagen der

Ethik und der Religion gefährdet. Aber es bot sich ein Ausweg, wenn man die Wissenschaft auf eine Art niedrigere Wirklichkeit beschränkte und die Dinge an sich vom Determinismus der Dinge der Erscheinung ausnahm. Der subjektive Charakter des Kantischen synthetischen Apriori machte eine solche Deutung plausibel: wenn die Gesetze der Kausalität und der Geometrie der absoluten Wirklichkeit nur vom menschlichen Geiste aufgezwungen werden, dann ist die Wirklichkeit frei und kann ungehindert dem moralischen statt dem kausalen Gesetz folgen. Es ist schon beinahe peinlich mitanzusehen, wie der Philosoph der Newtonschen Physik bereit ist, seine ganze Physik aufzugeben, um seine religiöse Moralität zu retten. Kant gibt offen zu, daß dies die Absicht seiner Philosophie ist. Im Vorwort zur zweiten Auflage der *Kritik der reinen Vernunft* sagt er: „Ich mußte also das Wissen aufheben, um zum Glauben Platz zu bekommen." Die verheerenden Folgen dieses Programms sieht man an der letzten Wendung, die er seiner „kritischen Philosophie" gibt. Gerade das Buch, welches die Grundlage zu seiner Erkenntnistheorie legt, endet mit einem Kapitel, das er *transzendentale Dialektik* nennt und das seine vorherigen Ergebnisse so gut wie hinfällig macht. Kant beweist in diesem Kapitel angeblich, daß die Vernunft zu unvermeidlichen Widersprüchen, sogenannten Antinomien, kommt, wenn sie über die Welt der Erscheinung hinaus ausgedehnt wird. Der einzige Ausweg aus solcher Verwirrung ist der Glaube an Gott, Freiheit und Unsterblichkeit, welche die Wirklichkeit hinter der sichtbaren Welt regieren.

Kants Antinomien, in denen es sich hauptsächlich um die Unendlichkeit von Raum und Zeit handelt, haben einer logischen Prüfung nicht standgehalten. Sie können leicht mit Hilfe einer Logik gelöst werden, die imstande ist, mit unendlichen Zahlen umzugehen. Seine Deutung der Kausalität und der Geometrie als Prinzipien, die den

Dingen vom menschlichen Geiste auferlegt werden, hat sich ebenfalls als unhaltbar erwiesen. Das Kausalgesetz, wenn es überhaupt Gültigkeit hat, muß für die Dinge an sich gelten, sonst könnte man es nicht für eine Voraussage zukünftiger Beobachtungen benutzen: der menschliche Geist ist nicht der Schöpfer seiner Beobachtungen, sondern ist im Akte der Wahrnehmung im wesentlichen passiv. Und die Geometrie beschreibt, wie wir heute wissen, Eigenschaften der physikalischen Welt. Darum bleibt ihm gar kein Argument für seine künstliche Beschränkung der Macht des Verstandes und seine Erfindung einer metaphysischen Sphäre der Dinge an sich. Aber seit der Veröffentlichung von Kants Werken ist dieser antiwissenschaftliche Teil seiner Philosophie eine Fundgrube für die Feinde der Wissenschaft geworden. Sie haben diesen Teil benutzt, um philosophische Systeme zu entwickeln, die eine wissenschaftliche Philosophie verächtlich machen; und sie haben das Vorhandensein einer Welt idealer Existenz behauptet, die dem Philosophen, und nur ihm allein, zugänglich ist.
So führt der Rationalismus zum Idealismus, den wir weiter oben als eine besondere Art von Rationalismus hingestellt hatten. Der Idealismus behauptet, daß die wahre Wirklichkeit den Ideen zuzuschreiben ist, während die physikalischen Dinge nur unvollkommene Abbilder der idealen Objekte sind. Diese Auffassung hat ihre abwegigste Formulierung in der Theorie gefunden, daß der Geist die Substanz aller Dinge ist, die wir am Anfang des Buches zitiert haben. Wir fragten, warum ein Philosoph seine Ansichten auf diese Weise ausdrücken muß. Jetzt können wir die Antwort geben: weil sein Hauptinteresse nicht auf Erkenntnis gerichtet ist, sondern auf etwas ganz anderes. Er will Erkenntnis so deuten, daß sie ihm eine Grundlage für moralische Direktiven liefert; und er will der Erkenntnis eine absolute Gewißheit geben, wie sie für die Sinneswahrnehmung unerreichbar ist, um eine absolute ethische Er-

kenntnis als Parallele zur kognitiven Erkenntnis hinzustellen. Er hat keine Bedenken, eine phantastische Bildersprache für sein System zu gebrauchen, weil er die Sprache der wissenschaftlichen Erklärung völlig mißversteht.

Der Verfasser des Zitates ist G. W. Hegel (1770–1831), aus dessen Einleitung zur *Philosophie der Geschichte* es entnommen ist. Ein paar Bemerkungen über seine Philosophie dürften hier am Platz sein, denn Hegels System kann unter den idealistischen Auffassungen als die radikalste angesehen werden — oder sollte man besser sagen, als ihre Karikatur? Hegel unterscheidet sich von Plato und Kant dadurch, daß er ihre Bewunderung für die mathematischen Wissenschaften nicht teilt, und außerdem darin, daß er nicht die Tiefe ihrer Fragestellungen erreicht. Aber er wiederholt alle ihre Fehler, und zwar in so naiver Weise, daß man sein System als ein Vorbild dafür studieren kann, was Philosophie nicht sein soll.

Der Ausgangspunkt in Hegels Philosophie ist die Geschichte und nicht die Wissenschaft. Er versucht, die Entwicklung des historischen Menschen, d. h. die Periode der menschlichen Geschichte, für die wir schriftliche Berichte besitzen, darzustellen, indem er ein paar einfache Schemen benutzt, die seiner Ansicht nach geschichtliche Entwicklungen erklären. Eins dieser Schemen vergleicht die Geschichte mit dem Wachstum des Individuums. Erst kommt die Kindheit, die durch die frühen orientalischen Völker repräsentiert wird; darauf folgt das Jünglingsalter, das er mit dem Zeitalter der Griechen gleichsetzt; das Alter des reifen Mannes ist die Zeit der Römer, und das hohe Alter ist in unserer Zeit verwirklicht. Letzteres ist für Hegel keine Verfallsperiode, sondern die Zeit der höchsten Reife. Das höchste Stadium der höchsten Reife ist vom preußischen Staat erreicht worden, der Hegel eine Anstellung als Professor in Berlin verschaffte. Ich weiß nicht, was Hegel über das

Hitlersche Preußen gesagt hätte; vielleicht hätte er ihm einen Platz in der Fortsetzung seiner historischen Entwicklungslinie angewiesen, aber vielleicht hätte er es auch vorgezogen, sein Urteil aufzuschieben, bis er das Ende des Hitler-Reiches erlebte.

Diese primitive Schematisierung, die eines Primaners würdig ist, der sein eigenes philosophisches System entwickeln möchte, ist viel weniger bekannt, als ein anderes seiner historischen Schemata. Hegel sah, daß geschichtliche Entwicklungen oft von einem Extrem zum anderen gehen wie ein Pendel und dann ein drittes Stadium erreichen, daß bis zu einem gewissen Grade Ergebnisse der beiden vorhergehenden Stadien umfaßt. Politischer Absolutismus wird z. B. manchmal von einer demokratischen Revolution abgelöst, die dann zu einer zentralisierten Regierung führt, welche der Bevölkerung gewisse freiheitliche Rechte einräumt. Dieses Schema nannte er das *dialektische Gesetz*. Das erste Stadium heißt die *These*, das zweite die *Antithese* und das dritte die *Synthese*.

Es gibt in der Geschichte der menschlichen Entwicklung viele Beispiele für das dialektische Gesetz. Die Astronomie mit ihren verschiedenen Auffassungen des Planetensystems ist ein solcher Fall: Ptolemäus' Theorie eines geozentrischen Weltalls, in welchem die Erde als Mittelpunkt des Universums aufgefaßt wird, wurde von Kopernikus' System eines heliozentrischen Weltalls abgelöst, in welchem sich die Erde bewegt und die Sonne der ruhende Mittelpunkt ist. Diese beiden entgegengesetzten Systeme sind heute überholt und durch Einsteins relativistische Auffassung „synthetisiert" worden; danach können sowohl das geozentrische als auch das heliozentrische System als zulässige Interpretationen angesehen werden, wenn die Behauptung einer absoluten Bewegung aufgegeben wird. Eine andere Illustration ist die Entwicklung der physikalischen Lichttheorien, die von einer Teilchenauffassung zu einer Wellenauffassung überging, bis schließlich beide in einer dualistischen Auffassung vereint wurden, die es ermöglicht, die Materie sowohl als Teilchen als auch als Wellen zu interpretieren (Kapitel 11). Ganz allgemein kann die empirische Methode, die vom Versuch zum Irrtum und dann zu einem Erfolg führt, der als ein neuer Versuch angesehen werden muß, als eine unaufhörliche Wiederholung des dialektischen Ablaufs betrachtet werden. Diese Beispiele zeigen fernerhin, daß das dialektische Gesetz eine sehr anpassungsfähige Bedeutung hat; es ist nichts weiter als ein bequemer Rahmen, in den man gewisse geschichtliche Geschehnisse einfügen kann, nachdem sie sich ereignet haben, aber es ist weder streng noch allgemein genug, um geschichtliche Voraussagen zu ermöglichen. Auch kann es nicht zur Begründung der Wahrheit einer wissenschaftlichen Theorie benutzt werden: Die Behauptung, daß Einsteins Theorie der Bewegung wahr ist, kann nicht aus der dialektischen Ordnung des historischen Prozesses abgeleitet werden, in dessen Verlauf die Theorie geboren wurde, sondern muß unabhängig davon begründet werden.

Wenn Hegel sich damit begnügt hätte, das dialektische Gesetz zu formulieren und es mit einer Fülle von historischem und philosophischem Material zu illustrieren, wäre er ein großer wissenschaftlicher Historiker geworden. Als Wissenschaftler hätte er auch die beschränkte Gültigkeit seines Gesetzes der drei Stufen gesehen, die vielen Fälle nämlich, in denen es nicht gilt, und hätte nach den speziellen Bedingungen seiner Anwendbarkeit gesucht. Aber er war ein Philosoph und wurde so das Opfer der Suche nach Allgemeinheit und absoluter Gewißheit. Er verallgemeinerte das dialektische Gesetz in ein Gesetz der Logik und entwickelte ein System, nach dem der Widerspruch in der Natur der Logik selbst liegt und sozusagen das Denken von einem Extrem zum anderen treibt, wodurch die dialektische Bewegung entsteht. Hegel behauptet z. B., daß der Satz „die Rose ist rot" ein Widerspruch ist, denn darin werden von demselben Ding zwei verschiedene Sachen ausgesagt, nämlich, daß es eine Rose und daß es rot ist. Logiker haben schon oft den primitiven Irrtum dieser Auffassung erklärt, welche Mitgliedschaft in einer Klasse mit Identität verwechselt: in dem genannten Satz wird dasselbe Ding als ein Mitglied von zwei verschiedenen Klassen dargestellt, der Klasse der Rosen und der Klasse der roten Dinge, was kein Widerspruch ist. Ein Widerspruch würde sich ergeben, wenn man behaupten würde, daß die beiden Klassen zugleich verschieden und doch identisch seien; aber so etwas drückt der Satz nicht aus. Durch solche logischen Manipulationen versucht Hegel, das dialektische Gesetz als ein logisches Gesetz ohne Ausnahmen hinzustellen.

Indem Hegel seine Erklärung des dialektischen Gesetzes mit seiner Ansicht einer fortschrittlichen Entwicklung der Menschheit verbindet, kommt er zu Auffassungen, wie sie in dem Zitat am Anfang des Buches enthalten sind. Die Substanz der Realität ist der Geist, der die Geschehnisse von einem Extrem zum anderen treibt und dann die beiden Extreme auf einer höheren Ebene vereint; danach fängt der Prozeß von neuem an. Das ist Bildersprache; aber was Hegel sagen will, kann gar nicht anders ausgedrückt werden, sonst würde der Unsinn zu deutlich. Wenn wir seine Auffassung dahin deuten wollten, daß die Welt immer vernünftiger wird, oder daß alle Geschehnisse einem vernünftigen Zweck dienen, würde sich die Falschheit seiner Aussage sofort herausstellen. Die Geschichte der Menschheit, auch wenn sie Perioden eines intellektuellen und moralischen Fortschritts enthält, ist viel zu kompliziert, als daß man sie auf so einfache Weise beschreiben könnte; und wer wollte behaupten, daß die physikalische Welt, z. B. das Sternensystem, Richtlinien folgt, welche die Ansprüche der menschlichen Vernunft befriedigen oder eine Entwicklung bestimmen, die dem Menschen als zweckvoll erscheint? Die Überzeugungskraft des Hegelschen Systems beruht auf seiner merkwürdigen Sprache.

Bei ihm hat die Suche nach moralischen Leitsätzen die Form angenommen, der Geschichte ethische Zwecke zuzuschreiben. Das Gute wird schließlich zur Wirklichkeit werden, und wir müssen nach dem Guten streben, weil wir an dem historischen Prozeß teilnehmen. In einer weniger verklausulierten Sprache heißt das, daß Aussagen darüber, was geschehen wird, aus Aussagen über das, was geschehen soll, abgeleitet werden. Der Laie nennt es Wunschträume; der Philosoph spricht von der teleologischen Geschichtsauffassung. Es hat keinen Sinn, eine solche Philosophie logisch zu analysieren; sie ist nur vom psychologischen Standpunkt aus interessant als eine Illustration dafür, was passiert, wenn der Rationalismus nicht mehr unter der Herrschaft der Logik steht. Und sie liefert uns einen Fall, wo der Philosoph glaubt, daß, wenn die Vernunft Gesetze im Weltall *entdecken* kann, sie ihm auch Gesetze *geben* kann.

Ich glaube kaum, daß Hegel heute solchen Ruhm besäße, wenn er nicht außerhalb seiner Philosophie, im historischen Materialismus von Karl Marx (1818–1883) eine Stütze gefunden hätte. Die Anwendung von Hegels dialektischem Gesetz im Rahmen einer politischen Bewegung machte seine Lehre zum Mittelpunkt einer großen Streitfrage; der Sozialismus wurde von seinen Urhebern und seinen Widersachern im Rahmen der Hegelschen Philosophie diskutiert. Dabei ist Marx, was die Grundlagen seiner Theorie betrifft, der größte Gegner Hegels, weil er sich weigert, dessen primitiven Glauben an die Macht der Vernunft zu teilen. Der Mann, der ideologische Bewegungen als Ergebnisse wirtschaftlicher Bedingungen erklärte und den Klassenkampf als Mittel zum Fortschritt predigte, war kein Idealist. Marx muß geschichtlich in die Reihe der Empiristen eingeordnet werden, nicht nur, weil er stark unter dem Einfluß der englischen Empiristen wie Ricardo stand, sondern auch, weil Hegels dialektisches Gesetz auf seine Soziologie nur dann widerspruchsfrei angewendet werden kann, wenn es als empirisches Gesetz aufgefaßt wird. Wir hätten ein viel klareres Bild von der Geschichte des soziologischen Empirismus, wenn Marx selbst diese Tatsache erkannt hätte.

Wir müssen nach psychologischen Gründen suchen, wenn wir verstehen wollen, warum Marx die Hegelsche Metaphysik nicht eindeutig zurückgewiesen hat. Er erweiterte seine ökonomische Interpretation der Geschichte zu einem ökonomischen Determinismus; und vielleicht brauchte er die Bande zu einer idealistischen Philosophie als Stütze für seine Lehre, nach der historische Entwicklungen streng von wirtschaftlichen Gesetzen bestimmt werden, wie die Bahnen der Planeten streng von physikalischen Gesetzen bestimmt sind. Wirtschaftliche Bedingungen sind aber nur ein beitragender Faktor zu geschichtlichen Entwicklungen; die menschliche Psychologie ist ein anderer Faktor, und selbst beide zusammen können nichts weiter als statistische Gesetze für die Evolution der menschlichen Gesellschaft liefern. Indem er einen Teilfaktor als einzige Ursache ansah, hat er den Trugschluß der Ausschließlichkeit begangen; dieses logische Versagen enthüllt eine rationalistische Denkweise, denn mit den Prinzipien des Empirismus ist ein solcher Fehlschluß nicht vereinbar. Und nur ein Rationalist und Apriorist ist imstande, den lediglich statistischen Charakter soziologischer Gesetze zu übersehen; der Empirist weiß, daß Zufallselemente nie ganz aus historischen Geschehnissen ausgeschaltet werden können, wodurch eine strenge Voraussagbarkeit sogar vorherrschender geschichtlicher Tendenzen ausgeschlossen ist. Der fanatische Glaube der Marxisten an die wirtschaftlichen Prophezeiungen ihres Meisters erinnert mehr an ein religiöses Bekenntnis als an wissenschaftliche Einstellung und bedeutet eine Auferstehung des Hegelianismus, der apriorische Intuitionen über empirische Nachweisbarkeit setzt.

Hegel ist der Nachfolger Kants genannt worden; aber

das ist ein tiefgehendes Mißverständnis Kants und eine unberechtigte Verherrlichung Hegels. Obgleich spätere Entwicklungen Kants System als unhaltbar erwiesen haben, bedeutet es doch den Versuch eines großen Geistes, den Rationalismus auf eine wissenschaftliche Grundlage zu stellen. Hegels System dagegen erinnert an Bacons Beschreibung des Philosophen, der wie eine Spinne ein Gewebe aus seiner eigenen Substanz spinnt: Hegel hat zwar eine empirische Wahrheit gesehen, versucht aber, sie in ein logisches Gesetz umzudeuten, das in der Vernunft seinen Ursprung hat. Er merkt nicht, daß sein Spinnwebsystem mit wissenschaftlicher Logik nichts mehr zu tun hat. Während Kants System den Höhepunkt in der historischen Kette des Rationalismus bedeutet, gehört Hegels System in die Verfallsperiode der spekulativen Philosophie, welche das 19. Jahrhundert kennzeichnet. Über diese Periode werde ich später noch mehr zu sagen haben. Nur eine Bemerkung möchte ich jetzt schon machen: Hegels System hat mehr als jede andere Philosophie dazu beigetragen, die Wissenschaftler von den Philosophen zu trennen, und hat die Philosophie zu einem Gegenstand der Verachtung gemacht, mit dem der Wissenschaftler nichts zu tun haben will.

Die im vorangehenden gegebene Analyse der spekulativen Philosophie wird es verständlich machen, warum die Wissenschaft und die Philosophie durch einen Abgrund getrennt sind. Der rationalistische Philosoph steht der Wissenschaft von Grund auf feindlich gegenüber. Seine Gedankengänge sind von außerlogischen Motiven bestimmt, welche wissenschaftliche Ergebnisse und Methoden dazu benutzen, nichtwissenschaftliche Ziele zu erreichen. Wir dürfen uns von der Bewunderung und Verherrlichung der Mathematik, die man so oft bei den Propheten idealistischer Philosophien findet, nicht verführen lassen. Die Mathematik ist für sie nur eine Illustration ihrer Lehren, ein Spiegel für ihre eigenen Ideen; sie wissen gar nicht, was Erkenntnis, auch mathematische

Erkenntnis, für einen Menschen bedeutet, der unvoreingenommen und nur um der Sache selbst willen nach wissenschaftlichen Antworten sucht.

Es gibt keinen Kompromiß zwischen Wissenschaft und spekulativer Philosophie; und wir wollen nicht versuchen, die beiden in der Hoffnung auf eine höhere Synthese miteinander zu versöhnen. Nicht alle historischen Entwicklungen folgen dem dialektischen Gesetz; manchmal stirbt eine Geistesrichtung aus und wird von einer Denkweise abgelöst, die ihre Wurzeln auf ganz anderem Boden hat – wie eine biologische Gattung ausstirbt und nur noch in Form von Fossilien weiterexistiert, wenn einmal eine andere Gattung, die besser für den Kampf ums Dasein ausgerüstet ist, ihren Platz übernommen hat. Die spekulative Philosophie hat nach ihrem Höhepunkt in Kants System nur sehr mittelmäßige Vertreter gefunden und ist im Aussterben begriffen. Eine andere Philosophie, welche der Wissenschaft verwandt ist und viele Fragen beantwortet hat, die in Systemen früherer Perioden aufgeworfen wurden, ist im Aufstieg. Bevor ich aber diese Antworten behandle, möchte ich die geschichtliche Herkunft dieser Philosophie erklären.

DER LÖSUNGSVERSUCH DES EMPIRISMUS: SEIN ERFOLG UND SEIN VERSAGEN

Die Diskussion der philosophischen Systeme in den vorangehenden Kapiteln ist nicht als erschöpfende Darstellung der Geschichte der Philosophie gemeint. Die Philosophen, die wir bisher besprochen haben, sind nach einem ganz bestimmten Gesichtspunkt ausgewählt; sie vertreten einen gewissen Typus, geben aber kein vollständiges Bild der Philosophie. Ihre Systeme sind dadurch gekennzeichnet, daß sie glauben, es gibt ein besonderes Gebiet des Wissens, nämlich philosophisches Wissen, das der menschliche Geist mit Hilfe einer besonderen Fähigkeit erlangt, welche Vernunft oder Intuition oder Ideenvision genannt wird. Die Systeme selbst sind das angebliche Produkt dieser Fähigkeit; und es wird behauptet, daß sie ein Wissen vermitteln, welches dem Wissenschaftler verschlossen bleibt, ein über die Wissenschaft hinausgehendes Wissen, an das man mit den Methoden der empirischen Beobachtung und Verallgemeinerung nicht heran kann. Diese Art Philosophie haben wir *Rationalismus* genannt. Abgesehen von ein paar Ausnahmen, wie Hegel, ist die Mathematik für den Rationalisten die ideale Erkenntnisform, und sie wird als Vorbild für philosophisches Wissen hingestellt.
Aber schon seit den Griechen hat es eine zweite Art Philosophie gegeben, die sich von der ersten grundlegend unterscheidet. Die Philosophen dieses zweiten Typus betrachten die empirische Wissenschaft, und nicht die Mathematik, als Idealform der Erkenntnis und bestehen darauf, daß die Beobachtung die eigentliche Quelle und letzte Instanz für alles Wissen ist. Hieraus folgt, daß es Selbstbetrug ist, wenn man glaubt, der menschliche Geist habe direkten Zugang zu irgendeiner Wahrheit, es sei

DER LÖSUNGSVERSUCH DES EMPIRISMUS

denn die Wahrheit leerer logischer Beziehungen. Diese Art Philosophie heißt Empirismus.

Die empiristische Methode unterscheidet sich radikal von der des Rationalismus. Der empiristische Philosoph macht keinen Anspruch darauf, eine neue Art von Wissen zu entdecken, das dem Wissenschaftler unzugänglich ist. Er untersucht und analysiert das Wissen, das aus der Beobachtung abgeleitet ist, gleichgültig, ob es sich dabei um wissenschaftliches oder alltägliches Material handelt, und versucht, Bedeutung und Konsequenzen dieses Wissens zu verstehen. Es stört ihn dabei nicht, wenn seine Erkenntnistheorie philosophisches Wissen genannt wird; aber er ist der Ansicht, daß diese Philosophie mit denselben Methoden gefunden wird, wie sie der Wissenschaftler verwendet, und weigert sich, sie als das Ergebnis einer besonderen philosophischen Fähigkeit zu deuten.

Die empiristische These ist nicht immer so klar formuliert worden, wie wir dies heute können, und ihre Ausarbeitung ist selbst das Produkt einer langen historischen Entwicklung. Die älteren Empiristen hatten keine so klare Vorstellung von empirischer Wissenschaft, wie wir sie haben, und standen häufig unter dem Einfluß rationalistischer Systeme. Außerdem enthielt ihre Philosophie oft Material, das wir heute in die empirische Wissenschaft einordnen würden, wie Theorien über den Ursprung der Welt oder die Natur der Materie. Das gilt z. B. für die Systeme der griechischen Empiristen, die wir sowohl in vorsokratischer Zeit als auch in späteren Perioden der griechischen Philosophie finden. Der hervorragendste unter ihnen ist Demokrit, ein Zeitgenosse Sokrates', der als der Urheber der Idee angesehen wird, daß die Materie aus Atomen besteht; er hat darum auch in der Geschichte der Wissenschaft einen Platz. Seine Kosmogonie ist sehr bedeutsam, weil sie eine Evolution annimmt, die dadurch zustande kommt, daß sich die Atome zu komplizierten Gebilden vereinen. Ursprünglich gab es nur Einzelatome, die überall im Raum hin

und her liefen; durch zufällige Zusammenstöße bildeten sich Wirbel, die schließlich zu allen möglichen Arten von Körpern wurden. Diese Ideen wurden hundert Jahre später von Epikur wieder aufgenommen, dessen System späteren Generationen in dem berühmten Gedicht *De Rerum Natura* des römischen Dichters Lucretius übermittelt wurde. Epikur hatte eine etwas andere Auffassung von der Bewegung der Atome und nahm an, daß sie ursprünglich alle eine unendliche Zeitlang senkrecht heruntergefallen seien, bis zufällig einige Atome von ihrer Bahn abgeirrt und mit anderen zusammengestoßen seien. Dieser Zufall war der Beginn der Evolution.
Unter den späteren griechischen Philosophen muß man die Skeptiker zu den Vertretern des Empirismus zählen. Daß sie die Möglichkeit der Erkenntnis anzweifelten, kam nur daher, daß die Griechen Erkenntnis mit absolut sicherer Erkenntnis gleichsetzten. Carneades (zweites Jahrhundert vor Christus) erkannte, daß Deduktion solches Wissen nicht liefern kann, weil sie nur Schlußfolgerungen aus gegebenen Prämissen zieht und die Wahrheit der Axiome nicht begründen kann. Er sah außerdem, daß absolute Gewißheit für die praktischen Zwecke des täglichen Lebens ganz unnötig ist und wohlfundierte Meinungen als Grundlage zum Handeln genügen. Unter diesem Gesichtspunkt entwickelte er eine Wahrscheinlichkeitstheorie, die drei Arten von Wahrscheinlichkeiten oder Grade der Gewißheit unterscheidet. Mit seiner Verteidigung von praktischem Wissen und Wahrscheinlichkeit legte Carneades die Grundlage zu einer empiristischen Einstellung in einem geistigen Milieu, in dem mathematische Gewißheit als die einzig zulässige Form von Erkenntnis betrachtet wurde. Da diese frühen Empiriker ihre Ansichten unter dem fortwährenden Angriff der herrschenden rationalistischen Lehren entwickelten, waren sie überwiegend skeptisch orientiert; ihr Angriff auf die Rationalisten ist ein ge-

sunder Zug, wenn auch im Grunde negativ, und sie haben nicht sehr viel zu einer positiven empiristischen Philosophie beigetragen.
Die Schule der Skeptiker erlebte mehrere Jahrhunderte; ungefähr dreihundert Jahre nach Carneades schrieb Sextus Empiricus (um 150 nach Christus) eine zusammenfassende Darstellung der skeptischen Lehren, die uns über seine frühen Vorgänger Aufschluß gibt und keinen Zweifel hinterläßt, daß der Verfasser die Möglichkeit zielbewußter Handlungen, die sich auf Ergebnisse der Sinnesbeobachtung stützt, in keiner Weise in Frage stellt. Er ist auch ein führender Vertreter der Schule der empirischen Medizin, die versuchte, diese Wissenschaft vom Aberglauben zu befreien. Unter den arabischen Philosophen ist Alhazen, der wegen seines Werkes zur physiologischen Optik berühmt wurde, ein Empirist. Im Mittelalter wurde die Philosophie nur von Geistlichen betrieben, und die sogenannte Scholastik hat kaum etwas für den Empirismus übrig. Männer wie Roger Bacon, Peter Aureoli und William von Occam, welche die empiristische Stellung mit großem Mut verteidigten, sind viel zu sehr im Banne theologischer Denkweise, als daß man sie mit den früheren oder späteren Empiristen vergleichen könnte. Diese Bemerkung soll die historische Bedeutung dieser Männer in keiner Weise verringern, denn gerade, wenn das Verdienst eines Menschen daran gemessen wird, wieweit seine Ansichten von denen seiner Umgebung abweichen, verdient ihr Eintreten für den Empirismus die Bewunderung aller, die in mehr empiristisch gesinnten Perioden Empiristen gewesen sind.
Die enge Verbindung von Rationalismus und Theologie ist leicht zu verstehen. Da religiöse Lehren nicht auf Sinneswahrnehmung beruhen, erfordern sie eine außersinnliche Erkenntnisquelle; und der Philosoph, der angeblich eine solche Erkenntnis gefunden hat, ist der gegebene Verbündete des Theologen. Die Systeme der großen griechischen Rationalisten Plato und Aristoteles

wurden von den christlichen Theologen dazu benutzt, eine christliche Philosophie zu entwickeln; Plato wurde der Philosoph der mehr mystisch eingestellten Gruppen, Aristoteles der Philosoph der Scholastik. Durch seine Beziehung zur Theologie hat sich der Rationalist immer dem Empiristen moralisch überlegen gefühlt. Obgleich die Antipathie zwischen den beiden Richtungen auf beiden Seiten gleich stark empfunden wird, ist sie doch nicht symmetrisch: während der Rationalist den Empiristen für moralisch minderwertig hält, spricht der Empirist dem Rationalisten den gesunden Menschenverstand ab.
Mit dem Aufstieg der modernen Wissenschaft um das Jahr 1600 fing der Empirismus an, eine positive, wohlbegründete philosophische Theorie zu entwickeln, die mit dem Rationalismus in einen erfolgreichen Wettbewerb treten konnte. Die moderne Zeit hat uns die empiristischen Systeme von Francis Bacon (1561–1626), John Locke (1632–1704) und David Hume (1711–1776) geschenkt. Die philosophische Stellung dieser britischen Empiristen muß jetzt mit dem Rationalismus verglichen werden.
Die These des Empirismus ist in den Philosophien dieser Männer zum erstenmal deutlich formuliert worden. Das Endergebnis ihrer Untersuchungen ist die Überzeugung, daß die sinnliche Wahrnehmung die Quelle und letzte Instanz der Erkenntnis ist. Bei der Geburt ist der Geist gleichsam ein leeres Blatt Papier, sagt Locke, und nur die Erfahrung schreibt auf diesem Papier. Der Geist enthält nichts, was ihm die Sinne nicht vorher zugeführt haben. Es gibt allerdings zwei Arten von sinnlicher Wahrnehmung: die Wahrnehmung äußerer und innerer Dinge. Die inneren Dinge sind psychologische Ereignisse, wie Denken, Glauben, Schmerzgefühle oder Farbempfindungen, die wir mit einem inneren Sinn beobachten. Hume teilt alle geistigen Phänomene in zwei Klassen: Eindrücke und Ideen; die Eindrücke werden von den Sinnen, ein-

schließlich des inneren Sinnes, vermittelt, während die Ideen Erinnerungen an frühere Eindrücke sind. Nur durch ihre Kombination können die Ideen von den beobachteten Dingen verschieden sein. Wir haben z. B. Gold und Berge beobachtet, und diese Eindrücke können nun zu einem unbeobachteten, aber vorstellbaren goldenen Berg verbunden werden. Im Gegensatz zum Rationalismus weist der Empirismus dem Geist die untergeordnete Rolle zu, unter den Eindrücken und Ideen eine Ordnung herzustellen, und dieses geordnete System wird von uns Erkenntnis genannt.

Wir wollen die Rolle, die der Geist in der Erkenntnis spielt, mit ein paar Beispielen illustrieren, die von Bacon, Locke oder Hume stammen könnten. Aus den verschiedenen Erfahrungen eines Tages wählt sich der Geist die Helle des Feuers, die wir mit den Augen sehen, aus und verbindet sie mit dem Wärmegefühl, das wir in der Nähe des Feuers haben. So kommt er zu dem physikalischen Gesetz, daß Feuer heiß ist. In ähnlicher Weise entdeckt der Geist die Bewegungsgesetze der Sterne, indem er die verschiedenen Konstellationen, die wir zu verschiedenen Stunden und Tagen am Nachthimmel beobachten, miteinander vergleicht; indem der Verstand die verschiedenen Stellungen eines Sternes durch gedachte Linien verbindet, legt er die Bahn eines Sternes fest, die selbst nicht das Objekt der Beobachtung war.

Wenn ich sage, daß in dieser Auffassung der Erkenntnis dem Geist eine untergeordnete Rolle zugeschoben wird, dann meine ich damit, daß der Geist nicht als Instanz für Wahrheit angesehen wird. Dem Geist mag der Kreis als würdigste Form der Bewegung eines Sternes erscheinen; aber ob diese Bewegung tatsächlich kreisförmig ist, wird durch die sinnliche Wahrnehmung festgestellt. Der Verstand kann mich dazu veranlassen, zu behaupten, daß die Materie aus kleinen Teilchen besteht, weil ich mir sonst nicht vorstellen kann, warum sich die Materie zusammendrücken läßt; aber ob die Atomtheorie wahr ist, kann

wiederum nur durch Beobachtung festgestellt werden. In diesem Fall kann die sinnliche Wahrnehmung die Frage nicht direkt beantworten, weil die Atome zu klein sind, um beobachtet zu werden; aber sie beantwortet die Frage indirekt, indem sie uns eine Reihe beobachtbarer Tatsachen liefert, die eine atomistische Deutung unerläßlich machen. Durch diese Beispiele wird es allerdings klar, daß man die Rolle des Geistes in der Erkenntnis von einem anderen Standpunkt aus keineswegs untergeordnet nennen kann: der Verstand ist ein unersetzliches Instrument für die Organisation unseres Wissens; sonst würden uns gewisse Tatsachen, die einen abstrakteren Charakter haben, gar nicht bewußt werden. Die Sinne zeigen mir nicht, daß sich die Planeten auf Ellipsen um die Sonne bewegen, oder daß die Materie aus Atomen besteht; sondern Sinnesbeobachtung in Verbindung mit Logik enthüllen uns diese abstrakten Wahrheiten.
Bacon sah sehr deutlich die Unersetzbarkeit des Verstandes für eine empiristische Auffassung der Erkenntnis. In seiner oben schon erwähnten Kritik der philosophischen Systeme vergleicht er die Rationalisten mit Spinnen, die aus ihrer eigenen Substanz Spinnweben fabrizieren, und die älteren Empiristen mit Ameisen, die Material sammeln, ohne es ordnen zu können; aber die modernen Empiristen, meint er, seien wie die Bienen, die ihr Material sammeln und verdauen, indem sie von ihrer eigenen Substanz etwas dazutun. Deswegen haben ihre Produkte eine viel bessere Qualität. Es ist ein großes Programm, was er hier in der witzigen Form eines Aphorismus ausgedrückt hat. Wir wollen einmal sehen, wieweit sich der Empirismus des siebzehnten und achtzehnten Jahrhunderts danach gerichtet hat.
Untersuchen wir zunächst, was der Verstand eigentlich zur Beobachtung hinzufügt. Wir haben gesagt, daß es abstrakte Ordnungsbeziehungen sind. Abstrakte Beziehungen wären aber nicht so interessant, wenn sie

keine Aussagen über neue Konkreta enthielten. Wenn abstrakte Beziehungen allgemeine Wahrheiten sind, dann gelten sie nicht nur für Beobachtungen, die schon gemacht worden sind, sondern auch für Beobachtungen, die noch nicht gemacht worden sind; d. h. sie enthalten nicht nur Berichte über vergangene, sondern auch Voraussagen zukünftiger Erfahrungen. Und das ist gerade der Beitrag, den der Verstand zur Erkenntnis liefert. Die Beobachtung informiert uns über die Vergangenheit und die Gegenwart; der Verstand sagt die Zukunft voraus.

Ich möchte einige Beispiele benutzen, um den voraussagenden Charakter abstrakter Gesetze klarzumachen. Das Gesetz, daß Feuer heiß ist, geht über die Erfahrungen hinaus, auf die es begründet ist und die der Vergangenheit angehören; denn es prophezeit, daß jedes Feuer, das wir sehen, heiß sein wird. Die Bewegungsgesetze der Sterne erlauben uns, ihre zukünftigen Stellungen vorherzubestimmen, und liefern uns unter anderem Beobachtungsvoraussagen über Sonnen- und Mondfinsternisse. Die Atomtheorie der Materie hat zu chemischen Voraussagen geführt, die durch die Herstellung neuer chemischer Substanzen bestätigt worden sind. In Wirklichkeit beruht alle in der Industrie angewandte Wissenschaft auf dem voraussagenden Charakter der Naturgesetze; denn diese werden als Anweisungen für den Bau von Vorrichtungen benutzt, die nach einem bestimmten Plan arbeiten sollen. Bacon hatte eine sehr klare Vorstellung von dem voraussagenden Charakter der Erkenntnis, denn er prägte den berühmten Satz: Wissen ist Macht.

Wie kann aber die Vernunft die Zukunft voraussagen? Bacon erkannte, daß der Verstand allein nicht die Fähigkeit zu prophezeien hat, sondern sie erst in Verbindung mit der Beobachtung erwirbt. Die Methoden, die der Verstand benutzt, um Voraussagen zu machen, bestehen in den logischen Operationen, mit deren Hilfe wir unser Beobachtungsmaterial ordnen und Schlüsse daraus ziehen. Logische Ableitungen liefern uns Voraussagungen. Bacon sah nun, daß logische Ableitungen nicht auf *deduktive Logik* beschränkt bleiben dürfen, wenn sie ihren Zweck, Voraussagungen zu liefern, erfüllen sollen, sondern daß sie auf Methoden einer *induktiven Logik* ausgedehnt werden müssen.

Diesen Unterschied, von dem die Entwicklung des modernen Empirismus ausgeht, kann man durch eine Betrachtung des Syllogismus klarmachen. Sehen wir uns einmal das klassische Beispiel an: „Alle Menschen sind sterblich, Sokrates ist ein Mensch, deshalb ist Sokrates sterblich." Wie wir schon oben erklärt haben, ist die Schlußfolgerung analytisch in den Prämissen enthalten und fügt nichts Neues zu ihnen hinzu. Sie spricht nur einen Teil des Inhaltes der Prämissen ausdrücklich aus. Diese Leerheit ist das Wesen des deduktiven Schlusses und bedeutet den Preis, den wir für die notwendige Wahrheit dieser Schlußfolgerung zahlen. Sehen wir uns im Gegensatz dazu den Schluß an: „Bisher sind alle beobachteten Krähen schwarz gewesen, darum sind alle Krähen in der Welt schwarz." Die Schlußfolgerung ist nicht in der Prämisse enthalten; sie bezieht sich auf noch nicht beobachtete Krähen und überträgt auf sie eine Eigenschaft der beobachteten Krähen. Folglich kann die Wahrheit der Schlußfolgerung nicht mit absoluter Sicherheit behauptet werden; es könnte in der Tat möglich sein, daß wir eines Tages an einem entlegenen Ort einen Vogel finden, der alle Eigenschaften einer Krähe außer der schwarzen Farbe besitzt. Trotz dieser Möglichkeit sind wir gewillt, diese Art Schluß zu ziehen, besonders wenn es sich um wichtigere Dinge als Krähen handelt. Wir brauchen ihn, wenn wir ein allgemeines Gesetz aufstellen wollen, welches sich auch auf unbeobachtete Dinge bezieht; und weil wir ihn brauchen, nehmen wir die Gefahr eines Irrtums in Kauf. Ein solcher Schluß heißt *Induktionsschluß*, oder genauer, eine *Induktion durch Aufzählung*.

Es ist Bacons historisches Verdienst, daß er die Bedeutung des Induktionsschlusses für die empirischen Wissenschaften so nachdrücklich betont hat. Er sah die Beschränkungen des deduktiven Schlusses und erkannte, daß die deduktive Logik keine Methoden liefern kann, welche von beobachteten Tatsachen zu allgemeinen Gesetzen führen und Beobachtungen zukünftiger Ereignisse voraussagen. Ein deduktiver Schluß kann die Zukunft nur voraussagen, wenn sich die Prämissen auf die Zukunft beziehen. Da z. B. die Prämisse „Alle Menschen sind sterblich" alle Menschen, die noch nicht gestorben sind, einschließt, ermöglicht sie uns die deduktive Ableitung der Schlußfolgerung, daß auch wir eines Tages sterben werden. Eine solche Prämisse muß aber auf Grund eines Induktionsschlusses gefunden worden sein. Die deduktive Logik reicht daher für eine Theorie der Voraussage nicht aus, sondern muß durch eine induktive Logik ergänzt werden. Die deduktive Logik, die Bacon kannte, und die noch jahrhundertelang die einzige blieb, war die Logik von Aristoteles, die der gelehrten Welt des Mittelalters in einer Schriftensammlung mit dem Namen *Organon* überliefert worden war. Bacon veröffentlichte ein Buch unter dem Titel *Novum Organum*, in welchem er seine induktive Logik der Logik des *Organon* gegenüberstellte. Historisch ist dieses Buch der erste Versuch einer induktiven Logik und nimmt deshalb, trotz seiner vielen Mängel, eine führende Stellung in der Weltliteratur ein.
In seiner positiven Einstellung zum Induktionsschluß geht Bacon über die älteren Formen des Empirismus hinaus. Sextus Empiricus richtete seine Angriffe zwar gegen die Logik des Syllogismus, weil er sie als leer ansah, aber er setzte sich nicht für den Gebrauch des Induktionsschlusses ein, den er zur Begründung wissenschaftlicher Erkenntnis für ungeeignet hielt. Erst der britische Empirismus konnte das griechische Ideal einer absolut sicheren Erkenntnis, das sich die Mathematik zum Vorbild genommen hatte, überwinden. Das ist seine historische

Bedeutung, die ihn zum Pionier der modernen wissenschaftlichen Philosophie gemacht hat.

Bei aller Betonung des Induktionsschlusses sah Bacon doch auch seine Schwächen sehr klar. Um diese Schwächen zu überwinden, arbeitete er eine Methode aus, welche die beobachteten Tatsachen hinsichtlich einer gemeinsamen Eigenschaft ordnet. So studierte er z. B. das Wesen der Wärme und stellte in einer Tafel Dinge zusammen, in denen Wärme vorkommt, in einer anderen Tafel Dinge, die nichts mit Wärme zu tun haben, und in einer dritten Tafel Dinge, bei denen man verschiedene Grade von Wärme findet. Seine Zusammenstellung ist ein komisches Durcheinander, und Beobachtungen, wie das Vorkommen von Wärme im Pferdedung, werden von ihm mit der Abwesenheit von Wärme im Mondlicht verglichen. Wir dürfen aber nicht vergessen, daß Klassifizierung der erste Schritt zu wissenschaftlicher Untersuchung ist und daß Bacon nicht in der Lage war, eine Theorie der induktiven Methoden der mathematischen Physik aufzustellen, weil die mathematische Physik noch in den Kinderschuhen steckte. Zwar hatte Galileo, ein Zeitgenosse Bacons, eine mathematische Methode geschaffen, die Bacons induktiver Klassifizierung überlegen war; aber die Methode der mathematischen Hypothese (Kapitel 6) mußte erst mit allen ihren Folgerungen entwickelt werden, ehe sie zum Gegenstand einer philosophischen Untersuchung gemacht werden konnte. Erst an Hand von Newtons Gravitationstheorie, die ungefähr sechzig Jahre nach Bacons Tod veröffentlicht wurde, erkannte man die Bedeutung einer Kombination von deduktiven mit induktiven Methoden. Der Vorwurf, die wissenschaftliche Methode an einem zu sehr vereinfachten Beispiel studiert zu haben, welches den Beitrag der Mathematik zur Physik außer acht läßt, trifft Bacon nicht; aber er muß gegen spätere Empiristen erhoben werden, im besonderen gegen John Stuart Mill, der zweihundertfünfzig Jahre nach Bacon eine induktive Logik

schrieb, welche die mathematische Methode kaum erwähnte und im Grunde eine Wiederholung von Bacons Ideen war.
Bacons induktive Logik ist naiv, weil sie auf blindem Vertrauen in eine Regel beruht, die der gesunde Menschenverstand stets bereit ist anzuwenden. Aber auch der Wissenschaftler kann nicht umhin, sie zu benutzen. Man kann eine Kritik der wissenschaftlichen Methode kaum zu einer Zeit erwarten, in der diese Methode eben erst entwickelt wird und die auf Grund ihrer ersten Erfolge von größtem Optimismus durchdrungen ist. Historiker der Philosophie, die Bacons induktive Logik als unwissenschaftlich kritisieren, sollten nicht vergessen, daß ihr Urteil den Maßstab einer späteren Zeit widerspiegelt.
In Bacon fand der Empirismus seinen Propheten, in Locke seinen öffentlichen Verkünder, in Hume seinen Kritiker. Von Bacon übernahm Locke die Theorie der empirischen Erkenntnis, soweit man sie auf induktivem Wege durch eine Verallgemeinerung von Erfahrungen erlangt. Er drückt sich aber nicht allzu klar über die Frage aus, ob alle synthetische Erkenntnis empirisch ist. Es scheint, daß er mathematisches Wissen als absolut sicher und trotzdem synthetisch ansah, es also von empirischem Wissen unterschied. Er erklärt, daß notwendige Aussagen entweder „trivial" oder „belehrend" sind; vielleicht nimmt er mit dieser Unterscheidung Kants Unterschied zwischen analytisch und synthetisch voraus — aber diese Deutung würde ihn zum Anhänger eines syntnetischen Apriori machen. Zwar findet man in Lockes Schriften kein klares Bekenntnis zu einem synthetischen Apriori, aber seine Behandlung moralischer Urteile, die seiner Ansicht nach die gleiche Art von Wahrheit besitzen wie mathematische Lehrsätze, macht ihn zum Anhänger des kognitiv-ethischen Parallelismus und führt ihn zu Ergebnissen, die schwerlich mit einer analytischen Auffassung der Mathematik vereinbar sind.
In seinen frühen Phasen ist der Empirismus nicht immer

ganz frei von Widersprüchen. Lockes Empirismus ist auf das Prinzip beschränkt, daß unserem Verstand alle Begriffe, auch die der Mathematik und der Logik, durch die Erfahrung zugeführt werden; aber Locke ist nicht bereit, seine Behauptung auch dahin auszudehnen, daß alle synthetische Erkenntnis nur durch die Erfahrung als wahr begründet werden kann. Er übernahm den Induktionsschluß völlig kritiklos und betrachtete ihn als ein nützliches Instrument für alle empirische Erkenntnis. Weder Bacon noch Locke kam auf die Idee, daß man die Legitimität dieses Instrumentes in Frage stellen und so dem Empirismus den Boden unter den Füßen wegziehen könnte. Es blieb Hume überlassen, der Philosophie der Erfahrung diesen Stoß zu versetzen.
Als Hume seine *Untersuchung über den menschlichen Verstand* schrieb, war das *Novum Organum* über hundert Jahre alt; aber die Induktionstheorie, die Hume in zeitgenössischen Darstellungen der Logik fand, war noch die von Bacon. Hume sah es daher als selbstverständlich an, daß der wissenschaftliche Schluß die Form einer Induktion durch Aufzählung hat. Wir haben diesen Schluß in unserem Beispiel mit den Krähen erklärt. Wer mathematische Physik studiert hat, weiß, daß dieses Resultat fragwürdig ist und daß es verschiedene Formen des Induktionsschlusses gibt. Newtons Physik benutzt eine komplizierte deduktive Theorie zum Zwecke induktiver Begründung, und es ist keineswegs so offensichtlich, daß man diese Theorie letztlich auf Schlüsse von so einfacher Form wie die Induktion durch Aufzählung zurückführen kann. Wir werden uns aber erst später mit diesem Problem beschäftigen. Hier möge die Bemerkung genügen, daß eine moderne Analyse gezeigt hat, daß in der Tat alle Formen des Induktionsschlusses auf Induktion durch Aufzählung zurückführbar sind, wenn auch in sehr komplizierter Weise. Dieses Ergebnis erlaubt es uns, die Diskussion der induktiven Methode, ebenso wie Hume, auf ihre einfachste Form zu beschränken.

Hume ist Locke wegen seiner klaren Auffassung des Empirismus weitgehend überlegen. Er hat den kognitivethischen Parallelismus überwunden und erkennt ganz deutlich, daß moralische Urteile keine Wahrheit, sondern, wie er sagt, Gefühle der Billigung oder Mißbilligung ausdrücken, und daß „der Unterschied von Tugend und Laster ... nicht mit der Vernunft wahrgenommen wird". Da er den Fehler derjenigen nicht mitmacht, die ein synthetisches Apriori brauchen, um eine Basis für ihre Ethik zu finden, kann er sich dem Problem der Erkenntnis ohne die Vorurteile des Moralisten zuwenden. Er kommt zu dem Resultat, daß alle Erkenntnis entweder analytisch oder von der Erfahrung abgeleitet ist: Mathematik und Logik sind analytisch, und alle synthetische Erkenntnis kommt von der Erfahrung. Unter „kommt" versteht er nicht nur, daß Begriffe ihren Ursprung in der sinnlichen Wahrnehmung haben, sondern auch, daß die sinnliche Wahrnehmung die Quelle der Wahrheit aller nichtanalytischen Erkenntnis ist. Was der Geist also zur Erkenntnis beiträgt, sind leere Beziehungen.
Was die Mathematik anbetrifft, so ist Humes Deutung logisch nicht allzu gut fundiert. Da er die Antwort nicht wissen konnte, die das neunzehnte Jahrhundert mit der Erfindung von nichteuklidischen Geometrien auf dieses Problem gegeben hat, hatte er gar keine Möglichkeit, den doppelten Charakter der Geometrie als Diktat der Vernunft und als Voraussage zukünftiger Beobachtungen zu erklären. Es scheint allerdings, daß er das Problem gar nicht so klar gesehen hat. Wir können es als glücklichen Zufall ansehen, daß er hier, ebenso wie in seiner Deutung der Induktion, wo er glaubte, daß alle Formen auf Induktion durch Aufzählung zurückgeführt werden können, spätere Ergebnisse vorausgenommen hat, obgleich er keine triftigen Gründe für seine Auffassungen hatte. Ein solches Zusammentreffen sollte allerdings nicht als Zeichen des Genies angesehen werden, sondern einfach als Glückssache. Ich möchte Humes Genie viel lieber

in den Ergebnissen sehen, für die er gute Beweise hatte, wie z. B. in seiner Zurückweisung des kognitiv-ethischen Parallelismus, und muß die Folgerichtigkeit bewundern, mit der er seine Ansichten einer entgegengesetzten Tradition gegenüber durchführte.

Diese Unbestechlichkeit zeigt sich in seiner Behandlung der Induktion. Wenn alle Beiträge des Geistes zur Erkenntnis analytisch sind, entstehen ernstliche Schwierigkeiten für den Gebrauch des Induktionsschlusses; und Humes Bedeutung für die Geschichte der Philosophie liegt darin, daß er die Aufmerksamkeit auf dieses Problem gelenkt hat, das man untersuchen kann, ohne sich auf eine analytische oder synthetische Deutung der Mathematik festzulegen. Der induktive Schluß ist nicht analytisch. Hume erklärt dies sehr deutlich damit, daß wir uns immer gut das Gegenteil dieses Schlusses vorstellen können. Obgleich alle bisher beobachteten Krähen schwarz waren, können wir uns doch vorstellen, daß die nächste Krähe, die wir sehen, weiß ist. Wir glauben nicht, daß sie weiß sein wird, weil wir uns an den Induktionsschluß halten. Aber Glaube ist ganz unwichtig, wo logische Möglichkeiten ins Auge gefaßt werden: wir können uns vorstellen, daß der Schluß falsch ist, ohne dabei gezwungen zu sein, die Prämisse aufzugeben. Die Möglichkeit eines falschen Schlusses in Verbindung mit einer wahren Prämisse beweist, daß der induktive Schluß keine logische Notwendigkeit darstellt. Der nichtanalytische Charakter der Induktion ist Humes erste Behauptung.

Wie können wir aber dann den Gebrauch des Induktionsschlusses rechtfertigen? Hume untersucht die Möglichkeit, daß der Schluß seine Gültigkeit durch Erfahrung erhält. Wahrscheinlich ist eine derartige Begründung von Bacon und Locke angenommen worden; aber sie haben die Rechtfertigung der Induktion nie erwähnt. Man könnte sagen, daß wir Induktionsschlüsse schon so oft mit großem Erfolg angewendet haben und uns darum zu wei-

terer Anwendung dieses Schlusses berechtigt fühlen. Aber die gegebene Formulierung dieser Begründung, erklärt Hume, macht es ganz klar, daß diese Rechtfertigung ein Fehlschluß ist. Der Schluß, mit dessen Hilfe wir die Induktion rechtfertigen wollen, ist selbst ein Induktionsschluß: wir glauben an die Induktion, weil die Induktion bisher erfolgreich war – das ist ein Schluß vom Krähentypus, und wir drehen uns im Kreise. Natürlich kann man die Induktion als zuverlässig beweisen, wenn man annimmt, daß sie zuverlässig ist; das ist im Kreise herum gedacht, und der Beweis wird hinfällig. Humes zweite Behauptung ist daher, daß man die Induktion nicht durch die Erfahrung rechtfertigen kann.
Der Induktionsschluß kann überhaupt nicht gerechtfertigt werden; dies sei, behauptet Hume, das Ergebnis seiner Kritik. Man muß die Tragweite dieses Resultats richtig verstehen. Wenn Humes These wahr ist, dann ist unser Instrument der Voraussage wertlos, und wir haben keine Möglichkeit, die Zukunft vorauszusehen. Bisher haben wir beobachtet, daß jeden Morgen die Sonne aufging, und wir glauben, daß sie auch morgen aufgehen wird; aber wir haben gar keinen Grund zu diesem Glauben. Wir haben gesehen, daß Wasser den Berg hinunterläuft, und glauben, daß es das immer tun wird; aber wir haben keinen Beweis dafür, daß es morgen so sein wird. Was geschähe, wenn morgen das Wasser anfinge, die Berge hinaufzulaufen? Der Leser denkt wahrscheinlich: ich werde doch nicht so dumm sein, das zu glauben. Aber warum ist dieser Glaube dumm? Darauf ist die Antwort vermutlich: weil ich noch nie gesehen habe, daß das Wasser die Berge hinaufläuft, und weil ich bisher immer mit solchen Schlüssen von der Vergangenheit auf die Zukunft Erfolg gehabt habe. Aber da sind wir ja gerade wieder das Opfer des Fehlschlusses geworden, den Hume entdeckt hat; man beweist die Induktion, indem man einen Induktionsschluß benutzt. Immer wieder gehen wir in diese Falle. Wir sehen, daß die Induktion nicht

gerechtfertigt werden kann, machen dann aber weiter fröhlich unsere Induktionen und behaupten, es wäre ja lächerlich, wenn wir das Induktionsprinzip bezweifeln würden.
Das ist das Dilemma des Empiristen: entweder ist er ein radikaler Empirist und erkennt keine anderen Resultate als analytische Aussagen oder von der Erfahrung abgeleitete Aussagen an — dann kann er keine Induktionen machen und muß auf alle Zukunftsaussagen verzichten; oder er läßt den Induktionsschluß zu — dann hat er ein nichtanalytisches Prinzip anerkannt, das nicht aus der Erfahrung stammt, und den Empirismus aufgegeben. Ein radikaler Empirismus gelangt also zu dem Resultat, daß eine Kenntnis der Zukunft unmöglich ist; was soll uns aber das Wissen, wenn die Zukunft nicht darin eingeschlossen ist? Ein bloßer Bericht über vergangene Beobachtungen kann doch nicht Erkenntnis genannt werden; wenn die Erkenntnis uns etwas über objektive Beziehungen physikalischer Dinge sagen soll, dann muß sie zuverlässige Voraussagen enthalten. Ein radikaler Empirismus leugnet daher die Möglichkeit der Erkenntnis.
Die klassische Periode des Empirismus, die Periode von Bacon, Locke und Hume, endet mit dem Scheitern des Empirismus, denn das ist die Bedeutung von Humes Analyse der Induktion. Humes Kritik führt vom Empirismus zum Agnostizismus, weil sie hinsichtlich der Zukunft einer Philosophie des Nichtwissens gleichkommt. Alles, was ich weiß, ist, daß ich nichts über die Zukunft weiß — das ist der Inhalt dieser Philosophie. Wir müssen die Schärfe eines solchen Verstandes bewundern, der, von Vertrauen in den Empirismus erfüllt, doch nicht davor zurückschreckt, diese vernichtende Schlußfolgerung zu ziehen. Aber obgleich Hume sein Ergebnis ganz offen zugibt und sich einen Skeptiker nennt, ist er doch nicht bereit, die Tragik dieses Resultates wirklich einzusehen. Er versucht, seinen eigenen Schlußfolgerungen auszuweichen, indem er den induktiven Glauben als eine Ge-

wohnheit hinstellt; und wenn man Hume liest, hat man den Eindruck, daß diese Wendung seine Zweifel in der Tat beschwichtigte und daß es ihm genügte, eine psychologische Erklärung des induktiven Glaubens gegeben zu haben. Hume war nicht radikal eingestellt, sondern ein britischer Tory; der Radikalismus seines Verstandes war keineswegs von einem Radikalismus seiner Willenshaltung aufgewogen, und so haben wir hier den merkwürdigen Anblick eines Philosophen, der die entscheidende Anklage, die er gegen die Philosophie des Empirismus vorgebracht hat, mit einem freundlichen Lächeln abtut.

Wir können uns bei Humes Ergebnissen nicht so beruhigen wie Hume. Man wird nicht leugnen, daß Induktion eine Gewohnheit ist; das ist selbstverständlich. Aber wir möchten gern wissen, ob sie eine gute oder schlechte Angewohnheit ist. Man wird zwar zugeben, daß man sich diese Gewohnheit sehr schwer abgewöhnen kann. Wer würde z. B. imstande sein, nach der Annahme zu handeln, daß von morgen ab das Wasser die Berge hinauffließt? Aber selbst, wenn wir uns so an die Induktion gewöhnt haben, daß wir ihr sozusagen hörig sind wie jemand, der dem Opium verfallen ist, möchten wir doch wenigstens wissen, ob wir nicht doch versuchen sollen, davon wegzukommen. Die Lösung des logischen Problems der Induktion ist unabhängig von der Frage, ob sie eine Angewohnheit ist und ob wir sie überwinden können. Der Empirist will wissen, ob und in welchem Sinne die Erfahrung eine Erkenntnis der Zukunft liefern kann; wenn er diese Frage aber nicht beantworten kann, dann sollte er ganz offen das Versagen des Empirismus zugeben.

Wenn wir einen Vergleich zwischen dem Empirismus und dem Rationalismus ziehen, kommen wir zu einem merkwürdigen Ergebnis. Der Rationalist kann das Problem der empirischen Erkenntnis nicht lösen, weil er sich die Mathematik zum Vorbild nimmt und auf diese Weise den Verstand zum Gesetzgeber der Welt macht. Der Empirist kann aber das Problem auch nicht lösen; sein Versuch, die empirische Erkenntnis auf ihrem eigenen Grund und Boden zu verteidigen, sie nämlich als Schlußfolgerung aus sinnlichen Wahrnehmungen hinzustellen, versagt, weil die empirische Erkenntnis eine nichtanalytische Methode voraussetzt, die Methode der Induktion, die man nicht als das Produkt der Erfahrung auffassen kann. Der Empirist macht allerdings nicht dieselben Fehler wie der Rationalist: er gebraucht keine Bildersprache, er strebt nicht nach absoluter Gewißheit, er versucht nicht, kognitives Wissen so umzumodeln, daß es ihm eine Grundlage für moralische Leitsätze gibt. Aber dadurch, daß er die Macht des Verstandes darauf beschränkt, analytische Prinzipien aufzudecken, gerät er in eine neue Schwierigkeit: er kann die Methode nicht rechtfertigen, mit deren Hilfe die empirische Erkenntnis von der Vergangenheit zur Zukunft übergeht, d. h. er kann den voraussagenden Charakter unseres Wissens nicht erklären.

Man möchte den Schluß ziehen, daß irgendwo im Empirismus ein grundlegender Fehler gemacht wird. Der Rationalist macht den Fehler, die mathematische Erkenntnis als das ideale Vorbild aller Erkenntnis anzusehen, und will so die Vernunft, wenigstens was die Grundlagen betrifft, zur Quelle unseres Wissens von der Welt machen; der Empirist hat diesen Fehler berichtigt, indem er darauf besteht, daß empirisches Wissen von der Erfahrung abgeleitet ist, daß die Vernunft nur analytische Beziehungen liefert und daß alle synthetische Erkenntnis vom Typus der Beobachtung ist. Beobachtungswissen ist aber auf die Vergangenheit und auf die Gegenwart beschränkt; eine Kenntnis der Zukunft ist nicht vom Beobachtungstypus. Die älteren Empiristen sahen die Schwierigkeiten nicht, die sich aus diesem Unterschied ergeben; weil Zukunftsvoraussagen zu einer späteren Zeit als wahr oder falsch bewiesen werden können, haben

sie geglaubt, daß ein Wissen von der Zukunft von demselben Typus ist wie Beobachtungswissen. Sie vergaßen dabei, daß wir die Wahrheit unserer Voraussagen vor dem Eintreten der vorausgesagten Ereignisse wissen möchten und daß Erkenntnis kein Zukunftswissen mehr ist, wenn es Beobachtungswissen geworden ist. Hume sah diese Schwierigkeit; aber da er seine Auffassung der Erkenntnis nicht aufgeben konnte, die stillschweigend verlangte, daß ein Wissen von der Zukunft vom gleichen Typus sein müsse wie ein Wissen von der Vergangenheit, zog er den Schluß, daß die voraussagenden Methoden der Wissenschaft ungerechtfertigt seien und wir kein Wissen von der Zukunft haben können.
Die moderne Auffassung des Empirismus hat diesen Fehler erkannt. Da Aussagen über die Zukunft nicht gerechtfertigt werden können, wenn man sagt, daß sie vom gleichen Typus sind wie Aussagen über die Vergangenheit oder Gegenwart, muß man schließen, daß den Aussagen über die Zukunft eine andere Deutung gegeben werden muß. Kenntnis der Zukunft muß grundsätzlich anders interpretiert werden als Kenntnis der Vergangenheit. Mit dieser Wendung drehen wir die Frage um; statt anzunehmen, daß uns das Wesen der Zukunftserkenntnis bekannt ist, und dann zu fragen, wie eine Erkenntnis der Zukunft möglich ist, fragen wir, was die logische Struktur der Zukunftserkenntnis sein muß, damit Aussagen über die Zukunft gerechtfertigt werden können.
Es war Hume unmöglich, der Frage diese Wendung zu geben. Seine Kritik der Induktion ist an sich eine hervorragende Leistung, groß genug, um ihm eine führende Stellung in der Geschichte der Philosophie zu sichern. Ich habe oben die Bemerkung gemacht, daß der Fortschritt in der Philosophie nicht in den Antworten, sondern in den von den Philosophen gestellten Fragen gesucht werden sollte; dieses Prinzip paßt auch auf Hume. Er hat das Verdienst, die Frage nach der Rechtfertigung der Induktion gestellt und auf die Schwierigkeiten einer

Lösung hingewiesen zu haben. Seine Antwort können wir nicht gebrauchen.

Seltsamerweise kommen wir bei dieser Beurteilung des britischen Empirismus zu einer Kritik, die unserm Einwand gegen den Rationalismus ähnelt. Trotz seines grundlegenden Unterschiedes vom Rationalismus hat der britische Empirismus einen prinzipiellen rationalistischen Fehler wiederholt: den Fehler, daß er das Erkenntnisproblem nicht mit der Unvoreingenommenheit des unparteiischen Beobachters, sondern mit der Absicht untersucht hat, ein vorgefaßtes Ziel zu beweisen, daß er sich vom Wesen der Erkenntnis ein Bild gemacht hat, welches den ausdrücklichen Zweck hatte, eine Struktur aufzuweisen, die der Philosoph darin finden wollte. Der Rationalist deutet die empirische Wissenschaft als ein System, dessen Grundgesetze die absolute Gewißheit der Mathematik haben müssen; der Empirist ersetzt mathematische Zuverlässigkeit mit der Zuverlässigkeit der Beobachtung, verlangt aber, daß Sätze über die Zukunft dieselbe Art Zuverlässigkeit haben müssen wie Sätze über die Vergangenheit. Der Rationalist kommt so zu dem Problem, warum die Natur unserer Vernunft folgen soll; und der Empirist steht vor der Frage, wie er die Zuverlässigkeit von Beobachtungen auf Voraussagen übertragen soll.

Die Philosophie des achtzehnten Jahrhunderts konnte noch keinen Ausweg aus diesem Dilemma finden. Die Umkehrung der Frage in eine Frage nach dem logischen Charakter der Zukunftserkenntnis war unmöglich, bevor sich die Ansichten über die Grundlagen der Wissenschaft radikal geändert hatten. Die wissenschaftliche Forschung des achtzehnten Jahrhunderts war von unkritischem Vertrauen in ihren Erfolg beschwingt. Die Wissenschaft mußte erst die Grenzen ihrer Methoden erkennen, bevor sie zu einer Selbstkritik kommen und nach der Bedeutung ihrer Resultate fragen konnte. Diese Entwicklung begann im neunzehnten Jahrhundert und geht heute

noch weiter; aber sie wuchs nicht aus der Philosophie heraus. Die Wissenschaftler haben sich nie sehr um philosophische Interpretationen gekümmert; und selbst Humes Kritik ließ sie kalt. Gleichgültigkeit gegenüber der Philosophie hat sich aber als eine gesunde Eigenschaft des Wissenschaftlers erwiesen, wenn diese Konsequenz vielleicht auch nur Glückssache war. Oft haben gerade diejenigen Erfolg, die handeln, ohne darüber nachzudenken, was sie tun sollen. Eine Klärung des Wesens der Erkenntnis konnte nicht im Rahmen der Wissenschaft des achtzehnten Jahrhunderts gegeben werden; die Auffassung der logischen Struktur der Mathematik, und ebenso die Auffassung der Kausalität, mußte sich ändern, ehe eine Erkenntnistheorie entwickelt werden konnte, die sowohl die Bedeutung der deduktiven Methode in der mathematischen Physik als auch den Gebrauch des Induktionsschlusses rechtfertigen kann. Der Wissenschaftler hatte also Glück: er hat sich der Frage nach der Rechtfertigung seiner Methoden nicht eher zugewandt, als er die Mittel zu ihrer Beantwortung besaß.
Es wird verständlich erscheinen, daß diese Antwort im Rahmen der Wahrscheinlichkeitstheorie gegeben wurde; doch sieht die Antwort ganz anders aus, als man erwarten möchte. Wenn man sagt, daß Beobachtungen vergangener Ereignisse sicher sind, während Voraussagen bloß wahrscheinlich sind, hat man keine endgültige Antwort auf die Frage der Induktion gegeben; das ist nur eine vorläufige Antwort, die so lange unvollständig bleibt, bis eine Wahrscheinlichkeitstheorie entwickelt worden ist, die uns sagt, was wir unter „wahrscheinlich" verstehen sollen und mit welcher logischen Begründung wir Wahrscheinlichkeiten behaupten können. Die älteren Empiristen, einschließlich Humes, haben mehrfach das Wesen der Wahrscheinlichkeit studiert; aber sie kamen zu dem Ergebnis, daß Wahrscheinlichkeit subjektiven Charakter hat und sich auf Meinung oder Glauben bezieht, die sie von Erkenntnis unterschieden. Der Gedanke, daß es so

etwas wie wahrscheinliches Wissen geben könnte, wäre ihnen als ein Widerspruch erschienen. Mit seiner Behauptung, daß der Induktionsschluß kein rechtmäßiges Instrument der Erkenntnis sei, beweist Hume, daß er noch unter dem Einfluß des Rationalismus steht; wie die alten Skeptiker kann er nur zeigen, daß das rationalistische Ideal der Erkenntnis unerreichbar ist, aber er kann es nicht durch eine bessere Auffassung ersetzen. Hume hätte vielleicht den objektiven Sinn der Wahrscheinlichkeit entdecken können, wenn er die mathematische Wahrscheinlichkeitstheorie studiert hätte, die zu seiner Zeit schon die Werke von Pascal, Fermat und Jacob Bernoulli umfaßte. Daß er diese Werke nie erwähnt hat, zeigt, daß er unmathematisch eingestellt und nicht der Mann war, die mathematische Theorie der Wahrscheinlichkeit für philosophische Zwecke zu benutzen.

Obgleich die logische Analyse der Wahrscheinlichkeit eine notwendige Voraussetzung für das Verständnis des Zukunftswissens ist, ist sie nicht hinreichend. Die ganze philosophische Auffassung des Erkenntnisproblems bedarf einer radikalen Änderung, ehe die Rätsel des Empirismus endgültig gelöst werden können. Wir wissen heute, daß man eine Kenntnis der Zukunft noch nicht einmal ganz allgemein als wahrscheinlich beweisen kann und daß ein Wahrscheinlichkeitswissen ähnlichen Einwendungen ausgesetzt ist wie eine absolut sichere Erkenntnis. Das Problem der Zukunftserkenntnis erfordert daher eine neue Deutung des Wesens der Erkenntnis überhaupt. Es war aber nicht möglich, diese neue Auffassung im Rahmen der Newtonschen Physik zu entwickeln. Die Lösung des Induktionsproblems mußte auf die neue Interpretation der Erkenntnis warten, die aus der Physik des zwanzigsten Jahrhunderts erwuchs.

6
DIE DOPPELNATUR DER KLASSISCHEN PHYSIK: IHRE EMPIRISTISCHE UND IHRE RATIONALISTISCHE SEITE

Nachdem wir bisher nur von der Philosophie gesprochen haben, wollen wir uns jetzt die Entwicklung der Wissenschaft während der 2500 Jahre ansehen, in denen die Philosophen ihre verschiedenen rationalistischen und empiristischen Systeme aufgestellt haben.
Die Griechen haben hauptsächlich zu den mathematischen Wissenschaften beigetragen, unter denen die Geometrie besonders hoch entwickelt war. Der Lehrsatz, der den Namen des Pythagoras trägt, ist eine der hervorragendsten geometrischen Entdeckungen der Griechen, die wohl nur mit ihrer Behandlung der *Kegelschnitte*, der Kurven, denen sie die Namen Ellipse, Hyperbel und Parabel gaben, zu vergleichen ist. In der Arithmetik hatten sie nicht die Technik, die wir heute so erfolgreich anwenden; sie schrieben ihre Zahlen nämlich nicht im Dezimalsystem, das eine spätere Erfindung der Araber ist, auch kannten sie keine Logarithmen, die erst im 17. Jahrhundert erfunden worden sind. Trotz dieser technischen Unzulänglichkeiten legten die Griechen die Grundlagen zur Zahlentheorie. Sie erkannten die Wichtigkeit der Primzahlen und entdeckten die irrationalen Zahlen, die, wie sie zeigten, nicht als Quotient zweier ganzer Zahlen geschrieben werden können. Ihr größter Beitrag zur Mathematik ist der axiomatische Aufbau der Geometrie, der von Euklid stammt, einem der Mathematiker griechischer Abkunft, die um 300 vor Christus Alexandrien zu einem Zentrum griechischer Zivilisation machten. Euklids System ist immer als ein überwältigender Beweis der Macht des deduktiven Denkens angesehen worden.
Die Griechen waren nur in denjenigen empirischen Wis-

senschaften erfolgreich, in denen sie von mathematischen Methoden Gebrauch machen konnten. Ihre astronomischen Entdeckungen sind im System des Ptolemäus, einem Alexandriner aus dem zweiten Jahrhundert nach Christus, zusammengefaßt. Er bewies, daß die Erde eine Kugel ist, indem er sich die Ergebnisse früherer astronomischer Beobachtungen in Verbindung mit geometrischen Beweisen zunutze machte; er nahm jedoch als sicher an, daß die Erde sich nicht bewegte, sondern daß das Himmelsgewölbe sich um sie drehte und Sonne, Mond und Sterne mit sich führte. Es gab auch unabhängige Bewegungen an diesem Gewölbe, denn die Sonne und der Mond hatten keine festen Stellungen unter den Sternen, sondern bewegten sich auf ihren eigenen Kreisbahnen. Die Planeten beschrieben merkwürdig geformte Kurven, die Ptolemäus als das Ergebnis zweier Kreisbewegungen ansah, die zur gleichen Zeit ausgeführt wurden und die man sich vorstellen kann, wenn man an die Bewegung eines Menschen denkt, der auf einem Karussel sitzt, das auf einem größeren exzentrisch aufmontiert ist. Ptolemäus' astronomisches System, das auch geozentrisch genannt wird, wird heute noch dazu benutzt, alle die astronomischen Fragen zu beantworten, die sich lediglich auf den Anblick der Sterne von der Erde aus gesehen beziehen, d. h. besonders mit Bezug auf Navigationsprobleme. Diese praktische Anwendungsmöglichkeit beweist, daß Ptolemäus' System zu einem hohen Grade wahr war.
Die Auffassung, daß die Sonne in Ruhe ist, während sich die Erde und die Planeten um sie bewegen, war aber den Griechen nicht unbekannt, denn Aristarchus von Samos hatte schon um 200 vor Christus das heliozentrische System aufgestellt, konnte aber seine Zeitgenossen von dessen Wahrheit nicht überzeugen. Die griechischen Astronomen konnten Aristarchus nicht folgen, weil die Mechanik zu dieser Zeit nur sehr unvollkommen ausgebildet war. Ptolemäus behauptete im Gegensatz zu

Aristarchus, daß die Erde in Ruhe sein müsse; sonst würde ein fallender Stein sich nicht senkrecht auf die Erde zubewegen, und die Vögel in der Luft würden hinter der kreisenden Erde zurückbleiben und an einer anderen Stelle ihrer Oberfläche herunterkommen.

Erst im 17. Jahrhundert wurde ein Experiment gemacht, das den Fehlschluß in Ptolemäus' Argument deutlich zeigte. Der französische Abt Gassendi, Zeitgenosse und philosophischer Gegner von Descartes, machte das Experiment auf einem fahrenden Schiff, indem er von der Spitze des Mastes einen Stein fallen ließ, der genau am Fuße des Mastes ankam. Wenn die Mechanik von Ptolemäus wahr gewesen wäre, hätte der Stein hinter der Bewegung des Schiffes zurückbleiben und das Deck viel weiter hinten auf dem Schiff treffen müssen. Gassendi bestätigte damit Galileos kurz vorher entdecktes Fallgesetz, nach welchem der fallende Stein die Bewegung des Schiffes in sich trägt und während des Fallens behält.

Warum hat Ptolemäus nicht Gassendis Experiment ausgeführt? Darauf können wir nur antworten, daß der Gedanke eines wissenschaftlichen Experimentes, zum Unterschied von bloßen Messungen und Beobachtungen, den Griechen nicht geläufig war. Ein Experiment ist eine Frage, die man an die Natur stellt; durch den Gebrauch geeigneter Vorrichtungen bringt der Wissenschaftler ein physikalisches Ereignis hervor, dessen Ergebnis die Frage mit „Ja" oder „Nein" beantwortet. Solange man sich auf die Beobachtungen von Ereignissen beschränkt, an denen der Mensch nicht beteiligt ist, sind die beobachteten Geschehnisse gewöhnlich das Produkt so vieler Faktoren, daß wir den Beitrag jedes einzelnen Faktors zum Gesamtresultat nicht bestimmen können. Das wissenschaftliche Experiment isoliert diese Faktoren voneinander; und die Einmischung des Menschen schafft Bedingungen, bei denen ein Faktor ungestört am Werke ist. Dadurch kann man indirekt den Mechanismus komplizierter Ereignisse studieren, die ohne menschliche Ein-

mischung geschehen. Ein kompliziertes Ereignis ist z. B. das Fallen eines Blattes vom Baum, wobei die Gravitationskraft mit den aerodynamischen Kräften streitet, welche durch die Luftströmungen unter dem fallenden Blatt entstehen, so daß es einen Zickzackweg beschreibt. Wenn wir aber die Luft ausschließen, indem wir das Blatt in einem Vakuum fallen lassen, dann sehen wir, daß es unter der Wirkung der Gravitation genau so fällt wie ein Stein. Wenn wir andererseits einen Luftstrom durch einen Windtunnel gegen eine feste Oberfläche blasen, können wir die Gesetze der Luftströmungen untersuchen. Mit Hilfe solcher künstlichen Ereignisse in geplanten Experimenten wird das komplizierte Geschehen in der Natur in seine Einzelheiten zerlegt, und darum ist das Experiment das Instrument der modernen Wissenschaft geworden. Wie schwer es war, vom reinen Denken zur empirischen Wissenschaft überzugehen, kann man daran sehen, daß die griechische Wissenschaft keinen wesentlichen Gebrauch von Experimenten gemacht hat.
Die moderne Wissenschaft beginnt mit der Zeit des Kopernikus (1472–1543) und Galileo (1564–1641). Kopernikus legte mit seiner Aufstellung des heliozentrischen Systems die Grundlage zur modernen Astronomie und gab außerdem modernen wissenschaftlichen Ideen eine entscheidende Wendung, indem er sie von den Anthropomorphismen früherer Zeiten befreite. Von Galileo stammt die quantitative experimentelle Methode. In den Experimenten, mit denen er sein Fallgesetz aufstellte, hat er eine Methode geschaffen, die Experiment mit Messung und mathematischer Formulierung verbindet. Mit Galileo ging eine ganze Generation zum Gebrauch von Experimenten für wissenschaftliche Zwecke über. Aber dieser allgemeine Zug zur experimentellen Methode kann kaum als Wirkung des Werkes eines Mannes angesehen werden; man erklärt ihn besser als das Ergebnis veränderter sozialer Bedingungen, die den Geist der Wissenschaftler von der Gebundenheit an griechische

Wissenschaft in scholastischer Form befreiten und auf ganz natürliche Weise auf die empirische Wissenschaft hinlenkten.

Die Geburt der experimentellen Wissenschaft war von einer Welle von Energie und Interesse begleitet, die sich in ganz Europa fühlbar machte. Das Teleskop wurde von einem holländischen Linsenschleifer erfunden und von Galileo in Italien zum erstenmal zur Beobachtung des Himmels benutzt. Toricelli, ein anderer Italiener und Schüler von Galileo, erfand das Barometer und zeigte, daß die Luft einen Druck ausübt, der, wie spätere Experimentatoren fanden, sich mit steigender Höhe vermindert. Guericke in Deutschland erfand die Luftpumpe und führte einem erstaunten Publikum die Kraft des atmosphärischen Druckes vor, indem er zwei Halbkugeln aneinander legte, welche, nachdem die Luft herausgepumpt war, von einem Pferdegespann nicht wieder voneinander getrennt werden konnten. Auch die Engländer zeichneten sich auf dem neuen Gebiet aus. William Gilbert, Hofarzt der Königin Elizabeth, machte und veröffentlichte ausführliche Studien über den Magnetismus; Harvey entdeckte die Blutzirkulation, und Boyle stellte das Gesetz von Gasdruck und Volumen auf, das seinen Namen trägt. So schufen Beobachtungen und Experimente eine völlig neue Welt von wissenschaftlichen Tatsachen und Gesetzen.

Diese kurze Auswahl von Entdeckungen, in denen sich die moderne Wissenschaft ankündigte, wird es verständlich machen, warum die Neuzeit empiristische Systeme hervorgebracht hat, die an Einfluß den großen rationalistischen Systemen der Griechen vergleichbar sind. Der Rationalismus der Griechen ist ein natürlicher Ausdruck für den Erfolg, den ihre mathematischen Untersuchungen hatten und der mathematisches Denken zu einem wesentlichen Bestandteil griechischer Kultur machte, während der britische Empirismus den Triumph der experimentellen Methode in der modernen Wissenschaft wider-

spiegelt, der Methode, welche Fragen an die Natur stellt und ihr die Antwort „Ja" oder „Nein" überläßt.
Aber die Neuzeit weist noch eine andere kulturhistorische Erscheinung auf, die eine Erklärung verlangt; das ist die Wiedergeburt einer rationalistischen Philosophie auf dem europäischen Kontinent gerade zu der Zeit, als die britischen Philosophen die neuen Lehren des Empirismus formulierten. Philosophen wie Descartes, Leibniz und Kant, die zugleich Wissenschaftler waren und in der zeitgenössischen Wissenschaft eine führende Stellung einnahmen, stellten zu dieser Zeit neue rationalistische Systeme auf, die überdies in ihrer Methode und Folgerichtigkeit den Systemen der Alten überlegen waren.
Um diese Gegenbewegung zu verstehen, muß man sich daran erinnern, daß die experimentelle Methode, obgleich sie die wissenschaftliche Forschung revolutioniert hat, nur eins der beiden hauptsächlichen Hilfsmittel der modernen Wissenschaft darstellt. Das andere ist die mathematische Methode, die zur Aufstellung wissenschaftlicher Erklärungen mit so viel Erfolg benutzt wird. In dieser Hinsicht wird die griechische Wissenschaft heute fortgeführt; und es ist kein Zufall, daß das kopernikanische System, das wir als Symbol des modernen Zeitalters betrachten, im heliozentrischen System von Aristarchus vorweggenommen wurde. Die Bedeutung der mathematischen Methode für das Verständnis der physikalischen Welt, einer Methode, deren Tragweite in der griechischen Astronomie so klar hervorgehoben war, wurde in der Entwicklung der modernen Wissenschaft bestätigt; aber in Verbindung mit Experimenten als Wahrheitskriterien wurde die Leistungsfähigkeit dieser Methode nicht nur bestätigt, sondern so ungeheuer ausgebaut, daß sie zu Erfolgen von ganz anderem Ausmaß führte. Was die moderne Wissenschaft so erfolgreich gemacht hat, war die Erfindung der *hypothetisch-deduktiven Methode*, die eine Erklärung in Form einer mathematischen Hypothese aufstellt, von der die beobachteten Tatsachen deduziert

werden können. Wir wollen uns einmal diese Methode, die auch *erklärende Induktion* genannt wird, an einem besonders geeigneten Beispiel ansehen.

Die Entdeckung des Kopernikus hätte nie die allgemeine Zustimmung der gelehrten Welt gefunden, wenn sie nicht durch die Untersuchungen von Kepler (1571–1630) ergänzt und schließlich in die mathematische Theorie eingeordnet worden wäre, die das Werk Isaac Newtons (1643 bis 1727) darstellt. Kepler, ein mystisch gesinnter Mathematiker, der einen ausführlichen mathematischen Plan entworfen hatte, um die angebliche Harmonie des Weltalls zu beweisen, war klug genug, seine ursprüngliche Hypothese aufzugeben, als er sah, daß die Beobachtungen ganz andere Gesetze für die Planetenbewegung lieferten. So wurde er der Entdecker von drei berühmten Gesetzen der Planetenbewegung, aus denen hervorgeht, daß die Planetenbahnen keine Kreise, sondern Ellipsen sind. Auf Keplers Entdeckungen folgte die größte Leistung dieser ganzen Periode, nämlich Newtons *Gesetz der Anziehungskraft* der Massen. Dieses Gesetz, das unter dem Namen *Gravitationsgesetz* bekannt ist, hat die Form einer ziemlich einfachen mathematischen Gleichung. Logisch gesprochen, stellt es eine Hypothese dar, die man nicht direkt verifizieren kann. Ihre Gültigkeit ist dagegen indirekt nachgewiesen worden, da man, wie Newton gezeigt hat, alle Beobachtungsresultate, die in den Gesetzen von Kepler zusammengestellt sind, aus ihr ableiten kann. Auch Galileos Fallgesetz kann aus Newtons Gesetz abgeleitet werden; und das gleiche gilt für viele andere Beobachtungstatsachen, wie z. B. die Erscheinung von Ebbe und Flut, deren Beziehung zum Umlauf des Mondes schon lange bekannt war.

Newton selbst sah deutlich, daß die Bestätigung seines Gesetzes von der Verifikation der daraus gezogenen Folgerungen abhing. Um diese Folgerungen abzuleiten, hatte er eine neue mathematische Methode, die Differentialrechnung, erfunden. Aber trotz dieser glänzenden

Leistung mathematischer Deduktion blieb er unbefriedigt. Er wollte einen quantitativen, empirischen Beweis haben und prüfte daher die Folgerungen mit Hilfe von Beobachtungen des Mondes, dessen monatlicher Umlauf einen Anwendungsfall seines Gravitationsgesetzes darstellte. Zu seiner Enttäuschung fand er, daß die Beobachtungsresultate nicht mit seinen Berechnungen übereinstimmten. Statt die Theorie, so schön sie auch dem mathematischen Geist erschien, über die Tatsachen zu stellen, begrub Newton das Manuskript seiner Arbeiten in seinem Schreibtisch. Ungefähr 20 Jahre später, nachdem von einer französischen Expedition neue Messungen des Erdumfangs gemacht worden waren, sah Newton, daß die Zahlen, auf die er seine Berechnungen gestützt hatte, falsch waren, während die berichtigten Zahlen mit seinen theoretischen Ergebnissen übereinstimmten. Erst jetzt veröffentlichte er sein Gravitationsgesetz.

Die Geschichte von Newtons Entdeckung stellt eine überzeugende Illustration der modernen wissenschaftlichen Methode dar. Das Beobachtungsmaterial ist der Ausgangspunkt der Methode, aber Beobachtungen erschöpfen die Methode nicht. Sie werden ergänzt durch eine mathematische Erklärung, die weit über das Beobachtete hinausgeht; dann wird die Erklärung mathematischen Ableitungen unterworfen, die ihre verschiedenen Folgerungen deutlich machen, und erst diese Folgerungen werden durch Beobachtungen geprüft. Diesen Beobachtungen bleibt das „Ja" oder „Nein" überlassen, und insofern ist die Methode empirisch. Was aber die Beobachtungen als wahr bestätigen, ist viel mehr, als was sie direkt besagen. Sie werden zu Bürgen für eine abstrakte mathematische Erklärung; sie bewahrheiten eine allgemeine Theorie, aus der sie als spezieller Fall mathematisch abgeleitet werden können. Newton hatte den Mut, eine abstrakte Erklärung zu wagen; aber er war auch vorsichtig genug, nicht eher an sie zu glauben, als Beobachtungen sie bestätigt hatten.

In ihrer weiteren Entwicklung, die sich über mehr als zwei Jahrhunderte erstreckte, fand Newtons Theorie immer neue Bestätigungen. Ein sehr geschicktes Experiment von Cavendish ermöglichte es, die Gravitationskraft zu messen, die von einer Bleikugel ausging, welche nur etwa 30 Zentimeter Durchmesser hatte. Die gegenseitigen Störungen der Planeten in ihren Bahnen, eine Wirkung ihrer gegenseitigen Anziehungskraft, wurden berechnet und mit verbesserten Beobachtungsmethoden geprüft. Schließlich wurde die Existenz eines unbekannten Planeten, des Neptuns, von dem französischen Mathematiker Leverrier (und unabhängig davon von dem englischen Astronomen Adams) auf Grund von Berechnungen vorausgesagt, welche den neuen Planeten für gewisse Störungen verantwortlich machten, die in den anderen Planetenbahnen festgestellt worden waren. Als der deutsche Astronom Galle sein Teleskop auf den Punkt des Nachthimmels richtete, der von Leverrier berechnet worden war, sah er dort einen kleinen Fleck, der seine Stellung jede Nacht ein wenig änderte; und damit war der Planet Neptun entdeckt.
Die mathematische Methode hat der modernen Physik die Kraft der Voraussage geschenkt. Wenn man von der empirischen Wissenschaft spricht, darf man nicht vergessen, daß Beobachtung und Experiment nur deswegen in der Lage waren, die moderne Wissenschaft aufzubauen, weil sie sich auf mathematische Deduktionen stützten. Newtons Physik unterscheidet sich tiefgehend von dem Bild der induktiven Wissenschaft, das zwei Generationen früher von Francis Bacon gezeichnet worden war. Eine bloße Sammlung von beobachteten Tatsachen, so wie Bacons Tafeln sie enthielten, hätte dem Wissenschaftler nie die Entdeckung des Gravitationsgesetzes ermöglicht. Mathematische Deduktion in Verbindung mit Beobachtung ist das Instrument, das den Erfolg der modernen Wissenschaft möglich gemacht hat.
Die Anwendung der mathematischen Methode hat ihren

deutlichsten Ausdruck im Kausalbegriff gefunden, der sich aus der klassischen oder Newtonschen Physik heraus entwickelt hat. Da es möglich war, physikalische Gesetze in Form von mathematischen Gleichungen zu schreiben, sah es so aus, als ob physikalische Notwendigkeit in mathematische Notwendigkeit umgewandelt werden konnte. Nehmen wir einmal das Gesetz, daß die Gezeiten der Stellung des Mondes folgen, so daß die eine Anschwellung des Ozeans dem Monde zu, die andere entgegengesetzt gerichtet ist, während die Erde sich unter den Anschwellungen dreht und das Wasser über ihre Oberfläche gleitet. Das ist es, was wir beobachten. In Newtons Erklärung wird diese Tatsache zur Folge eines mathematischen Gesetzes, nämlich des Gravitationsgesetzes, gemacht, und die Gewißheit dieses mathematischen Gesetzes wird so auf die physikalische Erscheinung übertragen. „Das Buch der Natur ist in mathematischer Sprache geschrieben" — diese Äußerung Galileos hat sich in den folgenden Jahrhunderten in einem Ausmaß bewahrheitet, wie es sich Galileo nicht hat vorstellen können. Die Naturgesetze haben die Struktur mathematischer Gesetze, ihre Notwendigkeit und ihre Allgemeinheit — das war das Ergebnis einer Physik, welche die Existenz eines neuen Planeten mit einer solchen Genauigkeit voraussagte, daß ein Astronom nur durch sein Teleskop zu sehen brauchte, um ihn zu entdecken.

Das mathematische Gesetz erschien deshalb nicht nur als ein Instrument zur Ordnung, sondern auch zur Voraussage von Beobachtungen; es verlieh dem Physiker die Macht, in die Zukunft zu sehen. Die einfache Verallgemeinerung, die in der Induktion durch Aufzählung durchgeführt wird, sieht im Vergleich mit der erfolgreichen hypothetisch-deduktiven Methode wie ein recht armseliges Instrument aus. Wie konnte man diesen Erfolg klären? Die Antwort schien gegeben: es muß eben in allen physikalischen Geschehnissen eine strenge Ordnung herrschen, die sich in den mathematischen Gleichungen widerspiegelt; und diese Ordnung nennen wir Kausalität.

Die Idee einer strengen kausalen Bestimmung aller Naturereignisse ist ein Produkt der Neuzeit. Die Griechen fanden eine mathematische Ordnung in den Bewegungen der Sterne; aber andere physikalische Geschehnisse waren ihrer Meinung nach höchstens teilweise von kausalen Gesetzen beherrscht. Zwar waren gewisse griechische Philosophen Anhänger eines allgemeinen Determinismus; aber wir wissen nicht, inwieweit ihr Begriff einer kausalen Bestimmung dem unsrigen entspricht. Keiner von ihnen hat eine klare Formulierung gegeben, was er unter Determinismus verstand; und es ist sehr unwahrscheinlich, daß sie dabei an ein Gesetz ohne Ausnahmen dachten, welches sowohl geringfügige als auch wichtige Geschehnisse beherrscht und jedes Ereignis zum notwendigen Resultat des vorangegangenen Ereignisses macht, gleichgültig, von welcher Bedeutung es für die Menschen ist. Die vollständige Abtrennung der Kausalität von menschlichen Wertsetzungen konnte zu einer Zeit, welche die mathematische Physik nicht kannte, noch nicht durchgeführt werden.

Vorherbestimmung, im griechischen Sinne, hat eine religiöse Färbung und hat mehr die Bedeutung von Schicksal als von Kausalität. Der Fatalismus entspringt anthropomorphen Vorstellungen, welche in naiver Weise menschliche Wertsetzungen und menschliche Zwecke in die Natur hineinlegen. So wie die Menschen bestimmte Absichten verfolgen, wenn sie versuchen, physikalische Geschehnisse zu beeinflussen, lenken die Götter menschliche Angelegenheiten; der Gott des Schicksals hat das Leben jedes Menschen vorhergeplant – das ist der Grundgedanke des griechischen Fatalismus. Wir mögen auf noch so viele Weise versuchen, unserem Schicksal zu entgehen; wir werden es doch nur in anderer Weise erfüllen. Es war Ödipus' Bestimmung, seinen Vater zu töten und seine Mutter zu heiraten, ein ihm selbst zunächst unbekanntes

Schicksal, das aber seinem Vater, dem König von Theben, durch ein Orakel verkündet worden war. Der Versuch seines Vaters, dem Schicksal zu entfliehen, indem er seinen neugeborenen Sohn in den Bergen aussetzte, mußte fehlschlagen; das Kind wurde von Pflegeeltern aufgezogen. Als Ödipus als junger Mann nach Theben reist, hat er einen Zusammenstoß mit einem unbekannten Mann, den er tötet; und als es ihm gelingt, die Stadt vom Schrecken der Sphinx zu befreien, deren Rätsel er löst, wird er dafür mit der Hand der Königin belohnt. Später wird er darüber aufgeklärt, daß der Mann, den er erschlug, sein Vater war, und daß die Königin, seine Frau, seine Mutter ist. Diesen Mythus interpretiert die Freudsche Psychoanalyse als den Ausdruck unbewußter Triebe, nämlich als Haß des Sohnes gegen seinen Vater und seine sexuelle Liebe zu seiner Mutter. Vielleicht kann man die Idee des Schicksals psychologisch als eine Wiederspiegelung unseres Gefühls der Hilflosigkeit unseren unbewußten Trieben gegenüber erklären. Das ist natürlich eine moderne Interpretation, die den Griechen unbekannt war. Was man auch darüber denken mag — man wird zugeben, daß der Begriff des Schicksals nur psychologisch, und nicht logisch erklärt werden kann.
Der Determinismus der modernen Wissenschaft ist ganz anders geartet. Er entwickelte sich aus dem Erfolg der mathematischen Methode in der Physik. Wenn es möglich war, den physikalischen Gesetzen die Bedeutung mathematischer Beziehungen zuzulegen, wenn deduktive Methoden sich als Mittel zu genauen Voraussagen herausstellten, dann mußte hinter der scheinbaren Regellosigkeit unserer Erfahrungen eine mathematische, d. h. kausale Ordnung herrschen. Daß wir diese Ordnung nicht immer kennen, und daß es unmöglich erscheint, sie je vollständig zu erfassen, ist nur der menschlichen Unvollkommenheit zuzuschreiben. Der französische Mathematiker Laplace hat diese Überzeugung in seinem berühmten Gleichnis eines Übermenschen ausgedrückt, der den

Ort und die Geschwindigkeit jedes Atoms beobachten und alle mathematischen Gleichungen lösen kann; dieser übermenschlichen Intelligenz würde „die Zukunft ebenso wie die Vergangenheit als Gegenwart erscheinen", und sie würde in der Lage sein, jedes Geschehnis in seinen Einzelheiten genau vorherzusagen, gleichgültig, ob es tausend Jahre vor uns oder tausend Jahre zurückliegt. Dieser physikalische Determinismus war das umfassendste Resultat der Newtonschen Physik. Er ist grundsätzlich vom Begriff des Schicksals verschieden, denn er ist blind, nicht planend; er begünstigt oder haßt die Menschen nicht und ist ein Determinismus nicht im Sinne zukünftiger Ziele, sondern vergangener Tatsachen, ein Determinismus nicht im Sinne eines übernatürlichen Gebotes, sondern eines physikalischen Gesetzes. Aber er ist ebenso streng und ausnahmslos wie die schicksalhafte Vorherbestimmung; er macht die physikalische Welt gleichsam zu einer aufgezogenen Uhr, die automatisch nach mechanischen Gesetzen abläuft.

Wenn dies die Auffassung ist, die die klassische Physik von der Welt entworfen hat, dann kann man sich nicht wundern, daß das Zeitalter von Newton uns mit einer Fülle rationalistischer sowohl als auch empiristischer Systeme beschenkt hat. Die Empiristen analysierten nur eine Seite der Wissenschaft, nämlich ihre experimentelle Seite; die Rationalisten betonten ihre mathematische Seite. Der Empirismus versagte schließlich, weil er die Kritik Humes nicht beantworten konnte und keine Erklärung dafür fand, wie wir jemals die strenge kausale Ordnung der Welt erkennen können, von deren Vorhandensein der Wissenschaftler fest überzeugt war und die er wenigstens in ihren Umrissen zu erfassen behauptete. Die Rationalisten hielten es daher für gerechtfertigt, die empiristische Stellung anzugreifen, und stellten Systeme auf, deren Aufgabe es war, die Rolle der Mathematik in dem logischen Aufbau der physikalischen Welt darzutun.

Es ist historisch bedeutsam, daß zwei der größten Rationalisten der Neuzeit, Leibniz und Kant, ihre Systeme wenigstens zum Teil als eine Verteidigung gegen die Kritik der britischen Empiristen entwickelt haben. Leibniz antwortete auf Lockes *Abhandlung über den menschlichen Verstand* mit seinem Werk *Neue Abhandlungen über den menschlichen Verstand*. Kant berichtet, daß Hume ihn „aus seinem dogmatischen Schlummer erweckt habe", und schrieb seine *Kritik der reinen Vernunft* mit der Absicht, die wissenschaftliche Erkenntnis vor den vernichtenden Konsequenzen der Humeschen Kritik zu retten.

G. W. Leibniz (1646–1716) war ein Zeitgenosse Newtons und ihm dem intellektuellen Rang nach ebenbürtig. Unabhängig von Newton erfand er die Differentialrechnung und benutzte sie zur Lösung von vielen mathematischen Problemen. Er war aber kein Anhänger der Newtonschen Gravitationstheorie, die er trotz ihres praktischen Erfolges bekämpfte, weil sie auf dem Begriff einer absoluten Bewegung fußte. Leibniz entwickelte eine Raumtheorie, welche die Idee der Relativität der Bewegung enthielt und die logischen Prinzipien der Einsteinschen Relativitätstheorie weitgehend vorwegnahm. Er sah deutlich, daß das kopernikanische System sich von dem ptolemäischen nur dadurch unterschied, daß es eine andere Sprache gebrauchte. Daß er nicht zu einer unparteiischen Bewertung der Newtonschen Physik kam, beweist, daß der Rationalist in ihm das empiristische Wahrheitskriterium nicht anerkannte; daß er aber Einsteins Physik nicht durchführen konnte, kann man ihm nicht zum Vorwurf machen.

In Leibniz' Philosophie hat die rationalistische Seite der modernen Wissenschaft ihre radikalste Vertretung gefunden. Der erfolgreiche Gebrauch mathematischer Methoden für die Beschreibung der Natur ließ Leibniz glauben, daß die ganze Wissenschaft letztlich in Mathematik verwandelt werden kann. Die Idee des

Determinismus, nach der das Weltgeschehen seine Phasen wie eine aufgezogene Uhr durchläuft, sagte ihm zu, weil sie soviel bedeutete, als daß die physikalischen Gesetze mathematische Gesetze waren. Er verwandte diese Idee in einer der merkwürdigsten Schöpfungen des Rationalismus, nämlich in seiner Lehre der vorherbestimmten Harmonie. Danach haben die Menschen keinen bewußten Kontakt miteinander, sondern der Anschein eines solchen Kontaktes wird nur hervorgerufen, weil die verschiedenen Bewußtseine in ihren vorherbestimmten Bahnen ständig durch Phasen gehen, die einander genau entsprechen, wie verschiedene Uhren, die die gleiche Zeit angeben, ohne eine kausale Verbindung zu haben. Ich erwähne diese Lehre hier nur, um zu zeigen, daß der mathematische Mystizismus von Pythagoras einen Widerhall in den Philosophien anderer großer Mathematiker gefunden hat.

Der Rationalismus von Leibniz ist, trotz seines Ursprungs in den mathematischen Wissenschaften, Spekulation im Gewande logischen Denkens und hat den festen Boden verlassen, auf dem die moderne Wissenschaft gewachsen ist, — ihre Begründung in empirischer Beobachtung. Seine Geringschätzung des Erfahrungsgehaltes der physikalischen Erkenntnis verführte Leibniz zu dem Glauben, daß alle Erkenntnis reine Logik ist. Obgleich er den analytischen Charakter der deduktiven Logik sah, glaubte er doch, daß die Logik nicht nur empirische Erkenntnis liefern, sondern sie sogar ersetzen kann. Es gibt zwar Wahrheiten, die sich auf Tatsachen beziehen, d. h. empirische Wahrheiten; und es gibt auch Wahrheiten der Vernunft, d. h. analytische Wahrheiten. Dieser Unterschied ist aber nach Leibniz nur eine Folge der menschlichen Unwissenheit, und wenn wir eine vollkommene Erkenntnis haben könnten, wie Gott, dann würden wir einsehen, daß alles, was geschieht, logisch notwendig ist. Gott würde z. B. von dem Begriff Alexander ableiten, daß er ein König war und den Orient eroberte. Diese analytische Interpretation der empirischen Erkenntnis ist ein rationalistischer Irrtum, der verschiedentlich in der Hoffnung begangen worden ist, auf diese Weise die mathematische Physik zu erklären. Es mag sein, daß wir einen Begriff Alexander so definieren können, daß die ganze Biographie dieses Mannes analytisch daraus folgt; aber dann würde uns die reine Logik doch niemals sagen, ob das beobachtete Individuum Alexander dasselbe ist wie dasjenige Individuum, welches durch den Begriff definiert wird. Mit anderen Worten: die Aussage, daß das beobachtete Individuum die Eigenschaften hat, die in dem Begriff enthalten sind, würde synthetisch sein und den Unsicherheiten der empirischen Erkenntnis unterliegen. Man kann die Probleme des Empirismus nicht umgehen, indem man in der analytischen Logik seine Zuflucht sucht.

Leibniz hat nie ein radikales empiristisches System gesehen, denn als er starb, war Hume erst fünf Jahre alt. Wir kennen seine Kritik an Locke, in der er sich weigert, Lockes Prinzip anzuerkennen, daß alle Begriffe von der sinnlichen Wahrnehmung herkommen; er wendet ein, daß die Begriffe, die eine Notwendigkeit in sich schließen, uns angeboren sind. Dieses Argument interessiert uns heute wenig, da wir das Hauptproblem des Empirismus nicht in Lockes Prinzip der empirischen Herkunft der Begriffe sehen, sondern in Humes Prinzip, nach welchem die Erfahrung die einzige Instanz für die Wahrheit synthetischer Aussagen ist. Wir haben oben gesehen, welche Folgerung Hume aus diesem Prinzip gezogen hat, die Folgerung nämlich, daß Voraussagen nicht gerechtfertigt werden können. Es würde daher viel aufschlußreicher sein, wenn wir wüßten, wie Leibniz auf Hume geantwortet hätte. Vermutlich hätte er Humes Prinzip der Induktion anerkannt. Aber er würde gesagt haben, daß es sich nur auf die Menschen erstrecke; für Gott, hätte er behauptet, gibt es das Induktionsproblem nicht. Das ist natürlich keine Antwort, selbst wenn das Wort

„Gott" hier als gleichbedeutend mit „der vollkommene Logiker" gebraucht wird, da Leibniz' Behauptung, daß die empirische Erkenntnis auf analytische Erkenntnis zurückgeführt werden kann, unannehmbar ist. Der Rationalismus eines analytischen Apriori kann Humes Problem nicht lösen. Es ist aber nicht sehr wahrscheinlich, daß Humes einschneidende Kritik die Meinungen von Leibniz geändert hätte, denn er war zu sehr durchdrungen von der Suche nach absoluter Gewißheit, um die Illusionen des Rationalismus zu überwinden.
Die Antwort des Rationalismus auf Hume ist von Kant gegeben worden, der nur 13 Jahre jünger war als Hume, dessen Hauptveröffentlichungen aber erst nach Humes Tod erschienen. Ich habe Kants Philosophie des synthetischen Apriori in Kapitel 3 erklärt; es ist Kants Verdienst, niemals die unverständliche Ansicht Leibniz' geteilt zu haben, nach der alles Wissen von der Welt auf analytisches Wissen zurückgeführt werden kann. Wir müssen nun untersuchen, wie der Rationalismus eines synthetischen Apriori auf Hume antwortet.
Nach Kant ist das Gesetz der Kausalität synthetisch a priori. Er behauptet, wir wissen mit Sicherheit, daß jedes Ereignis eine Ursache hat, und nur die Entdeckung einer bestimmten Einzelursache ist der Beobachtung überlassen. Ich möchte dafür eine Illustration gebrauchen, die Kant benutzt haben könnte: wenn wir die periodische Abwechslung von Ebbe und Flut am Ufer des Meeres beobachten, dann wissen wir aus reiner Vernunft, daß dieses Geschehnis eine Ursache hat. Was uns die Beobachtung in Verbindung mit Induktionsschlüssen lehrt, ist nur die Tatsache, daß die Ursache in diesem Falle durch die Stellung des Mondes gegeben ist. Induktionsschlüsse sind darum darauf beschränkt, spezielle physikalische Gesetze zu finden, werden aber für die Aufstellung allgemeiner Wahrheiten der Physik, wie das Prinzip der Kausalität, nicht benutzt; solche Prinzipien werden uns vielmehr von unserem Verstande aufgezwungen. Da wir

mit Sicherheit wissen, daß es eine Ursache gibt, ist die Induktion als ein Mittel, sie zu finden, gerechtfertigt – mit diesem Argument glaubt Kant, Humes Kritik der Induktion hinfällig machen zu können. Die Gewißheit des synthetischen Apriori wird an die Stelle gesetzt, die der skeptische Empirist resigniert aufgegeben hat: das ist der Grundgedanke der Kantischen Philosophie.

Es ist ist schwer zu verstehen, wie Kant diese Theorie als ein Erwachen aus dogmatischem Schlummer ansehen konnte; denn sein Argument beantwortet Humes Frage nicht. Wenn Hume lange genug gelebt hätte, um die *Kritik der reinen Vernunft* zu lesen, hätte er Kant vielleicht folgendermaßen geantwortet: „Was hilft es uns, zu wissen, daß es eine Ursache gibt, wenn wir wissen wollen, was die Ursache ist? Wenn wir wüßten, daß es keine Ursache gäbe, wäre es allerdings unsinnig, nach einer zu suchen; aber das ist gar nicht unsere Situation. Wir wissen nicht, ob es eine Ursache gibt; in dieser Lage machen wir Induktionsschlüsse, die sich auf Beobachtungen stützen, und kommen z. B. zu dem Resultat, daß der Mond die Ursache der Gezeiten ist. Diesen Induktionsschluß stelle ich in Frage; und er würde ebenso fragwürdig bleiben, wenn du deine allgemeine Aussage, daß es eine Ursache gibt, beweisen könntest. Außerdem ist dein Beweis des allgemeinen Prinzips für mich unannehmbar."

Ich möchte diese hypothetische Verteidigung Humes noch durch eine Illustration erweitern. Nehmen wir einmal an, daß jemand in Peru auf der Goldsuche ist, aber nicht weiß, an welcher Stelle er graben soll. Es wird ihm gesagt: Ja, es gibt Gold in Peru. Würde ihm das helfen? Er ist jetzt nicht besser daran als vorher, denn was er wissen will, ist, ob er an der Stelle, an der er gräbt, Gold finden wird. Er kann ja nicht überall in Peru graben. Wenn er wüßte, daß Gold in einem bestimmten kleinen Gebiet vorkommt, dann könnte er so verfahren, daß er Quadratmeter für Quadratmeter absucht; schließlich

würde er das Gold nach einer Anzahl von Versuchen finden. Aber Peru ist zu groß für solche systematischen Versuche, und darum ist eine Kenntnis von dem bloßen Vorhandensein von Gold völlig nutzlos. Wenn man ihm sagen würde, daß es kein Gold in Peru gibt, könnte er mit dieser Information etwas anfangen; er würde nämlich aufhören zu graben. Aber wenn man ihm sagt, daß es Gold in Peru gibt, dann bedeutet das genau soviel, als ob man ihm sagte, man weiß nicht, ob es Gold in Peru gibt.
Ich möchte diese Kritik an Kant noch genauer formulieren. Kant hat immer betont, daß er auf der Suche nach den logischen Voraussetzungen der Erkenntnis war, und hat sie von den psychologischen unterschieden. „Daß alle unsere Erkenntnis mit der Erfahrung anfange, daran ist gar kein Zweifel ..., aber darum entspringt sie doch nicht eben allein aus der Erfahrung" — mit diesen Worten leitet er die *Kritik der reinen Vernunft* ein. Auf das Problem der Kausalität angewandt, würde das heißen, daß wir den Begriff der Ursache entwickeln, indem wir spezielle Ursachen finden, aber daß die Kenntnis eines allgemeinen Kausalgesetzes logisch nicht aus der Erfahrung abgeleitet ist. Kant behauptet nun, daß dieses Prinzip die logische Voraussetzung für jedes spezielle Kausalgesetz ist und darum als wahr angesehen werden muß, wenn wir spezifische Kausalgesetze finden wollen.
Der Ausdruck „logische Voraussetzung" bedeutet eine logische Beziehung, nämlich: wenn das spezielle Kausalgesetz wahr ist, dann ist das allgemeine Kausalgesetz wahr. Diese Aussage erfordert aber eine Einschränkung, denn wenn die Kausalität für ein bestimmtes Ereignis Gültigkeit hat, braucht sie für andere Ereignisse noch lange nicht zu gelten. Man kann daher nur sagen, wenn das spezielle Kausalgesetz wahr ist, dann gibt es in diesem Falle eine Ursache. Eine Folgebeziehung kann also nur in dieser eingeschränkten Form aufgestellt werden. Daher ist die logische Voraussetzung jedes speziellen Kausal-

gesetzes nicht das allgemeine Prinzip der Kausalität, sondern ein entsprechendes Prinzip, das nur für das in Frage kommende Ereignis gilt.

Die Frage ist, was man aus dieser eingeschränkten Folgebeziehung ableiten kann. Wenn man die einzelne Ursache gefunden hat, dann gibt es eine Ursache für dieses Ereignis — aber Kant glaubt, daß man aus dieser Implikation die Schlußfolgerung ableiten kann: wenn man nach einer bestimmten Ursache forscht, wie zum Beispiel nach der Ursache der Gezeiten, dann muß man annehmen, daß es überhaupt eine Ursache gibt; sonst, meint er, würde es unvernünftig sein, überhaupt nach einer Ursache zu suchen.

Das ist aber ein Fehlschluß; denn wenn wir nach einer einzelnen Ursache suchen, brauchen wir nicht anzunehmen, daß es eine gibt. Diese Frage kann man offenlassen, ebenso wie die Frage, was die Ursache ist. Nur wenn wir wüßten, daß es keine Ursache gibt, wäre es unvernünftig, nach einer einzelnen Ursache zu forschen. Wenn man aber gar nichts darüber weiß, ob eine Ursache vorhanden ist, dann können wir sowohl nach der einzelnen Ursache suchen als auch zugleich nach der Antwort auf die Frage, ob es überhaupt eine Ursache gibt. Gelingt es uns, eine einzelne Ursache zu finden, dann haben wir auch bewiesen, daß es eine Ursache für den in Betracht kommenden Fall gibt. Diese Trivialität ist alles, was uns von Kants Argument übrigbleibt. Die Wahrheit der Aussage über die einzelne Ursache setzt die Wahrheit der Aussage darüber, daß es eine Ursache gibt, voraus — aber die *Suche* nach der Wahrheit der ersteren setzt die Wahrheit der zweiten nicht voraus.

Aus dieser Untersuchung ergibt sich auch die Antwort auf die Frage nach dem allgemeinen Gesetz der Kausalität, nach dem es für jedes Ereignis eine Ursache gibt. Eine so umfassende Behauptung ist sicherlich nicht die logische Voraussetzung des speziellen Kausalgesetzes, nach welchem man gerade sucht. Sie käme nur in Betracht, wenn man Kausalgesetze für alle Ereignisse erforschen wollte. Wenn wir die vorausgegangenen Überlegungen auf diesen allgemeinen Fall anwenden, dann können wir folgendes sagen: Hätten wir Kausalgesetze für alle Ereignisse gefunden, dann würden alle Ereignisse Ursachen haben; aber die *Suche* nach all diesen Kausalgesetzen setzt keine Annahme darüber voraus, daß alle Ereignisse kausal zu erklären sind. Diese letzte Frage kann offengelassen werden und wird erst definitiv beantwortet sein, wenn die Suche in allen Fällen erfolgreich gewesen ist.

Kants Programm, ein synthetisches Apriori zu finden, indem er die logischen Voraussetzungen der Erkenntnis aufdeckt, ist also zum Mißerfolg verurteilt. Wenn ein Satz Voraussetzung der wissenschaftlichen Erkenntnis ist, so ist er deswegen noch nicht gültig. Wenn wir wissen wollen, ob die Voraussetzungen der Erkenntnis wahr sind, dann müssen wir erst beweisen, daß unsere wissenschaftliche Erkenntnis wahr ist. Die Wahrheit der Voraussetzungen ist daher nicht besser fundiert als die wissenschaftliche Erkenntnis. Diese einfache logische Analyse zeigt, daß Kants Philosophie des synthetischen Apriori nicht haltbar ist.

Das Resultat dieser ganzen Auseinandersetzung ist, daß die rationalistische Interpretation der klassischen Physik die Probleme, welche die empiristische Interpretation aufgeworfen hatte, nicht gelöst hat. Die mathematische Präzision der Physik darf uns nicht zu dem Glauben verführen, daß nur deduktive Methoden bei den Denkoperationen, die zum Aufbau der Wissenschaft gehören, benutzt werden. Außer der Deduktion braucht der Physiker die Induktion, da er von Beobachtungen ausgeht und künftige Beobachtungen voraussagt. Die Voraussage künftiger Beobachtungen ist für ihn sowohl ein Ziel als auch ein Mittel, das Mittel nämlich, mit dem er die Wahrheit seiner Hypothesen prüft. Die klassische Physik hatte ausgezeichnete Voraussagemethoden in ihrem komplizierten Netz deduktiver und induktiver Schlüsse entwickelt; aber weder der Physiker noch der Philosoph konnte die Frage beantworten, warum wir diesen Methoden in der Anwendung auf weitere Voraussagen trauen sollen.

Gegen Ende des 18. Jahrhunderts war die Philosophie der Physik in einer Sackgasse angelangt. Das überwältigende Erkenntnissystem, das der menschliche Geist geschaffen hatte, blieb dieser Philosophie unverständlich. Dieses offene Zugeständnis des Empiristen Hume drückt eine tiefere Einsicht aus als die Meinung des Rationalisten Kant, daß die Grundlagen der Physik ein Produkt der Vernunft seien.

Die Physiker selbst sahen diese philosophische Sackgasse nicht. Sie fuhren damit fort, Beobachtungen zu machen und Theorien aufzustellen, und hatten einen Erfolg nach dem anderen, bis auch sie schließlich in eine Sackgasse gerieten. Aus dieser physikalischen Sackgasse entsprang eine neue Physik, in deren Verlauf dann auch der Ausweg aus der philosophischen Sackgasse gefunden wurde. Diese Entwicklungen sollen in einem Bericht über das 19. und 20. Jahrhundert geschildert werden.

ZWEITER TEIL

DIE ERGEBNISSE DER WISSENSCHAFTLICHEN PHILOSOPHIE

DER URSPRUNG DER NEUEN PHILOSOPHIE

Irrtümer lassen sich nur psychologisch erklären; aber die Wahrheit verlangt nach logischer Analyse. Die Geschichte der spekulativen Philosophie ist die Geschichte der Irrtümer der Philosophen, die nicht in der Lage waren, die Fragen, die sie stellten, zu beantworten; und die Antworten, die sie trotzdem gaben, können nur aus psychologischen Motiven heraus erklärt werden. Die Geschichte der wissenschaftlichen Philosophie dagegen ist die Geschichte von Problemen; und Probleme werden nicht mit Hilfe von spekulativen Verallgemeinerungen oder poetischen Beschreibungen der Beziehungen zwischen Mensch und Welt, sondern durch technische Arbeit gelöst. Solche Arbeit wird in den Wissenschaften geleistet, und darum muß die Entwicklung der Probleme innerhalb der Geschichte der einzelnen Wissenschaften verfolgt werden. Die philosophischen Systeme haben bestenfalls den Stand der wissenschaftlichen Erkenntnis ihrer Zeit widergespiegelt; aber sie haben nichts zur Entwicklung der Wissenschaft beigetragen. Die logische Entwicklung von Problemen ist die Aufgabe des Wissenschaftlers; und obgleich seine technische Analyse oft auf Einzelheiten gerichtet ist und selten in philosophischer Absicht durchgeführt wird, hat sie doch häufig das Verständnis für Probleme gefördert, bis das technische Wissen weit genug fortgeschritten war, um eine Antwort auf philosophische Fragen zu ermöglichen.
Wissenschaftliche Arbeit ist Gruppenarbeit; der Beitrag des einzelnen zur Lösung eines Problems mag größer oder kleiner sein, aber verglichen mit dem Ausmaß der Arbeit, welche die Gruppe in das Problem gesteckt hat, wird er immer geringfügig bleiben. Es gibt große Mathematiker, Physiker und Biologen; aber selbst die größten

unter ihnen wären nicht in der Lage gewesen, ihr Werk ohne die Vorarbeit vorhergehender Generationen oder die Hilfe ihrer Zeitgenossen zu vollbringen. Der Anteil an technischer Arbeit, der zur Lösung eines Problems nötig ist, geht über das Vermögen eines einzelnen Wissenschaftlers hinaus. Das bezieht sich nicht nur auf die langwierige Arbeit, die mit experimentellen Untersuchungen und ebenso mit reinen Naturbeobachtungen verbunden ist, sondern auch auf den logischen und mathematischen Aufbau einer Theorie. Zusammenarbeit ist die Stärke der Wissenschaft, denn die beschränkte Kraft des einzelnen wird durch die Gruppe vervielfacht, und seine Fehler werden von seinen Mitarbeitern korrigiert. Unter dem Einfluß der gegenseitigen Befruchtung so vieler intelligenter Einzelforscher ergibt sich eine Art überpersönlicher Gruppenintelligenz, die Lösungen entdecken kann, welche der einzelne für sich allein nie finden konnte.
Diese Überlegungen mögen es verständlich machen, warum der zweite Teil des Buches einem anderen Plan folgt als der erste. Die Kapitel des ersten Teiles beschäftigten sich mit den psychologischen Ursachen philosophischer Irrtümer, während es sich im zweiten Teil um Lösungen von Problemen handelt. Um historisch vollständig zu sein, müßte ich eigentlich die Entwicklung dieser Probleme bis ins Altertum zurückverfolgen; aber es zeigt sich, daß es für die Zwecke unseres Buches genügt, einen kurzen Überblick über die alten Zeiten zu geben, denn die wesentlichen Entwicklungen, die den Philosophen etwas angehen, beginnen erst im 19. Jahrhundert.
Die Geschichte der Wissenschaft des 19. Jahrhunderts bietet dem Philosophen ganz große Perspektiven dar. Der Reichhaltigkeit technischer Erfindungen und Entdeckungen entsprach die Fülle scharfsinniger logischer Untersuchungen; und auf dem Boden dieser neuen Wissenschaft erwuchs eine neue Philosophie. Zwar war die neue Philosophie ein Nebenprodukt wissenschaft-

licher Untersuchungen, denn der Mathematiker, Physiker oder Biologe, der gewisse technische Probleme in seiner Wissenschaft lösen wollte, sah sich dazu außerstande, wenn er nicht vorher allgemeine philosophische Fragen beantworten konnte. Er war insofern in einer vorteilhaften Lage, als er sich nach diesen Antworten unbelastet von den Vorurteilen philosophischer Systeme umsehen konnte. So konnte er eine selbständige Antwort auf jedes Problem finden, da er es nicht als seine Aufgabe ansah, seine Antwort in ein fertig vorliegendes philosophisches System einzufügen. Er kümmerte sich gar nicht darum, ob seine Ergebnisse aus einer allgemeinen Lehre abgeleitet werden konnten, die durch einen berühmten Namen in der Geschichte der Philosophie geheiligt war; und da er sich nur von der Logik der Probleme leiten ließ, fand er Antworten, von denen die Geschichte der Philosophie noch nie etwas gehört hatte.

Es ist der Plan dieses Buches, diese Ergebnisse zu sammeln und ihre gegenseitigen Zusammenhänge darzustellen. Mit dieser Zusammenfassung wissenschaftlicher Antworten auf philosophische Fragen werden die Umrisse einer neuen Philosophie skizziert, die kein philosophisches System im Sinne einer spekulativen Schöpfung der Phantasie, sondern höchstens ein System im Sinne einer geordneten Gesamtübersicht ist, wie sie überhaupt nur aus Gruppenarbeit hervorgehen kann.

Das 19. Jahrhundert ist von den Historikern oft verächtlich behandelt worden. Schriftsteller, welchen die große Persönlichkeit des einzelnen, das Genie, als das Ziel historischer Entwicklungen erscheint und welche die Bedeutung eines Zeitalters an der Zahl überragender Geister messen, haben sich herablassend über ein Jahrhundert ausgesprochen, dessen kultureller Anblick nicht durch seine Dichter oder Maler oder Philosophen bestimmt ist. Verglichen mit der Renaissance oder den Zeitaltern der klassischen Literatur in England, Frankreich und Deutschland, bietet das Jahrhundert der Industrie und Wissenschaft das farblose Bild einer Zivilisation dar, die nach Gleichschaltung und Mechanisierung strebt. Massenproduktion an Stelle der Schöpfung des Künstlers oder Handwerkers, Massenbefriedigung an Stelle des verfeinerten Geschmacks einer intellektuellen Aristokratie, geistige Gruppenarbeit an Stelle des schöpferischen Werkes eines einzelnen Denkers — das sind die Schlagworte, die die romantische Geschichtsinterpretation für das 19. Jahrhundert übrig hat.

Aber der Romantiker wird wohl die Geschichte des Zeitalters der Industrie und Wissenschaft nie verstehen. Die geistigen Leistungen des 19. Jahrhunderts können nicht an der Anzahl großer Persönlichkeiten gemessen werden — obgleich es solche durchaus gibt — weil die Leistung des einzelnen, wie groß sie auch sein mag, klein ist im Vergleich zur Gruppenleistung. Die Zahl der wissenschaftlichen Entdeckungen, die aus der Zusammenarbeit innerhalb von Gruppen in dieser Zeit hervorspringen, ist überwältigend. Das Zeitalter, das mit der Erfindung der Dampfmaschine und der Entdeckung des elektrischen Stromes anfing, das mit der Erfindung der Eisenbahn, des elektrischen Generators, des Radios und des Flugzeuges seine Fortsetzung fand und heute mit der Überwindung der Schallgeschwindigkeit und dem Anzapfen der Atomenergie einen Höhepunkt erreicht hat, ist nicht nur ein Triumphzug technischer Entdeckungen, sondern auch ein Zeitalter erstaunlichen Fortschritts auf dem Gebiete des abstrakten Denkens. Es hat die Geburt glänzender Theorien, wie Darwins Evolutionstheorie und Einsteins Relativitätstheorie, gesehen; und es hat in abstrakten Untersuchungen den menschlichen Geist zum Verständnis logischer Beziehungen angeleitet, die dem Gelehrten früherer Jahrhunderte unfaßbar erschienen wären.

Eine industrielle Zivilisation ist notwendigerweise von einer allgemeinen Entwicklung des Abstraktionsvermögens begleitet. Der Ingenieur, der Maschinen oder

Flugzeuge entwirft, ist nicht identisch mit dem Mann in der Werkstatt, der die Maschine oder das Flugzeug herstellt; und ehe das Produkt zur Wirklichkeit werden kann, existiert es schon völlig im Kopf des Ingenieurs, der nichts als eine Zeichnung in der Hand hat. Der Physiker, der in seinem Laboratorium Experimente macht, hat ein Gewirr von Drähten, Glasflaschen und Metallstangen vor sich; aber er sieht in dieses Labyrinth geordnete elektrische Schaltungen hinein, in deren Rahmen er Handhabungen ausführt, welche den Nachweis allgemeiner Naturgesetze ermöglichen. Der Mathematiker, der nur mit Feder und Papier ausgerüstet ist, macht Berechnungen, die die Konstruktion von Brücken oder Flugzeugen oder Wolkenkratzern bestimmen. Nie vorher in der Geschichte der Menschheit hat eine Zivilisation ein solches Ausmaß an abstraktem Denken von ihren Schöpfern verlangt.
Die Philosophie des 19. Jahrhunderts ist das Ergebnis dieses Abstraktionsvermögens. Sie schenkt uns keine Lösungen, die unsere Wunschträume erfüllen oder in poetischer Sprache unserem ästhetischen Geschmack entgegenkommen. Ihre Antworten können nur von Menschen verstanden werden, die zu abstraktem Denken erzogen sind; und sie verlangt, daß ihre Jünger auch die kleinsten Einzelheiten mit der Gewissenhaftigkeit des Ingenieurs und der Genauigkeit des Mathematikers studieren. Aber allen denen, die sich diesen Forderungen willig unterziehen, bietet sie zum Lohn geistige Einsichten von überraschender Tiefe. Sie beantwortet die Fragen, die die Begründer der großen philosophischen Schulen nicht lösen konnten, wenn sie auch oft die Fragen erst anders wenden muß, um sie überhaupt einer Antwort fähig zu machen. Diese neue Philosophie hat uns gezeigt, daß die Welt, in der wir leben, eine viel kompliziertere Struktur hat als die klassischen Philosophen angenommen hatten; und sie hat Methoden entwickelt, mit diesen Schwierigkeiten fertig zu werden und diese

komplizierte Welt dem menschlichen Verstande zugänglich zu machen.

Die philosophischen Textbücher enthalten gewöhnlich ein Kapitel über die Philosophie des 19. Jahrhunderts, das genau so geschrieben ist wie die Kapitel über die vorangehenden Jahrhunderte. Dieses Kapitel nennt die Namen von Fichte, Schelling, Hegel, Schopenhauer, Spencer und Bergson, und berichtet über ihre Systeme, als ob sie philosophische Schöpfungen vom Range der früheren Systeme wären. Aber die Philosophie der Systeme endet mit Kant; und es ist ein Mißverständnis der Geschichte der Philosophie, diese späteren Systeme zu behandeln, als ob sie auf dem gleichen Niveau wie Kants oder Platos System ständen. Die älteren Systeme drückten den Stand der Wissenschaft ihrer Zeit aus und gaben Pseudo-Antworten, als noch keine besseren Antworten möglich waren. Aber die Systeme des 19. Jahrhunderts sind zu einer Zeit aufgestellt worden, als schon eine bessere Philosophie im Werden war; und sie sind das Werk von Männern, die die philosophischen Ergebnisse der Wissenschaft ihrer Zeit völlig außer acht ließen und unter dem Namen Philosophie naive Systeme von billigen Verallgemeinerungen und Analogien entwickelten. Manchmal war es die Beredsamkeit ihrer Darstellung, ein andermal die pseudo-wissenschaftliche Trockenheit ihres Stils, welche den Leser beeindruckte und zu ihrem Ruhm beitrug. Historisch betrachtet sollte man aber diese Systeme besser mit dem Ende eines Flusses vergleichen, welcher nach streckenweisem Lauf durch fruchtbares Land schließlich in der Wüste versickert.

Man sollte die Geschichte der Philosophie, die sich bis zu Kant in die Form philosophischer Systeme kleidete, nach Kant nicht in den Pseudosystemen der Epigonen, sondern in der neuen Philosophie fortgesetzt sehen, die aus der Wissenschaft des 19. Jahrhunderts entsprang und im 20. Jahrhundert weiter ausgebaut wurde. In der kurzen Zeit ihres Daseins hat die neue Philosophie auf Grund der Fortschritte der Wissenschaft in der gleichen Periode eine ungeheuer schnelle Entwicklung durchgemacht. So fallen besonders die Ergebnisse, die mit Einsteins Relativitätstheorie und Plancks Quantentheorie zusammenhängen, gänzlich in das 20. Jahrhundert, das sich daher philosophisch sehr von dem 19. Jahrhundert unterscheidet. Die Revolution des wissenschaftlichen Denkens, für welche die Wissenschaft des 20. Jahrhunderts so oft gepriesen wird, ist nur eine selbstverständliche Folge von Entwicklungen, die im 19. Jahrhundert begannen, und man sollte daher besser von einer sehr raschen Evolution sprechen.

In derselben Weise wie die neue Philosophie ein Nebenprodukt wissenschaftlicher Untersuchungen war, kann man ihre Schöpfer auch nicht Philosophen im eigentlichen Sinne nennen. Es waren Mathematiker, Physiker, Biologen oder Psychologen. Ihre Philosophie ergab sich aus dem Versuch, Lösungen für Probleme zu finden, denen sie in ihren wissenschaftlichen Forschungen begegneten und die den bis dahin angewandten Methoden Widerstand entgegensetzten. Solche Probleme machten es unabweislich, die Grundlagen und Ziele der Wissenschaft neu zu überprüfen. Diese Art Philosophie wurde aber selten systematisch durchgeführt, ging gewöhnlich über das betreffende Spezialgebiet nicht hinaus, und konnte sich auch nicht mit logischen Einzelheiten beschäftigen. Statt dessen ist sie in den Vorreden und Einleitungen der Bücher ihrer Verfasser zu finden, und in gelegentlichen Bemerkungen, die in sonst ganz technische Auseinandersetzungen eingestreut sind.

Erst in unserer Generation gibt es wieder Philosophen von Beruf, die die Naturwissenschaften einschließlich der Mathematik studiert haben und sich auf philosophische Analyse konzentrieren. Diese Männer haben gesehen, daß eine neue Arbeitsteilung nötig ist; denn die wissenschaftliche Forschung läßt einem Menschen nicht die genügende Zeit, sich mit logischen Analysen zu beschäftigen, und umgekehrt verlangt die logische Analyse so viel Konzentration, daß nicht genug Zeit für fachwissenschaftliche Arbeit übrigbleibt. Außerdem kann diese Art Konzentration unter Umständen wissenschaftliche Produktivität verhindern, weil sie mehr auf Klärung als auf Entdeckung eingestellt ist. Der Philosoph, der sich beruflich mit der Analyse der Naturwissenschaften beschäftigt, ist das Ergebnis dieser Entwicklung.

Der traditionsgebundene Philosoph weigert sich häufig, die Analyse der Wissenschaft als Philosophie zu betrachten, und bleibt dabei, Philosophie mit der Erfindung von Systemen zu identifizieren. Er versteht nicht, daß die philosophischen Systeme ihre Bedeutung verloren haben und daß ihre Funktion von der neuen Naturphilosophie übernommen worden ist. Den wissenschaftlich eingestellten Philosophen stört aber solche Gegnerschaft nicht. Er überläßt es gern dem Philosophen alten Stils, philosophische Systeme zu erfinden, für die es wohl noch einen Platz in dem philosophischen Museum gibt, welches Geschichte der Philosophie genannt wird – und geht an die Arbeit.

VOM WESEN DER GEOMETRIE

Kurz nach Kants Tode im Jahre 1804 hat eine Entwicklung begonnen, in der sich die Wissenschaft zuerst allmählich, später jedoch immer nachdrücklicher von allen absoluten Wahrheiten und vorgefaßten Meinungen befreit hat. Die Gesetze, die Kant als unerläßliche Voraussetzungen der Wissenschaft betrachtete und die er für nichtanalytisch hielt, haben sich nur in beschränktem Umfang als gültig erwiesen. Es hat sich herausgestellt, daß gewisse wichtige Prinzipien der klassischen Physik nur für Geschehnisse gelten, die sich in den Größenverhältnissen der Gegenstände unserer unmittelbaren Umgebung abspielen. Auf astronomischem und auf atomarem Gebiet mußten sie durch Gesetze einer neuen Physik ersetzt werden; und allein diese Tatsache beweist, daß es sich hier nicht um Gesetze handelt, die uns unser Verstand aufzwingt, sondern daß diese Gesetze aus der Erfahrung stammen. Zur Illustration dieser Auflösung des synthetischen Apriori wollen wir die Entwicklung der Geometrie verfolgen.
Der geschichtliche Ursprung der Geometrie, die sich bis nach Ägypten zurückverfolgen läßt, liefert uns eins der vielen Beispiele, in denen materielle Bedürfnisse den Anstoß zu geistigen Entdeckungen gaben. Die jährlichen Überflutungen des Nils, der Ägyptens Boden fruchtbar machte, brachte den Landbesitzern große Unannehmlichkeiten: Jedes Jahr wurden die Grenzen ihrer Besitzungen zerstört und mußten mit Hilfe geometrischer Messungen wieder festgelegt werden. Geographische und soziale Bedingungen ihres Landes zwangen daher die Ägypter, die Vermessungskunst zu erfinden. Geometrie begann also als empirische Wissenschaft, deren Gesetze sich aus der Beobachtung ergaben. So wußten die Ägypter z. B. aus

praktischer Erfahrung, daß ein Dreieck, dessen Seiten 3, 4 und 5 Einheiten lang sind, ein rechtwinkliges Dreieck ist. Der deduktive Beweis für dieses Ergebnis wurde viel später von Pythagoras geliefert, der mit seinem bekannten Lehrsatz die ägyptische Entdeckung damit erklärt, daß die Summe der Quadrate von 3 und von 4 gleich dem Quadrat von 5 ist.

Pythagoras' Lehrsatz liefert ein Beispiel für die intellektuelle Arbeit, welche die Griechen zur Geometrie beisteuerten: sie machten die Entdeckung, daß die Geometrie als ein deduktives System aufgebaut werden kann, in welchem sich jeder Lehrsatz aus einer Reihe von Axiomen ableiten läßt. (Siehe Seite 113) Der Aufbau der Geometrie in Form eines axiomatischen Systems bleibt für immer mit dem Namen Euklid verknüpft. Seine logisch geordnete Darstellung der Geometrie liegt heute noch jedem Geometrieunterricht zu Grunde, und bis vor kurzem wurde Euklids Darstellung auch noch als Lehrbuch in vielen Schulen benutzt.

Die Axiome in Euklids System erscheinen so natürlich und selbstverständlich, daß an ihrer Wahrheit nicht gezweifelt wurde. In dieser Hinsicht bestätigte Euklids System gewisse Auffassungen, die schon bestanden, ehe die Prinzipien der Geometrie die Form eines geordneten Systems angenommen hatten. Die scheinbar notwendige Wahrheit der geometrischen Prinzipien lieferte Plato die Inspiration zu seiner Ideenlehre. Wie wir im zweiten Kapitel erklärten, glaubte er, daß uns die Axiome der Geometrie in einem Visionsakt enthüllt werden, in welchem sich die geometrischen Beziehungen als Eigenschaften idealer Objekte erweisen. Diese lange Entwicklungslinie, die mit Plato anfing und sich in ihrem Verlauf nicht wesentlich änderte, endete mit der zwar schärfer formulierten, aber daher auch weniger poetischen Theorie von Kant, nach der die Axiome synthetisch a priori waren. Die Mathematiker teilten diese Ansichten mehr oder weniger, waren aber nicht zu sehr an philosophischen Diskussionen über die Axiome interessiert, sondern untersuchten die mathematischen Beziehungen, die sich zwischen ihnen aufstellen ließen. Sie versuchten, die Axiome auf ein Minimum zurückzuführen, indem sie zeigten, daß sich einige von ihnen von anderen ableiten ließen.

Es war besonders ein Axiom, das Parallelenaxiom, auf das sie es abgesehen hatten und das sie gern beseitigen wollten. Das Axiom sagt, daß zu einer gegebenen Geraden durch einen gegebenen Punkt eine und nur eine Parallele gezogen werden kann, d. h. es gibt eine und nur eine Gerade, die mit der gegebenen Geraden in derselben Ebene liegt und sich nicht mit ihr schneidet. Wir wissen nicht, warum die Mathematiker gerade dieses Axiom ausschalten wollten; aber wir kennen viele Versuche, die bis ins Altertum zurückgehen, dieses Axiom in einen Lehrsatz zu verwandeln, es nämlich aus den anderen Axiomen abzuleiten. Verschiedentlich haben Mathematiker geglaubt, daß es ihnen gelungen sei, den Parallelensatz aus den anderen Axiomen abzuleiten; aber jedesmal stellten sich die Beweise später als falsch heraus. Man hatte, ohne es zu wissen, irgendeine Voraussetzung eingeführt, die in den anderen Axiomen nicht enthalten und ebenso folgenreich wie das Parallelenaxiom war. Das Ergebnis dieser Versuche bestand also darin, daß es andere Annahmen gibt, die dem Parallelenaxiom gleichwertig sind. Aber man hatte keine besseren Gründe, diese anderen Voraussetzungen als wahr anzunehmen, als man für das euklidische Axiom anführen konnte. Zum Beispiel ist der Satz, daß die Winkelsumme im Dreieck gleich zwei Rechten ist, dem Parallelenaxiom gleichwertig. Euklid hatte diesen Satz aus seinem Axiom abgeleitet; aber man kann umgekehrt auch zeigen, daß man den Parallelensatz ableiten kann, wenn man den Satz von der Winkelsumme zum Axiom macht. Was in einem System als Axiom aufgefaßt wird, kann in einem anderen System zu einem Lehrsatz werden, und umgekehrt.

Das Parallelenproblem beschäftigte die Mathematiker über 2000 Jahre, ohne eine Lösung zu finden. Ungefähr 20 Jahre nach Kants Tod entdeckte ein junger ungarischer Mathematiker, Johann Bolyai (1802–1860), daß das Parallelenaxiom keine notwendige Voraussetzung für eine Geometrie ist. Er stellte ein geometrisches System auf, für welches das Parallelenaxiom aufgegeben und durch die neue Annahme ersetzt war, daß es durch einen gegebenen Punkt zu einer gegebenen Linie mehr als eine Parallele gibt. Um die gleiche Zeit machten der russische Mathematiker N. I. Lobatschewskij (1793–1856) und der deutsche Mathematiker C. F. Gauß (1777–1855) dieselbe Entdeckung. Diese neuen Systeme heißen *nicht-euklidische Geometrien*. Eine verallgemeinerte Form von nicht-euklidischer Geometrie, die Systeme enthält, für welche überhaupt keine Parallelen existieren, entwickelte später der deutsche Mathematiker B. Riemann (1826–1866).
Eine nicht-euklidische Geometrie widerspricht der euklidischen – die Winkelsumme im nicht-euklidischen Dreieck zum Beispiel ist nicht 180° – aber sie ist frei von inneren Widersprüchen, d. h. sie ist ein ebenso folgerichtiges System wie die euklidische Geometrie. So tritt nun an die Stelle des bisher einzigen euklidischen Systems eine Vielheit von Systemen. Zwar zeichnet sich die euklidische Geometrie dadurch vor den anderen aus, daß man sie sich leicht vorstellen kann, während es unmöglich erscheint, sich von einer Geometrie ein Bild zu machen, in der es durch einen gegebenen Punkt zu einer gegebenen Geraden mehr als eine Parallele gibt. Die Mathematiker waren aber nicht besonders an der Frage einer visuellen Vorstellungsmöglichkeit interessiert und behaupteten, daß alle diese Systeme im gleichen Sinne mathematisch gültig seien. Im Augenblick möchte ich mich dieser neutralen Haltung des Mathematikers anschließen und erst gewisse andere Probleme behandeln, ehe ich auf die Frage der anschaulichen Vorstellung zurückkomme.

Das Vorhandensein einer Vielheit von Geometrien verlangte nach einer ganz neuen Einstellung zu dem Problem der geometrischen Beschreibung der physikalischen Welt. Solange es nur eine Geometrie, nämlich die euklidische, gab, existierte die Frage nach der Geometrie des physikalischen Raumes überhaupt nicht. Da man gar keine Auswahl hatte, nahm man einfach an, daß sich die euklidische Geometrie auf die physikalische Wirklichkeit bezog. Es ist ein großes Verdienst Kants, mehr als andere betont zu haben, daß die Identität von mathematischer und physikalischer Geometrie nach einer Erklärung verlangt; und seine Theorie des synthetischen Aprioris muß als ein großartiger philosophischer Versuch angesehen werden, diese Tatsache logisch zu begründen. Die Situation änderte sich jedoch völlig mit der Entdeckung anderer Geometrien. Da dem Mathematiker nun eine Auswahl von Systemen angeboten wurde, erhob sich die Frage, welches von ihnen die Geometrie der physikalischen Welt darstellte. Es war klar, daß diese Frage nicht von der Vernunft beantwortet werden konnte, sondern zu ihrer Lösung empirischer Beobachtungen bedurfte.

Gauß war der erste, der diesen Schluß zog. Nach seiner Entdeckung einer nicht-euklidischen Geometrie versuchte er, die Geometrie der physikalischen Welt auf empirische Weise zu finden, und maß zu diesem Zweck die Winkel eines Dreiecks, dessen Spitzen durch drei Bergkuppen bestimmt waren. Das Resultat seiner Messungen drückte er auf folgende vorsichtige Weise aus: er fand, daß das euklidische System innerhalb der Grenzen der Beobachtungsfehler wahr sei, oder mit anderen Worten, daß, wenn eine Abweichung der Winkelsumme von 180° existiert, sie so klein ist, daß man sie nicht von den unvermeidlichen kleinen Ungenauigkeiten der Beobachtung trennen kann.

Wir müssen aber die Messungen von Gauß nach ihrer logischen Seite genauer untersuchen, denn die Frage nach der Geometrie der physikalischen Welt ist komplizierter als er dachte, und kann auf so einfache Weise nicht beantwortet werden.

Nehmen wir einmal einen Augenblick an, daß Gauß' Ergebnis positiv und die Winkelsumme in seinem Dreieck von 180° verschieden gewesen wäre. Würde daraus folgen, daß die Geometrie der Welt nicht-euklidisch ist?

Es gibt eine Deutung, die diese Folgerung vermeidet. Man mißt die Winkel zwischen zwei voneinander entfernten Gegenständen, indem man sie durch Fernrohre anvisiert, die auf einem Sextanten oder ähnlichen Instrument befestigt sind. Man benutzt also die Lichtstrahlen, die von den Gegenständen zu dem Visierinstrument gehen, als eine Definition der Dreiecksseiten. Woher wissen wir aber, ob die Lichtstrahlen sich auf geraden Linien bewegen? Man könnte behaupten, daß sie das nicht tun und daß ihre Bahn gekrümmt ist, so daß Gauß' Messungen sich nicht auf ein geradliniges Dreieck bezogen. Unter dieser Annahme war die Messung nicht schlüssig.

Kann man nun diese neue Behauptung auf irgendeine Weise prüfen? Eine Gerade ist die kürzeste Verbindung zwischen zwei Punkten. Wenn der Lichtstrahl gekrümmt ist, dann müßte es möglich sein, den Anfangs- und Endpunkt durch eine Linie zu verbinden, die kürzer als die Bahn des Lichtstrahls ist. Im Prinzip könnte man eine solche Messung mit Hilfe von Maßstäben ausführen; man müßte sie an dem Lichtstrahl entlang abtragen und dann das gleiche für verschiedene andere Verbindungslinien tun. Wenn es eine kürzere Verbindung gibt, fände man sie auf diese Weise.

Nehmen wir nun an, daß wir dieses Experiment mit negativem Ergebnis gemacht haben, daß nämlich der Lichtstrahl die kürzeste Verbindung zwischen den beiden Punkten darstellt. Wäre dies Resultat in Verbindung mit der vorausgegangenen Messung der Winkelsumme ein Beweis dafür, daß die Geometrie nicht-euklidisch ist?

Man kann leicht zeigen, daß wir immer noch keinen

eindeutigen Beweis haben. Wir haben die Eigenschaften der Lichtstrahlen in Frage gestllt und sie mit Maßstäben nachgemessen. Aber wir können natürlich auch die Eigenschaften der Maßstäbe anzweifeln, denn eine Entfernungsmessung ist nur dann zuverlässig, wenn der Maßstab auf dem Transport seine Länge nicht ändert. Wir könnten annehmen, daß sich der Maßstab, den wir an der Bahn des Lichtstrahls entlang abgetragen haben, sich unter dem Einfluß einer unbekannten Kraft ausgedehnt hat; dann würde man mit einer geringeren Anzahl von Maßstäben auskommen, und der auf diese Weise für die Entfernung gefundene Zahlenwert wäre zu klein. Wir würden also glauben, daß die Bahn des Lichtstrahls kürzer ist als andere Verbindungen, während er in Wirklichkeit länger ist. Die Feststellung, ob eine Linie die kürzeste Verbindung zwischen zwei Punkten darstellt, hängt daher von dem Verhalten der Maßstäbe ab. Wie können wir aber herausbekommen, ob ein fester Maßstab sich weder ausdehnt noch zusammenzieht? Wir bringen einen festen Maßstab von einem bestimmten Ort an einen davon weit entfernten Punkt und fragen nun: ist er jetzt immer noch so lang wie vorher? Um das festzustellen, müßten wir einen zweiten Maßstab benutzen. Nehmen wir an, daß wir am ersten Ort die Maßstäbe aufeinandergelegt und gefunden haben, daß sie gleichlang sind und daß wir dann den einen an den entfernten Ort gebracht haben. Sind die beiden Maßstäbe nun immer noch gleichlang? Diese Frage kann man nicht beantworten, denn um die Maßstäbe zu vergleichen, müßten wir entweder den einen an seinen früheren Platz zurückbefördern oder auch den anderen an den entfernten Ort bringen, da ein Längenvergleich nur möglich ist, wenn man die beiden Maßstäbe aufeinanderlegt. Wir können so feststellen, daß sie auch an dem zweiten Ort gleichlang sind, aber wir bekommen keine Antwort auf die Frage, ob sie an verschiedenen Orten gleichlang sind.

Man könnte darauf einwenden, daß es andere Vergleichsmethoden gibt. Wenn der Maßstab während der Beförderung seine Länge ändert, dann würden wir das merken, wenn wir ihn mit der Länge unseres Armes vergleichen. Um diesem Einwand zu begegnen, wollen wir annehmen, daß es universelle Kräfte sind, welche das Ausdehnen oder Zusammenziehen von transportierten Körpern verursachen, daß nämlich alle physikalischen Dinge, einschließlich des menschlichen Körpers, ihre Länge in der gleichen Weise verändern. Dann könnte man natürlich gar keine Veränderung beobachten.
Das Problem, das wir hier betrachten, ist das Problem der Kongruenz. Es stellt sich offensichtlich heraus, daß es keine Methode gibt, die Kongruenz nachzuprüfen. Wenn über Nacht alle Dinge, einschließlich unserer Körper, zehnmal so groß würden, könnten wir das am nächsten Morgen nicht feststellen. Wir könnten es überhaupt nie herausfinden, denn unter den angenommenen Bedingungen sind die Wirkungen einer solchen Veränderung unbeobachtbar, und deswegen kann ein Nachweis weder dafür noch dagegen erbracht werden. Vielleicht sind wir heute alle zehnmal so groß, als wir gestern waren.
Es gibt nur einen Ausweg aus diesen Schwierigkeiten, nämlich, die Frage nach der Kongruenz nicht als eine Angelegenheit der Beobachtung, sondern als eine Sache der Definition anzusehen. Wir dürfen nicht sagen, daß die beiden Maßstäbe gleichlang *sind*, wenn sie sich an verschiedenen Plätzen befinden, sondern daß wir sie unter diesen Umständen gleichlang *nennen*. Die Beförderung fester Maßstäbe definiert für uns Kongruenz, und mit dieser Interpretation werden die oben erwähnten Probleme hinfällig. Es ist dann keine sinnvolle Frage mehr, ob wir heute zehnmal so groß sind als gestern; wir *sagen* einfach, daß wir heute ebenso groß sind wie gestern, und es ist sinnlos zu fragen, ob wir auch wirklich ebenso groß sind. Solche Festsetzungen heißen *Zu-*

ordnungsdefinitionen. Ein physikalisches Ding, nämlich ein fester Maßstab, wird dem Begriff der räumlichen Gleichheit zugeordnet, und auf diese Weise wird die Deutung des Begriffs festgelegt. Diese Besonderheit erklärt das Wort „Zuordnungsdefinition".
Aussagen über die Geometrie des physikalischen Raumes haben also erst einen Sinn, wenn man für die Kongruenz eine Zuordnungsdefinition gegeben hat. Wenn man die Zuordnungsdefinition der Kongruenz ändert, bekommt man eine andere Geometrie. Diese Tatsache nennt man die *Relativität der Geometrie*. Zur Veranschaulichung dieses Ergebnisses wollen wir wieder annehmen, daß die Messung von Gauß eine Abweichung der Winkelsumme von 180° gezeigt hätte und daß er mit Hilfe von festen Maßstäben den Nachweis erbracht hätte, daß die Lichtstrahlen die kürzeste Verbindung darstellten; trotzdem könnte uns nichts davon abhalten, die Geometrie unseres Raumes als euklidisch anzusehen. Wir würden dann eben sagen, daß die Lichtstrahlen gekrümmt sind und die Maßstäbe sich ausgedehnt haben, und wir könnten den Grad der Veränderungen so berechnen, daß die „korrigierte" Kongruenz die euklidische Geometrie ergibt. Man kann die Veränderungen als Auswirkungen von Kräften ansehen, die sich von Punkt zu Punkt ändern, aber für alle Körper und Lichtstrahlen gleich und deshalb *universelle Kräfte* sind. Die Annahme solcher Kräfte bedeutet nur eine Änderung der Zuordnungsdefinition für Kongruenz. Diese Überlegungen zeigen, daß es nicht nur *eine* geometrische Beschreibung der physikalischen Welt, sondern eine Klasse *gleichwertiger Beschreibungen* gibt; jede einzelne Beschreibung ist wahr, und scheinbare Unterschiede beziehen sich nicht auf ihren Inhalt, sondern nur auf die Sprache, die sie benutzen.
Auf den ersten Blick sieht dieses Ergebnis wie eine Bestätigung der Kantischen Raumtheorie aus. Wenn jede Geometrie auf die physikalische Welt angewendet werden kann, so scheint sie keine Eigenschaft der Welt aus-

zudrücken, sondern nur ein subjektiver Zusatz des menschlichen Beobachters zu sein, der auf diese Weise unter seinen Anschauungsobjekten eine Ordnung herstellt. Neukantianer haben dieses Argument als eine Rechtfertigung ihrer Philosophie benutzt; und es liegt auch der philosophischen Auffassung des *Konventionalismus* zugrunde, den der französische Mathematiker Henri Poincaré eingeführt hat, nach welchem die Geometrie eine Sache der Konvention ist und eine Aussage, die angeblich die Geometrie der physikalischen Welt beschreibt, keinen Sinn hat.
Das Argument wird aber hinfällig, wenn man den Sachverhalt näher untersucht. Obgleich man jedes geometrische System dazu benutzen kann, um die Struktur der physikalischen Welt zu beschreiben, so bedeutet ein einziges geometrisches System noch keine erschöpfende Beschreibung dieser Struktur. Die Beschreibung ist erst vollständig, wenn sie eine Aussage über das Verhalten fester Körper und Lichtstrahlen enthält. Wenn wir zwei Beschreibungen gleichbedeutend oder gleich wahr nennen, dann meinen wir derartige vollständige Beschreibungen. Unter den gleichwertigen Beschreibungen gibt es eine, und nur eine, in der feste Körper und Lichtstrahlen nicht durch universelle Kräfte „verändert" werden. Diese Beschreibung will ich das *Normalsystem* nennen. Und jetzt kann man fragen, welche Geometrie uns das Normalsystem liefert; diese Geometrie nennen wir die *natürliche Geometrie.* Selbstverständlich kann die Frage nach der natürlichen Geometrie, nämlich derjenigen, in welcher feste Körper und Lichtstrahlen sich nicht verändern, nur auf empirische Weise beantwortet werden. In diesem Sinne ist daher die Frage nach der Geometrie des physikalischen Raumes eine empirische Frage.
Man kann sich die empirische Bedeutung der Geometrie mit Hilfe anderer relativer Begriffe veranschaulichen. Wenn jemand sagt „der Baum steht rechts von dem Haus", dann ist dieser Satz weder wahr noch falsch, wenn

man nicht den Standpunkt angibt, von dem aus man das Haus und den Baum betrachtet. Erst wenn man sagt „von der Straße aus gesehen steht der Baum rechts von dem Haus" hat man eine verifizierbare Aussage gemacht, und diese ist gleichbedeutend mit der Aussage „der Baum steht links vom Haus", wenn man sich das Haus und den Baum vom Garten aus ansieht. Man kann relative Begriffe wie „rechts von" und „links von" sehr wohl für empirische Aussagen benutzen, nur muß man aufpassen, daß man das Bezugssystem in die Aussage einschließt. Auch die Geometrie ist ein relativer Begriff, denn wir können von der Geometrie der physikalischen Welt erst sprechen, nachdem wir eine Zuordnungsdefinition für die Kongruenz gegeben haben. Auf dieser Grundlage kann man dann aber eine empirische Aussage über die Geometrie der Welt machen. Wenn wir also von physikalischer Geometrie sprechen, so steckt darin die Annahme einer Zuordnungsdefinition für die Kongruenz.
Poincaré hatte recht, wenn er sagen wollte, daß die Wahl einer Beschreibung innerhalb einer Klasse gleichwertiger Beschreibungen eine Sache der Konvention ist. Er hatte aber unrecht, wenn er glaubte, daß die Bestimmung der natürlichen Geometrie, wie wir sie oben definiert haben, eine Sache der Konvention ist. Diese Geometrie kann man nur empirisch finden. Poincaré scheint irrtümlich geglaubt zu haben, daß „fester" Maßstab und Kongruenz nur mit Hilfe der Forderung definiert werden kann, daß die daraus folgende Geometrie euklidisch sein soll. Er hat zum Beispiel gesagt, daß der Physiker Berichtigungen für die Bahnen der Lichtstrahlen und die Längen fester Maßstäbe einführen *muß*, wenn Dreiecksmessungen eine von 180° verschiedene Winkelsumme ergeben würden, denn sonst könne er gar nicht ausdrücken, was er mit gleicher Länge meine. Poincaré hat aber übersehen, daß eine solche Forderung den Physiker zwingen kann, universelle Kräfte anzunehmen[1], und daß man die Kongruenzdefinition umgekehrt auch so geben kann, daß man den Ausschluß

universeller Kräfte fordert. Mit Hilfe dieser Kongruenzdefinition kann man empirische Aussagen über die Geometrie machen.
Ich möchte hier meine Kritik an Poincaré noch deutlicher machen, weil kürzlich Herr Professor Einstein den Konventionalismus sehr witzig verteidigt hat[2], indem er sich einen Dialog zwischen Poincaré und mir ausgedacht hat. Da ich der Überzeugung bin, daß es unter mathematischen Philosophen keine Meinungsverschiedenheiten geben kann, wenn man seine Meinung nur klar genug formuliert, möchte ich meine Auffassung so darstellen, daß sie, wenn auch nicht Poincaré, so doch Professor Einstein überzeugt, für dessen wissenschaftliche Arbeit ich eine ebenso große Bewunderung hege, wie er sie seinerseits so großzügig für das Werk Poincarés ausgedrückt hat.
Nehmen wir einmal an, daß sich unsere Beobachtungen mit folgenden beiden Beschreibungen vereinigen lassen:

Klasse I

a) Die Geometrie ist euklidisch, aber Lichtstrahlen und Maßstäbe werden von universellen Kräften verändert.
b) Die Geometrie ist nicht-euklidisch, und es gibt keine universellen Kräfte.

Poincaré hat recht, wenn er behauptet, daß beide Beschreibungen wahr sind und daß es ein Irrtum ist zu glauben, man könnte logisch zwischen ihnen unterschei-

---

[1] Die Regel, immer die euklidische Geometrie zum Ordnen geometrischer Beobachtungen zu benutzen, kann sogar zu weiteren Schwierigkeiten, nämlich zur Verletzung des Kausalitätsprinzips führen. Das wäre der Fall, wenn der physikalische Raum vom euklidischen Raum topologisch verschieden, zum Beispiel endlich, wäre. Dann müßte man mindestens eins der Kantischen apriorischen Prinzipien, entweder die euklidische Geometrie oder die Kausalität, aufgeben. Vgl. das Buch des Verfassers Philosophie der Raum-Zeit-Lehre (Berlin 1928), S. 82
[2] In P. A. Schlipp, Albert Einstein, Philosopher-Scientist, Evanston, 1949, S. 677—679

den. Sie beschreiben den gleichen Zustand der Welt, nur in verschiedener Sprache.

Nun wollen wir aber annehmen, daß sich in einer anderen Welt, oder an einem anderen Ort in unserer Welt, die folgenden beiden Beschreibungen mit unseren Beobachtungen vereinigen lassen:

Klasse II

a) Die Geometrie ist euklidisch, und es gibt keine universellen Kräfte.
b) Die Geometrie ist nicht-euklidisch, und es gibt universelle Kräfte, die Lichtstrahlen und Maßstäbe verändern.

Poincare hat wieder recht, wenn er behauptet, daß beide Beschreibungen wahr sind, daß es sich also um gleichwertige Beschreibungen handelt.

Poincaré hätte aber unrecht, wenn er behaupten würde, daß Welt I und Welt II die gleiche Struktur haben. Sie sind objektiv voneinander verschieden. Zwar gibt es für jede Welt eine Klasse gleichwertiger Beschreibungen; aber die verschiedenen Klassen untereinander haben nicht denselben Wahrheitswert. Für eine bestimmte Welt gibt es nur *eine* wahre Klasse, und welche das ist, kann nur durch empirische Beobachtung herausgefunden werden. Der Konventionalismus sieht nur die logische Gleichwertigkeit der Beschreibungen innerhalb einer Klasse und merkt nicht, daß die Klassen untereinander verschieden sind. Die Theorie der äquivalenten Beschreibungen gibt uns jedoch die Möglichkeit, die Welt objektiv zu beschreiben, indem wir eine, und nur eine, Klasse empirisch wahr nennen, obwohl innerhalb jeder Klasse alle Beschreibungen denselben Wahrheitswert haben.

Statt eine ganze Klasse von Beschreibungen zu benutzen, ist es einfacher, aus jeder Klasse eine Beschreibung als das *Normalsystem* auszuwählen und es als Vertreter der Klasse zu betrachten. So können wir die Beschreibung als

das Normalsystem wählen, für welche die universellen Kräfte verschwinden, und sie die *natürliche Geometrie* nennen. Wir können übrigens nicht beweisen, daß es ein Normalsystem geben muß; daß es in unserer Welt eins und nur eins gibt, ist nur eine empirische Tatsache. (Es könnte zum Beispiel sein, daß sich die Geometrie der Lichtstrahlen von der Geometrie der festen Maßstäbe unterscheidet.)
Die Theorie der gleichwertigen, oder äquivalenten, Beschreibungen läßt sich also mit einer empirischen Deutung der Geometrie vereinigen, wenn man nur verlangt, daß die geometrische Struktur der physikalischen Welt unter Zuhilfenahme gewisser logischer Einschränkungen beschrieben wird, z. B. in der Form einer Aussage über die natürliche Geometrie. Unter diesem Gesichtspunkt stellt Gauß' Experiment einen wichtigen empirischen Nachweis dar. Die natürliche Geometrie des uns umgebenden Raumes ist innerhalb der uns erreichbaren Genauigkeit euklidisch, oder anders ausgedrückt, die festen Körper und Lichtstrahlen unserer Umgebung gehorchen euklidischen Gesetzen. Wenn Gauß' Experiment zu einem anderen Ergebnis geführt, wenn sich nämlich eine meßbare Abweichung von euklidischen Beziehungen herausgestellt hätte, dann würden wir zu einer anderen natürlichen Geometrie unseres irdischen Raumes kommen. Wollten wir unter diesen Umständen die euklidische Geometrie durchführen, dann müßten wir zu der Annahme von universellen Kräften greifen, welche die Lichtstrahlen und herumgetragenen Maßstäbe in merkwürdiger Weise verändern. Wir müssen es also als eine glückliche empirische Tatsache ansehen, daß die natürliche Geometrie des uns umgebenden Raumes euklidisch ist.
Diese Interpretation erlaubt uns, Einsteins Beiträge zum Raumproblem streng zu formulieren. Aus seiner allgemeinen Relativitätstheorie hat er den Schluß abgeleitet, daß in astronomischen Dimensionen die natürliche Geo-

metrie nicht-euklidisch ist. Dieses Ergebnis widerspricht aber nicht der Messung von Gauß, nach welcher die Geometrie in irdischen Dimensionen euklidisch ist; denn eine nicht-euklidische Geometrie hat die allgemeine Eigenschaft, auf kleine Gebiete angewandt mit der euklidischen praktisch identisch zu sein, und verglichen mit astronomischen Dimensionen sind die irdischen Dimensionen klein. Auf der Erde können wir keine Beobachtungen machen, die Abweichungen von der euklidischen Geometrie ergeben, da die Abweichungen innerhalb dieser Dimensionen zu klein sind. Die Messungen von Gauß müßten mit einer sehr viel größeren Genauigkeit gemacht werden, um eine Abweichung der Winkelsumme von 180° nachzuweisen. Eine solche Genauigkeit ist aber außerhalb unserer Möglichkeiten und wird es voraussichtlich immer bleiben. Nur für größere Dreiecke kann man nicht-euklidische Eigenschaften messen, weil die Winkelabweichung von 180° mit der Größe des Dreiecks zunimmt. Wenn man die Winkel eines Dreiecks messen könnte, dessen Ecken von drei Fixsternen bestimmt sind, oder besser noch von drei Milchstraßensystemen, dann könnten wir tatsächlich beobachten, daß die Winkelsumme größer als 180° ist. Wir müssen warten, bis man im Weltenraum herumreisen kann, um eine solche direkte Messung zu machen; denn wir müßten jeden dieser drei Sterne einzeln aufsuchen, um alle drei Winkel zu bestimmen. Vorläufig müssen wir uns mit indirekten Schlußweisen zufrieden geben, die aber schon beim jetzigen Stand unserer Wissenschaft den deutlichen Beweis ergeben, daß die Sternengeometrie nicht-euklidisch ist.
Einstein hat noch ein anderes Ergebnis gefunden. Seiner Auffassung nach ist der Grund für die Abweichung von der euklidischen Geometrie in den Gravitationskräften zu suchen, die von den Sternenmassen ausgehen. In der Nähe eines Sternes sind die Abweichungen stärker als im Raum zwischen den Sternen. Auf diese Weise hat Einstein eine Beziehung zwischen Geometrie und Gravita-

tion hergestellt. Diese große Entdeckung, die durch Messungen während einer Sonnenfinsternis bestätigt worden ist, und an die vorher noch nie jemand gedacht hatte, beweist wiederum den empirischen Charakter des physikalischen Raumes.

Der Raum ist keine Ordnungsform, mit deren Hilfe der menschliche Beobachter sich seine Welt aufbaut — er ist ein System, welches die Beziehungen, die zwischen starren Körpern und Lichtstrahlen bestehen, formuliert und auf diese Weise eine ganz allgemeine Eigenschaft der physikalischen Welt ausdrückt, die die Grundlage aller anderen Messungen bedeutet. Raum ist nicht subjektiv, sondern wirklich — dieser Schluß ergibt sich aus der Entwicklung der modernen Mathematik und Physik. Merkwürdigerweise führt diese lange historische Laufbahn letztlich wieder an ihren Anfangspunkt zurück: bei den Ägyptern fing die Geometrie als empirische Wissenschaft an, bei den Griechen wurde sie ein deduktives System, und heute ist sie wieder zu einer empirischen Wissenschaft geworden, nachdem grundlegende logische Untersuchungen eine Vielheit von Geometrien aufdeckte, von denen eine, und nur eine, die Geometrie der physikalischen Welt ist.

Diese Überlegungen führen zu einer Unterscheidung zwischen mathematischer und physikalischer Geometrie. Mathematisch gesprochen gibt es viele geometrische Systeme. Jedes von ihnen ist widerspruchsfrei, und das ist alles, was ein Mathematiker verlangt. Er ist nicht an der Wahrheit der Axiome, sondern an den Beziehungen zwischen Axiomen und Lehrsätzen interessiert: „wenn die Axiome wahr sind, dann sind auch die Lehrsätze wahr" — von dieser Art sind die geometrischen Aussagen, die der Mathematiker macht. Aber diese Bedingungssätze sind analytisch, und ihre Gültigkeit ist deduktiv. Die Geometrie der Mathematiker hat daher einen analytischen Charakter. Erst wenn man die Bedingungsform auflöst und die Wahrheit der Axiome und Lehrsätze einzeln behauptet,

kann man die Geometrie für synthetische Aussagen benutzen. Die Axiome müssen dann mit Hilfe von Zuordnungsdefinitionen interpretiert werden und werden so zu Aussagen über physikalische Dinge. Auf diese Weise wird die Geometrie zu einem System, das die physikalische Welt beschreibt. Dann ist sie aber nicht mehr a priori, sondern empirisch. Es gibt kein synthetisches Apriori der Geometrie: entweder ist die Geometrie a priori, dann ist sie mathematische Geometrie und analytisch – oder die Geometrie ist synthetisch, und dann ist sie physikalische Geometrie und empirisch. Die Entwicklung der Geometrie endet mit der Auflösung des synthetischen Apriori.
Eine Frage, nämlich die der Anschauung, haben wir noch nicht beantwortet. Können wir uns nicht-euklidische Beziehungen anschaulich vorstellen, so wie wir euklidische Figuren sehen? Wir können zwar mit Hilfe von mathematischen Formeln mit nicht-euklidischen Geometrien umgehen; aber können diese jemals so anschaulich für uns werden wie die euklidische Geometrie, können wir uns ihre Regeln im Geiste ebenso vorstellen, wie wir das mit den euklidischen Regeln tun?
Mit Hilfe der obigen Betrachtungen über Kongruenz können wir diese Frage jetzt beantworten. Die euklidische Geometrie ist die Geometrie unserer physikalischen Umgebung, und es ist nicht so verwunderlich, daß sich unsere Anschauungsweise an diese Umgebung angepaßt hat und euklidischen Regeln folgt. Wenn wir in einer Umwelt lebten, deren geometrische Struktur erheblich von der euklidischen Geometrie abwiche, dann würden wir uns dieser neuen Umgebung anpassen und nicht-euklidische Dreiecke und Gesetze ebenso anschaulich erfassen, wie wir das jetzt für euklidische Strukturen tun. Wir würden es ganz natürlich finden, daß die Winkelsumme im Dreieck mehr als 180° beträgt, und würden Entfernungen auf Grund der Kongruenzdefinition schätzen lernen, welche die festen Körper für diese Welt definieren. Sich

geometrische Beziehungen anschaulich vorstellen, heißt, sich die Erfahrungen vorstellen, die wir in einer Welt haben würden, in der diese Gesetze herrschen. Diese Definition von Anschaulichkeiten ist von dem Physiker Helmholtz gegeben worden. Die Philosophen hatten den Fehler gemacht, gewisse Anschauungsformen, die in Wirklichkeit nur ein Produkt der Gewohnheit sind, als eine Ideenvision oder als Gesetze der Vernunft anzusehen. Es hat länger als 2000 Jahre gedauert, bis diese Tatsache erkannt werden konnte; und ohne das Werk der Mathematiker hätten wir unsere alten Gewohnheiten nie aufgegeben und unseren Geist niemals von sogenannten Vernunftsgesetzen befreit.

Die historische Entwicklung des Geometrieproblems macht den philosophischen Ideenreichtum deutlich, der in der Entwicklung der Wissenschaft enthalten ist. Der Philosoph, der die Vernunftsgesetze entdeckt zu haben behauptete, hat der Erkenntnistheorie einen schlechten Dienst erwiesen: was er als Gesetze der Vernunft ansah, war in Wirklichkeit nur ein Produkt der Gewöhnung menschlicher Vorstellungsweisen an die physikalische Struktur der Umgebung, in der die Menschen leben. Man sollte die Macht der Vernunft nicht in den Gesetzen suchen, die sie angeblich unserer Phantasie auferlegt, sondern in der Fähigkeit, uns von allen möglichen Sorten von Regeln zu befreien, die ihre Wurzeln in Erfahrung und Tradition haben. Durch philosophische Überlegungen allein wäre die Macht der Gewohnheit nie gebrochen worden. Die Anpassungsfähigkeit des menschlichen Geistes konnte sich erst zeigen, nachdem der Wissenschaftler Methoden zur Behandlung von Strukturen gefunden hatte, welche von denen verschieden waren, an die sich unser Geist in langer Tradition gewöhnt hatte. Der Wissenschaftler ist der Pfadfinder auf der Pilgerfahrt nach der philosophischen Wahrheit.

Die jeweilige Auffassung der Geometrie hat sich immer in der grundlegenden Einstellung der Philosophie widergespiegelt, und durch die ganze Geschichte hindurch ist die Philosophie stark von der Geometrie beeinflußt worden. Der philosophische Rationalismus, von Plato bis Kant, bestand darauf, daß alle Erkenntnis sich die Geometrie zum Vorbild nehmen sollte. Die Rationalisten kamen zu dieser Einsicht auf Grund einer Deutung der Geometrie, die über zweitausend Jahre lang unangezweifelt blieb; nämlich auf Grund der Auffassung, daß die Geometrie sowohl ein Produkt der Vernunft als auch eine Beschreibung der physikalischen Welt darstellte. Die Empiristen hatten sich vergeblich gegen diese Behauptung gewandt; die Rationalisten hatten den Mathematiker auf ihrer Seite, und es erschien aussichtslos, gegen seine Logik anzukämpfen. Mit der Entdeckung der nicht-euklidischen Geometrie verkehrte sich das Bild in sein Gegenteil. Alles, was der Mathematiker jetzt beweisen konnte, war ein System mathematischer Implikationen, d. h. *wenn-dann*-Beziehungen, die von den Axiomen einer Geometrie zu deren Lehrsätzen führen. Er fühlte sich nicht mehr dazu berechtigt, die Wahrheit der Axiome zu behaupten, und überließ diese Behauptung dem Physiker. Die mathematische Geometrie wurde so zu analytischer Wahrheit, und der synthetische Anteil wurde der empirischen Wissenschaft übertragen. Der rationalistische Philosoph hatte seinen mächtigsten Verbündeten verloren, und der Empirismus hatte freie Bahn.

Wenn diese Entwicklungen in der Mathematik zweitausend Jahre früher begonnen hätten, sähe die Geschichte der Philosophie ganz anders aus. Es hätte sehr gut sein können, daß unter den Schülern von Euklid ein Bolyai aufgetreten wäre, der eine nicht-euklidische Geometrie erfunden hätte; denn die Grundlagen einer solchen Geometrie können mit recht einfachen Mitteln, die auch schon der Zeit Euklids zur Verfügung standen, aufgebaut werden. Schließlich ist das heliozentrische System zu dieser Zeit entdeckt worden, und die griechischrömische Kultur hat abstrakte Gedankenformen geschaffen, die sich mit modernen messen können. Eine solche mathematische Entwicklung würde die philosophischen Systeme weitgehend beeinflußt haben. Platos Ideenlehre wäre aufgegeben worden, weil sie gar nicht mehr auf die Geometrie gepaßt hätte; die Skeptiker hätten keinen Grund gehabt, gegen die empirische Erkenntnis skeptischer zu sein als gegen die Geometrie, und hätten vielleicht den Mut gefunden, einen positiven Empirismus zu lehren. Das Mittelalter hätte keinen konseque ten Rationalismus vorgefunden, den es in seine Theologie hätte eingliedern können; Spinoza hätte es nicht unternommen, eine *Ethik nach geometrischer Methode dargestellt* zu verfassen, und Kant hätte seine *Kritik der reinen Vernunft* nicht geschrieben.

Oder bin ich zu optimistisch? Kann man den Irrtum dadurch ausrotten, daß man die Wahrheit lehrt? Die psychologischen Motive, die zum philosophischen Rationalismus geführt haben, sind so stark, daß man annehmen könnte, sie hätten andere Ausdrucksformen gefunden. Vielleicht hätte man sich auf andere mathematische Ergebnisse gestürzt und sie zu einem sogenannten Beweis für die rationalistische Interpretation der Welt benutzt. Tatsächlich sind seit Bolyais Entdeckung mehr als hundert Jahre vergangen, und der Rationalismus ist nicht ausgestorben. Die Wahrheit ist keine ausreichende Waffe, um den Irrtum zu bannen – oder sagen wir besser, die intellektuelle Anerkennung der Wahrheit gibt dem Menschen nicht immer genügende Stärke, dem sehr tiefsitzenden, gefühlsmäßigen Verlangen nach absoluter Gewißheit zu widerstehen.

Und doch ist die Wahrheit eine mächtige Waffe und hat zu allen Zeiten ihre Anhänger unter den Besten gefunden. Wir haben recht gute Anzeichen dafür, daß der Kreis dieser Anhänger immer größer wird; und das ist vielleicht alles, worauf wir hoffen können.

WAS IST DIE ZEIT?

Unter unseren Erfahrungen nimmt die Zeit eine ganz besondere Stellung ein. Unsere Sinne vermitteln uns Eindrücke in einer bestimmten zeitlichen Ordnung; durch unsere Sinne nehmen wir an dem allgemeinen Strom der Zeit teil, der durch das ganze Weltall geht, ein Ereignis nach dem anderen hervorbringt und seine Erzeugnisse gleich wieder hinter sich läßt. Als ob etwas Fließendes zu etwas Festem wird, so wird das, was einst Zukunft war, zur unwiederbringlichen Vergangenheit. Wir befinden uns inmitten dieses Stromes und nennen unsern Standort Gegenwart; aber was in diesem Augenblick Gegenwart ist, gleitet in die Vergangenheit, während wir weitertreiben zu einer neuen Gegenwart und darum unaufhörlich im ewigen Jetzt verweilen. Wir können diesen Strom weder anhalten, noch seine Richtung ändern; denn der Vergangenheit ist keine Wiederkehr beschieden. Die Zeit trägt uns unerbittlich mit sich fort und vergönnt uns keinen Aufschub.

Wenn der Mathematiker versucht, diese psychologische Beschreibung der Zeit in mathematische Gleichungen umzusetzen, dann hat er keine leichte Aufgabe vor sich. Es ist daher nicht verwunderlich, daß er erst einmal sein Problem zu vereinfachen sucht. Er vernachlässigt den gefühlsmäßigen Anteil in dieser Beschreibung und lenkt seine Aufmerksamkeit auf die objektive Struktur der Zeitbeziehung, in der Hoffnung, auf diese Weise zu einer logischen Konstruktion zu kommen, die alles enthält, was wir über die Zeit wissen. Unsere Empfindungen sollten dann schließlich als die Reaktion eines mit Gefühlen ausgestatteten Organismus auf ein physikalisches Phänomen mit bestimmten strukturellen Eigenschaften zu erklären sein.

Diese Methode mag den poetisch veranlagten Leser enttäuschen, aber Philosophie ist nicht Poesie. Ihre Aufgabe ist die Klärung von Begriffen mit Hilfe logischer Analyse, und eine poetische Bildersprache hat da nichts zu suchen.

Das erste Problem, das den Mathematiker interessiert, ist das *Maß* der Zeit. Für ihn fließt die Zeit in strenger Gleichförmigkeit dahin, unabhängig von dem subjektiven Ablauf, den wir beobachten und der sich je nach der gefühlsmäßigen Reaktion, die wir dem Inhalt unserer Erfahrungen entgegenbringen, ändert. Gleichförmigkeit bedeutet die Existenz eines Maßes, das heißt, sie verlangt die Meßbarkeit gleicher Zeitintervalle. Wir vergleichen aufeinanderfolgende Zeitabschnitte und können angeben, wann sie gleich lang sind. Was für Methoden benutzen wir dazu?

Wir kontrollieren unsere Uhren, indem wir sie mit Normaluhren vergleichen; und diese Uhren werden von dem Astronomen kontrolliert. Der Astronom richtet seine Uhren nach den Sternen. Da die Bewegung der Sterne das Spiegelbild der Erdumdrehung ist, so benutzen wir also die sich drehende Erde als unsere Normaluhr. Woher wissen wir aber, ob die sich drehende Erde eine zuverlässige Uhr ist, ob sie uns wirklich gleichförmige Zeit angibt?

Wenn wir den Astronomen fragen, woher er das weiß, dann antwortet er, daß wir mit dem Gebrauch der Erduhr sehr vorsichtig sein müssen. Wenn wir den Tag von einem Meridiandurchgang der Sonne zum nächsten messen, das heißt von einem Mittag zum nächsten Mittag, bekommen wir keine gleichförmige Zeit. Diese Zeit, die wir Sonnenzeit nennen, ist nicht ganz gleichförmig, weil die Erde auf ihrer Umdrehung um die Sonne einer Ellipsenbahn folgt. Um diesen Fehler zu vermeiden, mißt der Astronom die Erdumdrehung in Perioden, die durch die obere Kulmination eines Fixsternes bestimmt sind. Diese Art Zeit, die Sternzeit heißt, ist von den Un-

regelmäßigkeiten frei, die von der Erdumdrehung herrühren, weil die Fixsterne so weit von uns entfernt sind, daß sich die Richtung von der Erde zu einem entfernten Fixstern praktisch überhaupt nicht ändert.
Woher weiß nun der Astronom, daß die Sternzeit wirklich gleichförmig ist? Wenn wir ihn danach fragen, dann wird er sagen, daß genau genommen auch die Sternzeit nicht ganz gleichförmig ist, weil die Axe der Erdumdrehung nicht genau in einer Richtung bleibt, sondern eine Präzisionsbewegung beschreibt, das heißt so ähnlich wie ein Kreisel schwankt. (Die Präzision ist jedoch eine sehr langsame Bewegung, denn eine Umdrehung dauert 25 000 Jahre.) Was der Astronom gleichförmige Zeit nennt, kann man also nicht unmittelbar beobachten; er muß sie mit Hilfe seiner mathematischen Gleichungen ausrechnen, und seine Resultate bestehen dann in gewissen Korrekturen, die er an den beobachteten Werten vornimmt. Gleichförmigkeit ist also ein Zeitablauf, den der Astronom mit Bezugnahme auf mathematische Gleichungen in die Beobachtungsdaten hineinlegt.
Eine Frage müssen wir aber noch beantworten. Woher weiß der Astronom, ob seine Gleichungen eine streng gleichförmige Zeit bestimmen? Er wird vermutlich antworten, daß die Gleichungen die Gesetze der Mechanik ausdrücken und daß diese Gesetze gültig sind, weil sie aus der Beobachtung der Natur stammen. Um aber diese Beobachtungsgesetze zu prüfen, müssen wir eine Bezugszeit haben, nämlich eine gleichförmige Zeit, mit deren Hilfe wir feststellen, ob eine bestimmte Bewegung gleichförmig ist, sonst können wir nicht wissen, ob die Gesetze der Mechanik wahr sind. Wir drehen uns also im Kreise. Um die gleichförmige Zeit zu bestimmen, müssen wir die Gesetze der Mechanik kennen, und um die Mechanik zu kennen, brauchen wir die gleichförmige Zeit.
Hier gibt es nur einen Ausweg; und der besteht darin, die Frage nach der Gleichförmigkeit der Zeit nicht als

ein Erkenntnisproblem, sondern als eine Sache der Definition zu betrachten. Wir dürfen nicht fragen, ob es *wahr* ist, daß die astronomische Zeit gleichförmig ist, sondern müssen sagen, daß die astronomische Zeit die gleichförmige Zeit *definiert*. Es gibt keine wirklich gleichförmige Zeit; aber wir nennen einen gewissen Zeitablauf gleichförmig, um eine Normalzeit zu haben, auf welche wir andere Zeitabläufe beziehen können.
Diese Untersuchung löst das Problem des Maßes der Zeit in derselben Weise, wie wir das Problem der Raummessung gelöst haben. Räumliche Kongruenz, sagten wir, ist eine Angelegenheit der Definition; ebenso sagen wir jetzt, daß zeitliche Kongruenz eine Sache der Definition ist. Wir können zwei aufeinanderfolgende Zeitabschnitte nicht unmittelbar miteinander vergleichen, wir können sie nur gleich lang *nennen*. Die Gesetze der Mechanik liefern uns nur die Zuordnungsdefinition für die Gleichförmigkeit. Dieses Ergebnis führt zur Relativität der Zeit, denn man kann jede Gleichförmigkeitsdefinition benutzen; und die daraus folgenden Naturbeschreibungen stellen, wenn sie auch verschiedene Worte benutzen, logisch gleichwertige Beschreibungen dar. Sie gebrauchen eine andere Sprache, aber ihr Inhalt ist der gleiche.
Anstatt die scheinbare Umdrehung der Sterne zur Definition des Zeitmaßes zu verwerten, können wir auch andere natürliche Uhren dazu nehmen, wie zum Beispiel sich drehende Atome oder bewegte Lichtstrahlen. Hier liegt die praktische Bedeutung der astronomischen Gleichförmigkeitsdefinition; sie liefert uns einen Zeitablauf, der mit dem von allen natürlichen Uhren gegebenen identisch ist. Für das Maß der Zeit übernimmt also die natürliche Uhr eine ähnliche Rolle, wie sie für die Messung des Raumes von dem festen Körper gespielt wird.
Nachdem wir uns mit dem *Maß* der Zeit beschäftigt haben, wollen wir uns jetzt einem zweiten Problem zuwenden, das den Mathematiker angeht. Das ist das Ordnungsproblem der Zeit. Noch grundlegender als die Meß-

barkeit der Zeit ist die Frage nach der zeitlichen Ordnung, d. h. nach der zeitlichen Folgebeziehung, die in den Worten *früher* und *später* ausgedrückt wird. Woher wissen wir, daß ein Ereignis früher ist als ein anderes? Wenn wir eine Uhr besitzen, dann schließt ihr gleichförmiger Ablauf eine Aussage über die Zeitordnung ein; doch muß es möglich sein, die Beziehung der Zeitordnung unabhängig von dem Maß der Zeit zu definieren. Die Zeitordnung muß für alle möglichen Zeitmaße die gleiche sein; und wir müssen daher imstande sein, Zeitfolge auf andere Weise als mit Bezugnahme auf das Zifferblatt einer Uhr zu definieren.
Ein kurzer Überblick über die Methoden, die wir zur Feststellung der Zeitordnung benutzen, zeigt uns, daß wir immer eine ganz bestimmte Bedingung für die Zeitfolge verlangen. Die Ursache muß der Wirkung vorangehen; wenn man also weiß, daß ein Ereignis die Ursache eines anderen Ereignisses ist, dann muß das erste früher als das zweite gewesen sein. Wenn zum Beispiel ein Detektiv an einem versteckten Ort einen goldenen Schmuck findet, der in ein Stück Zeitungspapier eingewickelt ist, dann weiß er, daß der Schmuck nicht vor dem auf die Zeitung gedruckten Datum in dieses Papier eingewickelt worden ist, denn das Drucken des Papiers war die Ursache, die dieses Exemplar der Zeitung hervorgebracht hat. Die Beziehung der Zeitordnung läßt sich darum logisch auf die Beziehung von Ursache und Wirkung zurückführen.
Wir brauchen die Ursache-Wirkungbeziehung hier nicht zu untersuchen, sondern wollen dies auf ein späteres Kapitel verschieben. Es genügt die Aussage, daß die Kausalbeziehung eine wenn-dann-Beziehung ist, die man durch wiederholtes Stattfinden von Ereignissen derselben Art prüfen kann. Was wir aber erklären müssen, ist der Unterschied von Ursache und Wirkung. Wir kämen nicht weiter, wenn wir sagten, daß die Ursache das frühere der beiden miteinander verbundenen Ereignisse ist, da wir

ja die Zeitordnung mit Hilfe der kausalen Ordnung definieren wollen. Darum müssen wir nach einer unabhängigen Bedingung suchen, welche die Ursache von der Wirkung unterscheidet.

Wenn wir uns einfache Fälle von Kausalverbindungen ansehen, dann finden wir, daß es natürliche Prozesse gibt, die den Unterschied von Ursache und Wirkung ganz deutlich zutage treten lassen. Von dieser Art sind Mischungsvorgänge und ähnliche Prozesse, die von einem geordneten Zustand zu einem ungeordneten übergehen. Der Physiker nennt sie *nichtumkehrbare* oder *irreversible* Prozesse. Nehmen wir an, daß wir eine Filmrolle in der Hand haben, die mit einer kinematographischen Kamera aufgenommen ist, und wissen wollen, wie wir den Film ablaufen lassen sollen. Auf einem Bild sehen wir eine Tasse mit Milchkaffee und daneben ein leeres Sahnenkännchen; auf einem anderen Bild auf derselben Rolle, nicht weit von dem ersten Bild, steht dieselbe Tasse mit schwarzem Kaffee und dem gefüllten Sahnenkännchen daneben. Dann wissen wir sofort, daß das zweite Bild vor dem ersten aufgenommen worden ist, und damit, wie wir den Film ablaufen lassen müssen. Wir können Kaffee und Sahne mischen, aber wir können sie nicht entmischen. Oder wenn uns ein Beobachter erzählt, er habe die ausgebrannte Ruine eines Hauses gesehen, und ein anderer uns mitteilt, daß er das unzerstörte Haus gesehen hat, dann wissen wir, daß die zweite Beobachtung vor der ersten gemacht worden ist. Der Verbrennungsvorgang ist ein irreversibler Prozeß, und wir können die Möglichkeit, daß das Haus in der Zeit zwischen den Beobachtungen in der gleichen Weise wiederaufgebaut worden ist, auf Grund der Tatsache ausschließen, daß der Zeitabschnitt zwischen den beiden Beobachtungen nicht mehr als ein paar Tage betragen hat. Die Bilder auf einem rückwärtslaufenden Film veranschaulichen die Beziehung zwischen Nichtumkehrbarkeit und Zeitordnung. Der komische Anblick von Zigaretten, die beim Brennen

länger und länger werden, von Scherben, die sich vom Fußboden auf den Tisch begeben und sich dort sauber in Tassen und Teller zusammensetzen, macht es deutlich, daß wir die Zeitordnung mit Hilfe von nichtumkehrbaren Vorgängen bestimmen. (In Kapitel 10 wird die Nichtumkehrbarkeit näher untersucht.)
Es ist eine grundlegende Eigenschaft der Welt, in der wir leben, daß die Kausalität eine Reihenordnung physikalischer Ereignisse herstellt. Wir dürfen aber nicht glauben, daß das Bestehen einer solchen Reihenordnung logisch notwendig ist, denn wir können uns sehr wohl eine Welt vorstellen, in der die Kausalität keineswegs zu einer eindeutigen Ordnung von *früher* und *später* führen würde. In einer solchen Welt wären Vergangenheit und Zukunft nicht unabänderlich getrennt, sondern könnten sich in der Gegenwart vereinigen, so daß wir unser eigenes früheres Ich nach einiger Zeit wieder treffen und mit ihm sprechen könnten. Es ist eine Beobachtungstatsache, daß unsere Welt nicht so eingerichtet ist, sondern eine eindeutige Reihenordnung zuläßt, die auf der Kausalbeziehung beruht und Zeit genannt wird. Die Zeitordnung spiegelt die Kausalordnung des Weltalls wider.
Die Definition der Zeitfolge hat ihr Gegenstück in der Definition der *Gleichzeitigkeit*. Wir nennen zwei Ereignisse gleichzeitig, wenn keines von beiden früher oder später als das andere stattfindet. Das Problem der Gleichzeitigkeit führt zu merkwürdigen Folgerungen, wenn man Ereignisse an weit voneinander entfernten Orten miteinander vergleicht. Dieses Problem ist durch die Untersuchungen von Einstein berühmt geworden.
Wenn wir die Zeit eines entfernten Ereignisses wissen wollen, dann benutzen wir ein Signal, das uns das Stattfinden dieses Ereignisses mitteilt. Da aber das Signal für seinen Weg eine bestimmte Zeit braucht, so ist der Augenblick seiner Ankunft bei uns nicht mit dem Zeitpunkt des Ereignisses identisch, den wir feststellen wollen. Das ist eine bekannte Sache für akustische Signale.

Wir hören den Donner erst mehrere Sekunden, nachdem er in einer entfernten Wolke entstanden ist. Der Lichtstrahl, der vom Blitz her stammt, bewegt sich viel schneller, so daß für praktische Zwecke der Augenblick, in dem wir den Blitz sehen, mit der Zeit seiner Entstehung in der Wolke gleichgesetzt werden kann. Für genauere Messungen ist aber die Zeitbestimmung für den Blitz von demselben Typus wie die Zeitbestimmung für den Donner, und wir müßten in unserer Berechnung die Zeit berücksichtigen, die das Licht braucht, um von der Wolke in unsere Augen zu kommen.
Man könnte die Zeit der Lichtübertragung leicht berechnen, wenn man die Geschwindigkeit des Lichts und die durchlaufene Entfernung kennen würde. Aber hier erhebt sich die Frage, wie man die Lichtgeschwindigkeit messen soll. Um die Geschwindigkeit zu messen, müssen wir einen Lichtstrahl von einem Punkt an einen entfernten Ort schicken, seine Abgangszeit und seine Ankunftszeit beobachten und so die Zeit der Übertragung bestimmen. Die Lichtgeschwindigkeit ist dann das Verhältnis von zurückgelegter Entfernung und Übertragungszeit. Um aber die Abgangszeit und die Ankunftszeit zu bestimmen, brauchen wir zwei Uhren, da diese Bestimmungen an verschiedenen Raumpunkten vorzunehmen sind. Diese Uhren müssen miteinander verglichen oder synchronisiert werden, das heißt, sie müssen zu gleichen Zeiten gleiche Angaben machen. Und das heißt wiederum, daß wir in der Lage sein müssen, Gleichzeitigkeit an entfernten Orten zu bestimmen. Wieder haben uns unsere Überlegungen im Kreise geführt: Wir wollten die Gleichzeitigkeit messen und sahen, daß wir dazu die Lichtgeschwindigkeit brauchen; um aber die Lichtgeschwindigkeit zu messen, brauchen wir die Gleichzeitigkeit.
Einen Ausweg gäbe es, wenn wir die Lichtgeschwindigkeit mit einer einzigen Uhr messen könnten. Statt zum Beispiel die Ankunftszeit des Lichtsignals an dem ent-

fernten Ort zu messen, könnten wir den Lichtstrahl mit Hilfe eines Spiegels reflektieren, so daß er an den Ausgangspunkt zurückkommt. Dann kann man die Zeit für den ganzen Weg mit *einer* Uhr messen. Um die Lichtgeschwindigkeit zu bestimmen, müßten wir die Zeit für den Hin- und Herweg in das Zweifache der Entfernung teilen. Zuerst sieht diese Methode sehr vielversprechend aus; aber bei näherem Hinsehen erweist sie sich als unzureichend. Woher wissen wir, daß der Lichtstrahl auf dem Rückweg ebensolange Zeit braucht wie auf dem Hinweg? Wenn wir das nicht wissen, dann hat der Zahlenwert, den wir für die Geschwindigkeit herausrechnen, keinen Sinn. Um aber die Geschwindigkeiten auf beiden Seiten zu vergleichen, müßten wir die Geschwindigkeit für jeden Weg einzeln messen. Für eine solche Messung brauchen wir zwei Uhren und gelangen also wieder zu derselben Schwierigkeit.

Man könnte versuchen, die Gleichzeitigkeit zu ermitteln, indem man Uhren transportiert. Man stellt zwei Uhren so, daß sie am gleichen Ort fortwährend gleiche Angaben machen; dann nimmt man eine der Uhren mit an den entfernten Ort. Woher wissen wir aber, ob die transportierte Uhr während ihrer Reise der anderen gleichgestellt bleibt? Um festzustellen, ob die beiden Uhren gleichgehen, müßten wir Lichtsignale benutzen, und kommen so wieder zu unserem ersten Problem zurück. Es hilft uns auch nichts, die transportierte Uhr an den ersten Ort zurückzubringen; denn dabei könnten wir nur feststellen, ob die Uhren gleichgehen, wenn sie nahe beieinander sind. Dies Problem ist von ähnlicher Art wie das Problem des Vergleiches zweier Maßstäbe an verschiedenen Punkten, das wir oben besprochen haben.

Das Problem der transportierten Uhren ist sogar noch komplizierter als das der transportierten Maßstäbe; denn nach Einstein würde die transportierte Uhr, wenn sie zurückkommt, nachgehen im Vergleich zu der Uhr, die die ganze Zeit an einem Platz geblieben ist. Dieses Er-

gebnis hat wichtige logische Folgen. Es trifft nämlich auf alle Sorten von Uhren zu, auch für Atome, welche die Periode ihrer Rotation durch die Färbung der Lichtstrahlung, die sie aussenden, anzeigen. Und Experimente mit sehr schnell bewegten Atomen haben die von Einstein vorausgesagte Verzögerung ihrer Rotation bestätigt. Da die Lebewesen aus Atomen aufgebaut sind, würde sich eine Verzögerung atomarer Geschehnisse als eine Verzögerung der Alterserscheinungen, denen jeder Organismus unterliegt, ausdrücken. Daraus folgt, daß Menschen, die sich mit großer Geschwindigkeit im Weltenraum bewegen würden, langsamer altern würden, so daß zum Beispiel einer von zwei Zwillingen, der auf eine solche Reise ginge, nach seiner Rückkehr jünger wäre als der zurückgebliebene (obwohl er natürlich dann auch älter wäre als vor seiner Abreise). Diesen Schluß müssen wir unweigerlich aus Einsteins gut bestätigter Theorie ziehen.
Bezüglich des Gleichzeitigkeitsproblems kommen wir zu dem Resultat, daß transportierte Uhren nicht zu einer Definition der Beziehung „zur gleichen Zeit stattfindend" benutzt werden können. Wir müssen uns passende Signale für diese Definition aussuchen. Da Lichtsignale trotz ihrer Schnelligkeit eine beschränkte Geschwindigkeit haben, würde es uns nur helfen, wenn wir Signale, die schneller wären als das Licht, zu unserer Verfügung hätten. Wenn wir die Schallgeschwindigkeit messen wollen, dann können wir Lichtsignale für den Zeitvergleich benutzen, da die Lichtgeschwindigkeit so viel größer als die Schallgeschwindigkeit ist; der Rechenfehler, den wir dabei machen, ist so klein, daß er vernachlässigt werden kann. Wenn wir also ein Signal hätten, das millionenmal schneller wäre als das Licht, dann könnten wir die Lichtgeschwindigkeit mit genügender Genauigkeit messen, indem wir die Zeit für den Weg des schnelleren Signals außer acht lassen. Dies ist aber ein weiterer Punkt, in welchem sich Einsteins Physik von

der klassischen unterscheidet. Nach Einstein gibt es kein Signal, das schneller ist als das Licht. Das heißt nicht etwa nur, daß wir kein schnelleres Signal kennen; sondern für Einstein ist die Aussage, daß das Licht das schnellste Signal ist, ein Naturgesetz, welches man das *Prinzip des Grenzcharakters der Lichtbewegung* nennen kann. Einstein hat schlüssige Beweise für dieses Prinzip gegeben, und es muß als ebenso gut bestätigt angesehen werden, wie etwa das Gesetz von der Erhaltung der Energie.
In Verbindung mit unserer obigen Untersuchung über die Bedeutung der Zeitfolge führt Einsteins Prinzip hinsichtlich der Gleichzeitigkeit zu merkwürdigen Konsequenzen. Nehmen wir an, daß um 12 Uhr ein Lichtsignal nach dem Mars geschickt und von dort reflektiert wird; es möge, sagen wir, nach zwanzig Minuten zurückkommen. Welche Zeit sollen wir dem Augenblick der Ankunft des Signals auf dem Planeten Mars zuschreiben? Wenn wir diese Zeit gleich 12.10 setzen, dann haben wir damit stillschweigend gleiche Geschwindigkeit für Hin- und Rückweg angenommen; dafür haben wir jedoch gar keinen Grund. In Wirklichkeit können wir jeden Augenblick in dem Zeitabschnitt zwischen 12.00 und 12.20 für die Ankunft des Lichtsignals auf dem Mars ansetzen. Wir können zum Beispiel sagen, daß es um 12.05 angekommen ist; dann hat es den Hinweg in fünf und den Rückweg in fünfzehn Minuten zurückgelegt. Unsere Definition der Zeitfolge schließt nur die Aussage aus, daß das Signal um 11.55 auf dem Mars angekommen ist, denn bei dieser Zeitannahme würde das Signal vor seinem Abgang ankommen, und die Wirkung wäre früher als die Ursache. Doch solange wir für die Ankunftszeit auf dem Mars eine Zeit innerhalb des Intervalls von 12.00 bis 12.20 wählen, befriedigen wir die Definition der Zeitordnung. Jedes Ereignis in diesem Zeitabschnitt, das bei uns stattfindet, ist ausgeschaltet von einem Wirkungszusammenhang mit dem Ereignis auf

dem Mars, welches die Ankunft des Lichtsignals darstellt. Da Gleichzeitigkeit Ausgeschaltetsein des Wirkungszusammenhangs heißt, kann man jedes Ereignis bei uns in diesem Zeitabschnitt gleichzeitig mit der Ankunft des Lichtsignals auf dem Mars nennen. Das ist die Bedeutung von Einsteins Relativität der Gleichzeitigkeit.
Wir sehen, daß die kausale Definition der Zeitordnung zu einer Unbestimmtheit bezüglich des Zeitvergleichs von Ereignissen an entfernten Orten führt. Das ergibt sich aus dem Grenzcharakter der Lichtbewegung. Eine absolute Zeit, das heißt eine eindeutige Gleichzeitigkeit, würde es in einer Welt geben, in der für die Geschwindigkeit von Signalen keine obere Grenze existierte. Da aber in unserer Welt die Geschwindigkeit der Kausalwirkung begrenzt ist, gibt es keine absolute Gleichzeitigkeit. Die Kausaltheorie der Zeit liefert uns die Bedeutung der Zeitfolge und der Gleichzeitigkeit derartig, daß diese Erklärung sowohl auf die Welt der klassischen Physik als auch auf unsere Welt paßt; der Unterschied ist nur, daß in letzterer die Geschwindigkeit der kausalen Übertragung einer oberen Grenze unterliegt und die Gleichzeitigkeit nicht eindeutig definiert ist.
Diese Ergebnisse lösen das Zeitproblem in ähnlicher Weise wie das Raumproblem. Die Zeit, ebenso wie der Raum, ist kein ideales Ding platonischer Existenz, das uns in einem Visionsakt erschlossen wird, oder eine subjektive Ordnungsform, welche der Mensch, nach Kant, der Welt auferlegt. Der menschliche Geist kann sich verschiedene Systeme von Zeitordnungen vorstellen, unter denen die klassische Zeit eines und die Einsteinsche Zeit, mit ihrer Geschwindigkeitsgrenze der Kausalwirkung, ein anderes ist. Es ist eine empirische Frage, unter dieser Vielheit möglicher Systeme von Zeitordnungen dasjenige herauszufinden, welches für unsere Welt gilt. Die Zeitordnung stellt eine allgemeine Eigenschaft des Weltalls dar, in dem wir leben; die Zeit ist wirklich, ebenso wie der Raum, und unsere Erkenntnis der Zeit ist nicht

a priori, sondern ein Ergebnis der Erfahrung. Die Bestimmung der realen Struktur der Zeit ist ein Kapitel der Physik — das ist das Resultat der Philosophie der Zeit.
So überraschend die Relativität der Gleichzeitigkeit einem auch erscheinen mag, so ist sie doch logisch durchaus vorstellbar und sogar der Anschauung zugänglich. Die Ungewöhnlichkeit der Einsteinschen Lehre würde in einer Welt, in der die Grenzen kausaler Übertragung zum alltäglichen Erlebnis gehörten, gar nicht mehr ins Auge fallen. Sollte eines Tages eine Radiotelephonverbindung mit dem Mars bestehen, und müßten wir jedesmal zwanzig Minuten auf die Antwort auf unsere Frage warten, dann würden wir uns an die Relativität der Gleichzeitigkeit gewöhnen und sie ganz natürlich finden — ebenso wie wir heute die verschiedenen Normalzeiten für die verschiedenen Zeitzonen, in welche wir die Erde eingeteilt haben, ganz selbstverständlich finden. Wenn wir eines Tages von einem Planeten zum anderen reisen können, dann wird es uns auch ganz selbstverständlich vorkommen, daß Menschen, die von einer langen Reise zurückkehren, langsamer gealtert und darum jünger sind als Menschen, die ursprünglich mit ihnen gleichaltrig waren. Ergebnisse, welche die Wissenschaft auf ganz abstrakte Weise findet und die zunächst das Aufgeben alteingesessener Überzeugungen verlangen, werden oft für spätere Generationen zu selbstverständlichen Gewohnheiten.
Wissenschaftliche Untersuchungen haben zu einer Deutung der Zeit geführt, die weit verschieden ist von alltäglichen Erfahrungen. Was wir als den Strom der Zeit empfinden, hat sich als gleichbedeutend mit den Kausalvorgängen, die unserer Welt zugrunde liegen, herausgestellt. Die Struktur dieser Kausalverkettung hat sich als viel komplizierter erwiesen, als die unmittelbare Beobachtung der Zeit uns lehren kann — bis eines Tages, mit der Eroberung des Planetenraumes, die Zeit des täg-

lichen Lebens ebenso kompliziert sein wird wie die Zeit der heutigen theoretischen Wissenschaft. Zwar sieht die Wissenschaft von gefühlsmäßigen Inhalten ab, um mit rein logischer Analyse vorgehen zu können; andrerseits eröffnet sie aber auch neue Möglichkeiten, die uns vielleicht eines Tages nie vorher erlebte Gefühle schenken werden.

DIE NATURGESETZE

In jeder modernen Erkenntnistheorie spielt das Prinzip der Kausalität eine hervorragende Rolle. Da die Natur sich mit Hilfe von Kausalgesetzen beschreiben läßt, die unserm Denken überaus natürlich erscheinen, kam man zu der Auffassung, daß die menschliche Vernunft den Naturereignissen Gesetze auferlegt; und der Einfluß von Newtons Mechanik auf die philosophischen Systeme, den wir in einem früheren Kapitel (Kap. 6) hervorgehoben haben, zeigt deutlich, daß der Begriff des synthetischen Apriori seine Wurzeln in einer deterministischen Interpretation der physikalischen Welt hat. Die Physik eines Zeitalters hat von jeher die zeitgenössische Erkenntnistheorie stark beeinflußt; und deswegen müssen wir uns näher mit der Entwicklung des Kausalitätsbegriffs in der Physik des 19. und 20. Jahrhunderts befassen — einer Entwicklung, die zu einer neuen Auffassung der Naturgesetze führte und in eine neue Philosophie der Kausalität ausmündete.

Die Darstellung dieses historischen Verlaufs wird sehr viel einfacher, wenn man erst einmal den Begriff der Kausalität logisch untersucht. Diese Untersuchung ist eine Fortsetzung unserer Diskussion über die Bedeutung des Begriffs „Erklärung" (siehe Kap. 2), in der wir zu dem Resultat kamen, daß Erklärung dasselbe ist wie Verallgemeinerung. Da Erklärung dasselbe heißt wie Ursachen angeben, kann man der Kausalbeziehung die gleiche Interpretation geben. Der Wissenschaftler versteht denn auch in der Tat unter einem Kausalgesetz eine Beziehung, welche die Form *wenn-dann* hat, mit dem Zusatz, daß die gleiche Beziehung immer gilt. Wenn man sagt, daß der elektrische Strom die Ursache davon ist, daß eine Magnetnadel ausschlägt, dann heißt das, immer wenn ein elektrischer Strom vorhanden ist, schlägt die Magnetnadel aus. Der Zusatz des Wortes *immer* unterscheidet das Kausalgesetz von einem zufälligen Zusammentreffen von Ereignissen. Eines Tages wurde in einem Lichtspielhaus in Los Angeles ein Film über Holzfällen gezeigt, in welchem die in einem Fluß angetriebenen Baumstämme mit Hilfe einer Dynamitexplosion weiterbefördert wurden; zufällig wackelte zur gleichen Zeit das Gebäude, weil ein leichtes Erdbeben stattfand. Das Publikum dachte zuerst, daß die Explosion in dem Film die Ursache des Erdbebens war; wenn uns diese Deutung nicht annehmbar erscheint, so meinen wir damit, daß das beobachtete Zusammentreffen nicht wiederholbar ist.

Da Wiederholung alles ist, was das Kausalgesetz von einem Zufall unterscheidet, so besteht die Bedeutung der Kausalbeziehung in der Aussage einer ausnahmslosen Wiederholung – und es ist unnötig, anzunehmen, daß sie etwas darüber hinaus bedeutet. Die Idee, daß eine Ursache durch eine unsichtbare Kette mit ihrer Wirkung verbunden oder daß die Wirkung sozusagen gezwungen ist, der Ursache zu folgen, ist überflüssig und ist psychologisch als ein Anthropomorphismus anzusehen; die Worte *wenn-dann-immer* erschöpfen die Bedeutung der Kausalbeziehung. Wenn das Haus immer wackeln würde, sobald auf dem Film eine Explosion zu sehen ist, dann wäre es eine Kausalbeziehung. Wenn wir von einer Kausalbeziehung sprechen, so meinen wir nur das.

Manchmal bleiben wir allerdings nicht bei der Behauptung eines ausnahmslosen Zusammentreffens stehen, sondern sehen uns nach einer weiteren Erklärung um. Wenn wir auf einen bestimmten Knopf drücken, dann klingelt es daraufhin immer – diese regelmäßige Ereignisfolge erklären wir mit Hilfe der Elektrizitätsgesetze, aus denen wir lernen, daß das Klingeln eine Folge des Zusammenhanges zwischen elektrischem Strom und Magnetismus ist. Aber wenn wir diese Gesetze in Worte fassen, finden wir auch wieder, daß sie *wenn-dann-immer*-Beziehungen aufstellen. Die Naturgesetze sind einfacheren Regelmäßigkeiten von der Sorte des Knopfes nur insofern überlegen, als sie eine größere Allgemeinheit besitzen. Sie drücken Beziehungen aus, die sich in vielen, voneinander verschiedenen Einzelfällen widerspiegeln. Die Gesetze der Elektrizität z. B., besagen Beziehungen über das ständige Zusammentreffen von Faktoren; sie formulieren wenn-dann-Beziehungen, die man an Klingeln, Motoren, Radios und Zyklotrons beobachten kann.

Die Wissenschaft macht heute ganz allgemein von der Interpretation der Kausalität als allgemeiner wenn-dann-Beziehungen Gebrauch, wie David Hume sie schon klar formuliert hatte. Für den Wissenschaftler bedeuten die Naturgesetze Aussagen über ausnahmslose Wiederholung, und nicht mehr. Diese Analyse liefert uns nicht nur eine klare Deutung der Kausalität, sondern eröffnet uns auch die Möglichkeit, den Kausalitätsbegriff weiter auszudehnen, was für ein Verstehen der modernen Wissenschaft unerläßlich ist.

Die statistischen Gesetze, die man zuerst für die Ergebnisse von Glücksspielen beobachtet hatte, wurden sehr bald auch auf anderen Gebieten als gültig befunden. Im siebzehnten Jahrhundert wurden die ersten sozialen Statistiken aufgestellt, und das neunzehnte Jahrhundert brachte die Anwendung statistischer Überlegungen auf die Physik. Die kinetische Gastheorie, nach welcher ein Gas aus einer großen Anzahl kleiner Teilchen besteht, welche Moleküle heißen und sich nach allen Richtungen bewegen, miteinander zusammenstoßen und mit großer Geschwindigkeit Zickzackwege beschreiben, ist mit Hilfe statistischer Berechnungen aufgestellt worden. Die statistische Methode feierte ihren größten Triumph, als es gelang, die Erscheinungen der *Nichtumkehrbarkeit* mit ihrer Hilfe zu erklären, also Erscheinungen, welche alle Wärmevorgänge charakterisieren und so eng mit der Zeitrichtung verknüpft sind.

Jedermann weiß, daß Wärme nur von einem heißeren Körper auf einen kälteren übergeht, und nicht umgekehrt. Wenn wir einen Eiswürfel in ein Glas Wasser tun, dann wird das Wasser kälter, während seine Wärme in das Eis wandert und es schmilzt. Diese Tatsache kann man nicht aus dem Gesetz der Erhaltung der Energie ableiten. Das Stück Eis ist nicht allzu kalt und enthält noch eine ganze Menge Wärme; es könnte also ganz gut einen Teil seiner Wärme an das umgebende Wasser abgeben und es wärmer machen, wobei das Eis dann kälter würde. Ein solcher Vorgang würde sich mit dem Gesetz von der Erhaltung der Energie vereinen lassen, wenn die Wärmemenge, die von dem Eis abgegeben wird, gleich der Wärmemenge ist, die das Wasser aufnimmt. Die Tatsache, daß es einen solchen Vorgang nicht gibt, daß die Wärmeleitung nur in einer Richtung verläuft, muß als unabhängiges Gesetz ausgedrückt werden; und dieses Gesetz nennt man das Gesetz der Nichtumkehrbarkeit. Der Physiker nennt es oft den zweiten Wärmesatz und meint mit dem ersten Wärmesatz das Gesetz von der Erhaltung der Energie.
Das Prinzip der Nichtumkehrbarkeit muß sehr vorsichtig formuliert werden. Es stimmt nämlich nicht immer, daß Wärme von dem heißeren Körper an den kälteren abgegeben wird. Jeder elektrische Eisschrank stellt ein Gegenbeispiel dar. Die Maschine pumpt die Wärme aus dem Innern des Eisschranks nach außen und kühlt auf diese Weise das Innere, während die äußere Umgebung wärmer wird. Aber das kann die Maschine nur tun, weil sie einen gewissen Betrag mechanischer Energie verbraucht, die ihr der Motor liefert; diese Energie wird in Wärme von Zimmertemperatur verwandelt. Man kann nun die elektrische und die mechanische Energie als eine Energie von höherer Qualität als die Wärme ansehen. Dann kann man sagen, daß die Abkühlung des Inneren nur deshalb möglich ist, weil gleichzeitig eine Energie von höherer Qualität in eine solche von niede-

rer Qualität verwandelt wird. Mit anderen Worten, wenn man in einem System von gleichmäßig verteilter Temperatur auf künstlichem Wege Temperaturdifferenzen herstellen will, so daß ein Teil heißer, der andere kälter wird, so muß man das mit einem Qualitätsverlust an anderer Stelle bezahlen. Nun kann man allerdings die Erzeugung von Temperaturdifferenzen als einen Qualitätsgewinn ansehen. Aber es läßt sich zeigen, daß hier die Bilanz von Gewinn und Verlust immer negativ sein muß, d. h., daß im ganzen, wenn man alle Veränderungen in die Rechnung einbezieht, ein Qualitätsverlust stattfindet. Das ist der Sinn des Prinzips der Nichtumkehrbarkeit[1].

Von dem Wiener Physiker L. Boltzmann stammt die Entdeckung, daß das Prinzip der Nichtumkehrbarkeit statistisch erklärt werden kann. Der Wärmegrad eines Körpers ist eine Funktion der Bewegung der Moleküle; je größer die Durchschnittsgeschwindigkeit der Moleküle, desto höher die Temperatur. Man muß beachten, daß sich diese Deutung nur auf die Durchschnittsgeschwindigkeit der Moleküle bezieht; die einzelnen Moleküle haben sehr verschiedene Geschwindigkeiten. Wenn ein warmer Körper mit einem kalten in Berührung kommt, dann stoßen ihre Moleküle zusammen. Gelegentlich kommt es vor, daß ein langsames Molekül mit einem schnellen zusammenstößt und seine ganze Geschwindigkeit verliert; auf diese Weise wird das schnelle Molekül noch schneller. Das ist aber die Ausnahme, denn im Durchschnitt wird bei den Zusammenstößen ein Ausgleich der Geschwindigkeiten stattfinden. Die Nichtumkehrbarkeit thermodynamischer Prozesse wird damit als eine Mischungserscheinung angesehen, die man mit dem Mischen von

---

[1] Die Physiker messen die Qualität einer Wärmemenge durch eine Größe, die sie Entropie nennen; und zwar wird eine Steigerung der Qualität durch eine Verminderung der Entropie gemessen, so daß die Entropie ein umgekehrtes Maß der Qualität ist. Der zweite Wärmesatz besagt dann, daß, wenn alle Veränderungen einbezogen werden, die Entropie stets größer wird.

Spielkarten oder mit dem Mischen von Flüssigkeiten vergleichen kann. Der Verlust an Qualität, der bei nichtumkehrbaren Vorgängen eintritt, wird damit als die Wirkung einer Tendenz zum Ausgleich hingestellt; durch Mischungsvorgänge werden Unterschiede ausgeglichen.
Obgleich diese Erklärung das Gesetz der Nichtumkehrbarkeit verständlich macht, führt sie doch auch zu unerwarteten und schwerwiegenden Konsequenzen. Das Gesetz wird nämlich auf diese Weise seiner Strenge beraubt und zu einem Wahrscheinlichkeitsgesetz gemacht. Beim Mischen von Karten kann man die Möglichkeit nicht völlig ausschließen, daß einmal alle roten Karten oben und alle schwarzen Karten unten zu liegen kommen. Ein solches Ergebnis kann nur sehr unwahrscheinlich genannt werden. Alle statistischen Gesetze sind von dieser Art; sie geben uns eine hohe Wahrscheinlichkeit für ungeordnete Zustände und nur eine kleine Wahrscheinlichkeit für geordnete Zustände. Je größer die Anzahl der Teile, desto kleiner die Wahrscheinlichkeit für geordnete Zustände; aber diese Wahrscheinlichkeit wird niemals null. Die Erscheinungen der Thermodynamik haben es mit einer sehr großen Anzahl von Einzeldingen zu tun, da die Zahl der Moleküle sehr groß ist; und deshalb bestehen hohe Wahrscheinlichkeiten für Vorgänge, die in der Richtung eines Ausgleichs stattfinden. Aber ein Vorgang, der in der entgegengesetzten Richtung verläuft, kann streng genommen nicht unmöglich genannt werden. Wir können zum Beispiel die Möglichkeit nicht ausschließen, daß sich eines Tages die Luftmoleküle in unserem Zimmer durch reinen Zufall so anordnen, daß die Sauerstoffmoleküle sich auf der einen Seite des Zimmers und die Stickstoffmoleküle auf der anderen Seite ansammeln. Die Aussicht, auf der Stickstoffseite des Zimmers zu sitzen, wäre zwar sehr unerfreulich, aber die Möglichkeit eines solchen Ereignisses kann nicht absolut ausgeschlossen werden. Ebenso kann der Physiker, wenn er ein Stück Eis in ein Glas Wasser tut, die Möglichkeit

nicht ausschließen, daß das Wasser anfängt zu kochen und das Stück Eis immer kälter wird. Es ist vielleicht ganz tröstlich, zu wissen, daß diese Wahrscheinlichkeit aber viel geringer ist als die Wahrscheinlichkeit, daß aus reinem Zufall in jedem Haus einer Stadt zur gleichen Zeit ein Feuer ausbricht.
Obwohl die praktischen Folgen dieser statistischen Interpretation des Nichtumkehrbarkeitsprinzips unerheblich sind, weil Vorgänge in umgekehrter Richtung unwahrscheinlich sind, haben die theoretischen Folgen doch die allergrößte Bedeutung. Was man früher als ein strenges Naturgesetz angesehen hatte, war damit als ein lediglich statistisches Gesetz erkannt worden, und die Gewißheit des Naturgesetzes war durch eine hohe Wahrscheinlichkeit ersetzt worden. Damit war die Theorie der Kausalität in ein neues Stadium eingetreten. Man sah sich nämlich vor die Frage gestellt, ob andere Naturgesetze vielleicht demselben Schicksal anheimfallen könnten wie der zweite Wärmesatz, und ob überhaupt strenge Kausalgesetze übrigbleiben würden. Zwei entgegengesetzte Auffassungen erwuchsen aus der Diskussion dieses Problems. Die eine behauptete, daß der Gebrauch von statistischen Gesetzen nur unsere Unwissenheit ausdrückt: wäre der Physiker in der Lage, die individuelle Bewegung jedes Moleküls zu beobachten und zu berechnen, dann brauchte er nicht zu statistischen Gesetzen seine Zuflucht zu nehmen und könnte eine strenge kausale Beschreibung thermodynamischer Vorgänge geben. Der Übermensch von Laplace könnte in der Tat so verfahren. Er könnte die Bahn jedes Moleküls ebenso voraussehen wie die Bahn der Sterne, und er brauchte keine statistischen Gesetze. Diese Auffassung gibt den Gedanken einer strengen Kausalität nicht auf, sondern hält nur den Menschen für unfähig, die strengen Gesetze zu finden. Wegen unserer Unvollkommenheit müssen wir zur Wahrscheinlichkeit greifen.
Die zweite Auffassung vertritt den entgegengesetzten

Standpunkt. Sie hat den Glauben an die strenge Kausalität für die Bewegung des einzelnen Moleküls aufgegeben und behauptet, daß das, was wir als ein kausales Naturgesetz beobachten, immer nur das Produkt einer großen Anzahl atomarer Ereignisse ist. Danach muß man den Gedanken der strengen Kausalität als eine Idealisierung der Regelmäßigkeiten unserer makrokosmischen Umwelt ansehen, als eine Vereinfachung, zu der wir durch die große Anzahl der stets beteiligten Elementarvorgänge verleitet werden, so daß wir strenge Gesetze annehmen, wo in Wirklichkeit nur statistische Gesetze am Werke sind. Dieser Auffassung nach dürfen wir die Idee einer strengen Kausalität nicht auf den Mikrokosmos ausdehnen. Wir haben keinen Grund für die Annahme, daß die Moleküle von strengen Gesetzen beherrscht werden; auf gleiche Anfangsbedingungen eines Moleküls können verschiedene zukünftige Zustände folgen, und sogar der Laplacesche Übermensch könnte die Bahn eines Moleküls nicht voraussagen.

Die Streitfrage ist also, ob die Kausalität ein grundlegendes Prinzip oder nur ein Ersatz für statistische Regelmäßigkeit ist, eine Idealisierung, die auf dem makrokosmischen Gebiet anwendbar, auf dem Gebiet der Atome aber unzulässig ist. Diese Frage konnte auf Grund der Physik des neunzehnten Jahrhunderts nicht beantwortet werden. Eine Lösung hat erst die Physik des zwanzigsten Jahrhunderts mit ihrer Deutung atomarer Vorgänge auf der Grundlage von Plancks Quantumbegriff gegeben. Aus den Untersuchungen der modernen Quantenmechanik haben wir in der Tat gelernt, daß man die individuellen atomaren Ereignisse nicht kausal interpretieren darf, sondern daß man nur Wahrscheinlichkeitsgesetze für sie aufstellen kann. Dieses Ergebnis, das Heisenberg in seiner berühmten Ungenauigkeitsrelation formuliert hat, beweist, daß die zweite Auffassung die richtige ist, daß man den Gedanken an eine strenge Kausalität aufgeben muß und

daß Wahrscheinlichkeitsgesetze an die Stelle der einstigen Kausalgesetze treten.
Wenn wir uns die logische Analyse der Kausalität am Anfang dieses Kapitels ins Gedächtnis zurückrufen, dann erscheint dieses Resultat als die natürliche Fortsetzung älterer Ansichten. Die Kausalität war als ein Gesetz ausnahmsloser Allgemeinheit formuliert worden, als eine *wenn-dann-immer*-Beziehung. Wahrscheinlichkeitsgesetze haben Ausnahmen, aber diese Ausnahmen zeigen sich in einem regelmäßigen Prozentsatz von Fällen. Das Wahrscheinlichkeitsgesetz ist eine *wenn-dann-immer-in-einem-bestimmten-Prozentsatz*-Beziehung. Die kausale Struktur der physikalischen Welt wird durch eine Wahrscheinlichkeitsstruktur ersetzt, und zum Verständnis dieser Welt brauchen wir eine logisch in allen Einzelheiten ausgearbeitete Wahrscheinlichkeitstheorie.
Man muß sich darüber klar sein, daß eine Untersuchung über die Kausalität, auch abgesehen von den Ergebnissen der Quantenmechanik, Wahrscheinlichkeitsbegriffe unumgänglich macht. In der klassischen Physik ist das Kausalgesetz eine Idealisierung, und die wirklichen Vorgänge sind viel verwickelter, als in der Kausalbeschreibung angenommen wird. Wenn der Physiker die Bahn einer Kanonenkugel berechnet, dann tut er das mit Hilfe zweier Hauptfaktoren: der Pulverladung und der Neigung des Kanonenrohres; aber da er alle unwesentlichen Faktoren, wie die Richtung des Windes oder den Feuchtigkeitsgehalt der Luft, außer acht lassen muß, ist die Genauigkeit seiner Berechnung nur beschränkt. Das heißt, daß er den Punkt, wo die Kugel auftreffen wird, nur mit einer gewissen Wahrscheinlichkeit voraussagen kann. Oder wenn ein Ingenieur eine Brücke baut, kann er ihre Tragkraft nur mit einer gewissen Wahrscheinlichkeit voraussagen. Es können Umstände eintreten, die er nicht vorausgeahnt hat und die bewirken, daß die Brücke unter einer kleineren Last zusammenbricht als er angenommen hat. Selbst wenn das Kausalgesetz wahr ist, gilt

es nur für ideale Dinge; die wirklichen Dinge, mit denen wir zu tun haben, sind nur einer hohen Wahrscheinlichkeit zugänglich, da wir ihre Kausalstruktur nicht erschöpfend beschreiben können. Darum war die Bedeutung des Wahrscheinlichkeitsbegriffs schon vor den quantenmechanischen Entdeckungen erkannt worden. Und nach diesen Entdeckungen ist es um so deutlicher, daß kein Philosoph ohne eine Theorie der Wahrscheinlichkeit auskommen kann, wenn er die logische Struktur unseres Wissens wirklich verstehen will.
Die Philosophie des Rationalismus hat immer auf die Kausalität hingewiesen, wenn sie den rationalen Charakter der Welt begründen wollte. Spinozas Auffassung eines prädeterminierten Weltalls hat ohne einen Glauben an die Kausalität keinen Sinn. Leibniz' Gedanke von der logischen Notwendigkeit, die hinter allen physikalischen Ereignissen steht, gründet sich auf die Annahme einer Kausalverbindung aller Erscheinungen. Kants Theorie der synthetischen Naturerkenntnis a priori nennt, außer den Gesetzen von Raum und Zeit, das Prinzip der Kausalität als das wichtigste Beispiel einer solchen Erkenntnis. Ebenso wie die Entwicklung der Probleme von Raum und Zeit hat das Prinzip der Kausalität seit Kants Tod zu einer Auflösung des synthetischen Apriori geführt. Die Grundlagen des Rationalismus wurden gerade innerhalb der Disziplin erschüttert, welche — mit ihrer mathematischen Interpretation der Natur — den Rationalisten die größte Stütze gewesen war. Die überzeugendsten Argumente werden dem modernen Empiriker von der mathematischen Physik geliefert.

GIBT ES ATOME?

Jeder gebildete Mensch hält es heute für eine wohlbegründete Tatsache, daß die Materie aus kleinen Teilchen, den Atomen, besteht. Wenn er das nicht in der Schule gelernt hat, dann hat er es in der Zeitung gelesen. Da es Atombomben gibt, so schließt er, muß es auch Atome geben.
Der Geschichtsschreiber der Wissenschaft ist etwas kritischer zu dieser Frage eingestellt. Zwar ist die Existenz der Atome seit dem Altertum behauptet worden; aber es war immer eine strittige Angelegenheit, und es sind gute Beweise sowohl für als auch gegen die Existenz der Atome geliefert worden. Und wenn seine Geschichte der Wissenschaft die letzten 25 Jahre einschließt, dann weiß er, daß die Atomtheorie im 19. Jahrhundert zwar ein Stadium erreicht hatte, in welchem die Existenz der Atome unbezweifelbar erschien, daß jedoch die neuesten Entwicklungen die alte Streitfrage wieder aufgenommen haben und die Existenz der Atome heute fragwürdiger denn je aussieht.
Die Atomtheorie beginnt mit der Philosophie von Demokrit (420 v. Chr.), einer der hervorragendsten Persönlichkeiten der griechischen Philosophie. Demokrit entdeckte, daß man die physikalischen Eigenschaften der Materie, die sich darin ausdrücken, daß man sie zusammenpressen und zerteilen kann, sehr wohl durch die Annahme zu erklären vermag, daß sie aus kleinen Teilchen besteht. Das Zusammendrücken einer Substanz besteht dann darin, daß man die Atome näher zusammenpreßt, wobei die Atome selbst vollkommen fest und in ihrer Größe unverändert bleiben. Die Theorie von Demokrit ist ein gutes Beispiel dafür, was die Vernunft zu leisten imstande ist, und was sie nicht kann. Sie kann uns mögliche

Erklärungen liefern; aber welche Erklärung wahr ist, kann man mit dem Verstand allein nicht feststellen, sondern dazu muß man sich der Beobachtung bedienen. Die Griechen waren noch nicht in der Lage, die Atomtheorie empirisch zu prüfen. Statt dessen fügten sie noch mehr Theorie hinzu. Sie glaubten nämlich, daß die Atome mit kleinen Haken zusammengehalten werden, daß eine feinere Substanz, wie z. B. die Seele oder das Feuer, aus sehr kleinen und glatten Atomen bestünde, und daß größere Gegenstände sich durch Ansammeln von gleichgroßen Atomen bildeten, so wie die Steine am Strand von den Wellen nach der Größe geordnet werden. Aber wenn man der Phantasie völlig freien Lauf läßt und sie nicht an den Schiedsspruch von Experiment und Beobachtung bindet, dann ist der leeren Spekulation Tür und Tor geöffnet. Eine der philosophischen Streitfragen bezüglich der Atome war zum Beispiel, ob der leere Raum zwischen den Atomen überhaupt ein logisch zulässiger Begriff sei. Leerer Raum ist ein Nichts, und wenn es nichts zwischen den Atomen gibt, dann müssen sie sich berühren und eine feste Masse bilden — aber dann gibt es keine Atome.

Die Atomtheorie wurde aus dem Reich der philosophischen Spekulation auf wissenschaftlichen Boden verpflanzt, als sie kurz vor Beginn des 19. Jahrhunderts mit Hilfe von quantitativen Experimenten bestätigt wurde. J. Dalton stellte die Gewichtsverhältnisse fest, in welchen die chemischen Elemente Verbindungen eingehen, und entdeckte, daß die Verhältnisse konstant und in einfachen ganzen Zahlen ausdrückbar sind. So verbinden sich die beiden Bestandteile des Wassers, Wasserstoff und Sauerstoff, immer im Verhältnis eins zu acht; wenn anfangs mehr von einer Substanz vorhanden ist, so geht es nicht in die Verbindung ein. Dalton sah, daß diese quantitativen Verhältnisse nach einer atomaren Erklärung verlangen. Die kleinsten Teile der Materie, die Atome, verbinden sich in festen Verhältnissen; zwei

Atome Wasserstoff verbinden sich mit einem Atom Sauerstoff, und das Verhältnis der Atomgewichte spiegelt sich in dem Verhältnis wider, das Dalton bei seinen Messungen beobachtet hatte.
Seit der Zeit von Daltons Gesetz ist die Geschichte des Atoms gleichsam ein unaufhörlicher Triumphzug gewesen. Wo immer der Atombegriff zur Interpretation beobachteter Messungen benutzt wurde, lieferte er einleuchtende Erklärungen; und umgekehrt wurde dieser Erfolg zu einem überwältigenden Beweis für die Existenz der Atome. Die kinetische Gastheorie ermöglichte es nicht nur, mit Hilfe des Atombegriffs die Wärmeeigenschaften von Gasen zu erklären, sondern auch die Anzahl der Atome oder Moleküle in einem Kubikzentimeter auszurechnen. Diese ungeheuer große Zahl, die 21 Stellen hat, beweist gleichzeitig, wie klein das einzelne Atom ist. Weiterhin konnte man die komplizierten Strukturen lebender Körper damit erklären, daß sie aus Molekülen aufgebaut sind, die aus Hunderten von Atomen bestehen. Die Leistungen der chemischen Industrie wären ohne die Atomtheorie unmöglich gewesen.
Im weiteren Verlauf dieser Untersuchungen kam der Physiker zu der Schlußfolgerung, daß der Atomismus nicht auf die Materie beschränkt ist, sondern daß auch die Elektrizität aus Atomen besteht. Die Atome der Elektrizität sind gegen das Ende des 19. Jahrhunderts entdeckt worden und heißen Elektronen. Merkwürdigerweise waren sie alle negativ geladen, und die Physiker glaubten mehrere Jahrzehnte hindurch, daß man die positiven Atome der Elektrizität nicht von der Materie trennen könne. Die neuesten Entdeckungen haben gezeigt, daß es auch positive Atome gibt, die man Positronen nennt. Andere Untersuchungen haben die Existenz weiterer Elementarteilchen ergeben, unter denen die Neutronen eine wichtige Rolle spielen.
Obwohl der Siegeszug des Atoms durch so viele Gebiete der Wissenschaft führte, mußte er doch vor einem wich-

tigen Gebiet haltmachen: vor der Theorie des Lichtes. Isaac Newton, der für seine Gravitationstheorie berühmt geworden ist, hat auch große Beiträge zur Optik geleistet. Er meinte, daß der geradlinige Charakter der Lichtstrahlen darauf beruhe, daß das Licht aus kleinen Teilchen besteht, die mit großer Geschwindigkeit von der Lichtquelle ausgesandt werden. Die Bewegungsgesetze lehren, daß solche Teilchen eine geradlinige Bahn verfolgen. So wurde Newton der Urheber der korpuskularen Theorie des Lichtes, welche die Wissenschaft bis zum Anfang des 19. Jahrhunderts beherrschte. Die Wellentheorie des Lichtes, welche die Erfindung seines Zeitgenossen C. Huyghens war, hatte anfangs wenig Erfolg. Ein ganzes Jahrhundert mußte vergehen, bis gewisse durchschlagende Experimente gemacht wurden, die den Wellencharakter des Lichtes bewiesen und so der atomistischen Interpretation der Lichtstrahlen ein Ende bereiteten. Diese Experimente drehen sich um die Erscheinung der Interferenz, in der sich zwei übereinandergelagerte Lichtstrahlen aufheben, ein Ergebnis, das mit der Teilchentheorie nicht in Einklang zu bringen ist. Wenn zwei Teilchen sich in derselben Richtung bewegen und an einem Punkt zusammentreffen, dann muß eine Addition ihrer Helligkeit eintreten; wenn aber zwei Wellen in derselben Richtung laufen und die Wellenberge des einen Lichtstrahles mit den Wellentälern des anderen zusammentreffen, dann tritt eine Verdunkelung ein. Die Erscheinung der Interferenz ist von den Wasserwellen her bekannt und erklärt die merkwürdigen Muster, die entstehen, wenn verschiedene Wellenzüge sich schneiden. Wie hier Wasser das tragende Mittel ist, so glaubte man, daß auch Lichtwellen in einem tragenden Mittel stattfinden, dem man den Namen Äther gab. Aber man kam zu der Schlußfolgerung, daß der Äther nicht den Charakter der gewöhnlichen Materie, wie Wasser oder Luft, hatte, sondern eine Substanz von ganz besonderer, beinahe nichtmaterieller Beschaffenheit sei.

Unmittelbar nach den experimentellen Entdeckungen wurden mathematische Methoden zur Bestimmung der Wellen entwickelt, und schließlich wurde die Theorie der Lichtwellen durch die Forschungsarbeit von James Maxwell mit der Elektrizitätstheorie verknüpft. Als es Heinrich Hertz gelang, elektrische Wellen experimentell hervorzubringen, verschwanden auch die letzten Zweifel an der Möglichkeit von Ätherwellen, und die Wellentheorie des Lichtes war, „menschlich gesprochen, Gewißheit" geworden, wie Heinrich Hertz in einem Vortrag auf der Tagung der Deutschen Naturforscher und Ärzte im Jahre 1888 sagte.
Ungefähr am Ende des 19. Jahrhunderts hatte die Physik scheinbar ihr Endstadium erreicht: das Licht und die Materie, die beiden Haupterscheinungen der physikalischen Wirklichkeit, schienen endgültig bekannt zu sein. Das Licht bestand aus Wellen und die Materie aus Atomen. Jeder, der an diesen Grundlagen der Physik zu zweifeln gewagt hätte, wäre als ein Amateur oder Außenseiter angesehen worden, und kein ernsthafter Wissenschaftler hätte sich überhaupt die Mühe gegeben, mit ihm zu diskutieren.
Physikalische Theorien spiegeln das Beobachtungswissen ihrer Zeit wider und können nie als ewige Wahrheiten behauptet werden. Heinrich Hertz war vorsichtig genug gewesen, die Worte „Gewißheit, menschlich gesprochen" zu gebrauchen. Selten hat ein Physiker eine tiefere Einsicht gezeigt, als sie sich in dieser zurückhaltenden Formulierung ausdrückt. Die Wendung, welche die Theorie ein Jahrzehnt nach dem Vortrag von Hertz nahm, beweist, daß der Gewißheit wissenschaftlicher Theorien Grenzen gezogen sind.
Das Jahr 1900 brachte M. Plancks Entdeckung des Quantums. Das Zusammentreffen dieser Entdeckung mit dem Beginn des 20. Jahrhunderts sieht wie ein Symbol dafür aus, daß dieses Jahrhundert unsere Auffassung von der physikalischen Realität revolutionieren sollte. Um die

Gesetze der Wärmestrahlung zu erklären, die man auf experimentellem Wege gefunden hatte, führte Planck die Hypothese ein, daß alle Strahlungsvorgänge, einschließlich des Lichts, von ganzen Zahlen beherrscht sind, das heißt, daß die darin vorkommenden Energieumsetzungen sich in ganzen Vielfachen eines elementaren Energiemaßes, das er *Quantum* nannte, vollziehen. Dieser Auffassung nach besteht die Energie also aus elementaren Einheiten, den Quanten, und wann immer Energie ausgestrahlt oder absorbiert wird, werden ein, oder zwei, oder hundert Quanta ausgetauscht, während niemals Bruchteile eines Quantums umgesetzt werden. Das Quantum ist das Atom der Energie, mit der Einschränkung allerdings, daß die Größe dieses Atoms, das heißt, der Betrag der Energieeinheit, von der Wellenlänge der es tragenden Strahlung abhängt; je kürzer die Wellenlänge, desto größer das Quantum. Plancks Entdeckung sah also wie ein neuer Sieg des Atoms aus; und als Albert Einstein Plancks Theorie auf den Gedanken ausdehnte, daß das Licht aus nadelartigen Wellenbündeln besteht, deren Energie ein Elementarquantum beträgt, schien das Atom zum Schluß doch das physikalische Gebiet erobert zu haben, das sich so lange atomistischen Auffassungen verschlossen hatte. Einsteins Äquivalenz von Materie und Energie, die in den letzten Jahren in der Zertrümmerung von Uraniumatomen so dramatisch zutage getreten ist, war ein weiteres Zeichen dafür, daß der Atomismus auch die Lichtstrahlung miteinbeziehen mußte.
Seine wichtigste Anwendung fand das Atom in Niels Bohrs Atomtheorie. Hier vereinigten sich schließlich die beiden Entwicklungslinien der Atomtheorie und der Strahlungstheorie. Die Atomforschung hatte gezeigt, daß das Atom selbst als ein Komplex kleinerer Teilchen anzusehen ist, die allerdings so fest zusammenhalten, daß das Atom in allen chemischen Reaktionen eine relativ stabile Einheit bildet. Das erste Anzeichen für eine innere Struktur des Atoms wurde mit der Entdeckung des Russen

D. Mendelejeff erbracht, der um die Mitte des 19. Jahrhunderts fand, daß die chemischen Eigenschaften der Atome eine zyklische Ordnung annehmen, wenn man die Atome der chemischen Elemente nach ihrem Gewicht in eine Reihe ordnet. Der englische Physiker E. Rutherford entwarf eine Theorie, nach welcher das Atom ein atomares Planetensystem ist, das aus einem Kern besteht, um den, wie die Planeten auf ihren Bahnen, eine Anzahl von Elektronen kreisen. Niels Bohr, der damals ein junger Assistent von Rutherford war, entdeckte im Jahre 1913, daß man Rutherfords Modell mit Plancks Begriff des Energiequantums verbinden kann. Die Elektronen können nur in ganz bestimmten Abständen vom Kern kreisen, und zwar derart, daß jede Bahn eine mechanische Energie enthält, die entweder ein, oder zwei, oder drei usw. Quanta beträgt. Obwohl diese Auffassung den Physiker zuerst sehr merkwürdig anmutete, war sie doch außerordentlich erfolgreich in der Erklärung von Beobachtungsdaten, da Bohrs Theorie eine präzise Interpretation für die Ergebnisse der Spektroskopie lieferte, d. h. für die Reihen der Spektrallinien, welche für jedes Element charakteristisch sind. Die Jahre von 1913 bis 1925 waren eine Zeit der intensivsten Anwendung und Bestätigung von Bohrs Theorie, die schließlich zu einer Beschreibung des inneren Aufbaus des Atoms jedes einzelnen Elementes führte.
Doch trotz aller Erfolge war die Entdeckung des Quantums ein Danaergeschenk, denn für die Erklärungen der Beobachtungen der Spektroskopie tauschte man unerklärliche Schwierigkeiten auf anderen Gebieten ein. Die Grundlagen der Quantentheorie schienen mit der klassischen Theorie der Entstehung elektrischer Wellen und mit der Erscheinung der Interferenz, die aus der Optik bekannt war, unvereinbar zu sein. Die neue Theorie bedrohte den einheitlichen Zusammenhang der Physik: gewisse Erscheinungen verlangten nach einer Korpuskel-, andere nach einer Welleninterpretation, und man sah

keinen Ausweg, wie diese beiden sich widersprechenden Theorien in Einklang miteinander gebracht werden konnten.
Für den philosophischen Zuschauer war aber das merkwürdigste daran, daß die physikalische Forschung durch diese Widersprüche in keiner Weise gehemmt wurde, sondern daß es dem Physiker gelang, mit beiden Auffassungen fertig zu werden, und daß er lernte, je nachdem die eine oder die andere mit erstaunlichem Erfolg auf seine Beobachtungen anzuwenden. Das heißt aber meiner Ansicht nach nicht, daß Widersprüche für physikalische Theorien unwesentlich sind, und daß alles nur auf erfolgreiche Beobachtungen ankommt; oder daß, wie die Hegelianer glauben, der Widerspruch dem menschlichen Denken innewohnt und dessen treibende Kraft ist. Ich glaube vielmehr, daß die Konzeption neuer Gedanken anderen Gesetzen als denen der logischen Ordnung folgt, so daß die Erkenntnis einer halben Wahrheit ein ausreichender Wegweiser für den schöpferischen Geist auf seinem Wege zur ganzen Wahrheit ist; widersprechende Theorien können nur dann nützlich sein, wenn es eine, im Augenblick zwar noch unbekannte, bessere Theorie gibt, die alle Beobachtungsdaten zusammenfaßt und keine Widersprüche enthält. Während der Mensch nach ihr sucht, schläft die Wahrheit, und nur diejenigen werden sie erwecken, die ihre Suche nicht aufgeben, auch wenn sie sich durch Widersprüche wie durch allzu dichtes Unterholz ihren Weg bahnen müssen.
Die entscheidende Wendung in der Geschichte der Licht- und Materietheorien wurde in einer neuartigen Auffassung des französischen Physikers Louis de Broglie gemacht. Während die Physiker davon überzeugt waren, daß das Licht *entweder* aus Teilchen *oder* aus Wellen besteht, und nach einer Entscheidung suchten, brachte de Broglie den Gedanken zum Ausdruck, daß es *sowohl* aus Teilchen *als auch* aus Wellen bestände. Er war kühn genug, diesen Gedanken auch auf die Atome der Materie

auszudehnen, die bisher nie nach einer Welleninterpretation verlangt hatten, und entwickelte eine mathematische Theorie, nach der auch jedes Materieteilchen von einer Welle begleitet ist. Das *entweder-oder* wurde so durch ein *und* ersetzt; und seit de Broglies Entdeckung haben wir eine Dualität von Interpretationen, die inzwischen als eine unumgängliche Folge der Struktureigenschaften der Materie bestätigt worden ist. In einem Experiment von Davisson und Germer, die eine Interferenzanordnung benutzten, konnten de Broglies Wellen für einen Strahl von Elektronen nachgewiesen werden, so daß die Existenz von Materiewellen über jeden Zweifel erhoben wurde.

De Broglies Ideen wurden von E. Schrödinger aufgenommen, der eine Differentialgleichung fand, welche zur Grundlage der modernen Quantentheorie geworden ist, die seitdem gewöhnlich Quantenmechanik genannt wird. Gleichzeitig mit Schrödinger, aber ganz unabängig von seinen Ideen, entwickelten W. Heisenberg, M. Born und P. Jordan einerseits und P. Dirac andererseits mathematische Theorien, die zuerst sehr verschieden von Schrödingers mathematischer Theorie aussahen. Alle diese Entdeckungen wurden in den Jahren 1925 bis 1926 gemacht; und so entstand in verhältnismäßig kurzer Zeit eine neue Physik des inneren Aufbaus der Materie, die dem Physiker ein mächtiges mathematisches Werkzeug in die Hand gab, das er jedoch erst handhaben lernen mußte. Die Schwierigkeiten dieser Handhabung stammten aus der Dualität von Wellen und Korpuskeln. Was für einen Sinn hat es, wenn man sagt, daß die Materie sowohl aus Teilchen als auch aus Wellen besteht? Zwar war die mathematische Theorie vorhanden, doch ihre Interpretation bereitete große Schwierigkeiten. Hier haben wir ein Beispiel für die verhältnismäßige Unabhängigkeit des mathematischen Formalismus; die mathematischen Symbole führen sozusagen ihr eigenes Leben und liefern richtige Ergebnisse, ehe der Wissenschaftler, der diese Symbole handhabt, ihren wirklichen Sinn versteht.

De Broglie hat das *und* auf die einfachste Weise gedeutet; er glaubte, daß es Teilchen gäbe, die auf ihrem Weg von Wellen begleitet werden, welche ihre Bewegungen steuern. Im Gegensatz dazu glaubte Schrödinger, daß man von Teilchen absehen könne und daß es nur Wellen gäbe, die sich allerdings in gewissen kleinen Bezirken des Raumes verdichten, so daß sich so etwas wie ein Teilchen ergäbe. Er sprach von Wellenpaketen, die sich wie Teilchen benehmen. Nachdem sich diese beiden Auffassungen als unhaltbar erwiesen hatten, versuchte es Born mit dem Gedanken, daß die Wellen gar nichts Materielles, sondern Wahrscheinlichkeiten darstellen. Seine Interpretation gab dem Atomproblem eine unerwartete Wendung: die elementaren Bestandteile sollten Teilchen sein, deren Verhalten nicht von Kausalgesetzen, sondern von Wahrscheinlichkeitsgesetzen beherrscht war, welche indessen formal, d. h. was ihre mathematische Struktur anbelangte, Wellen ähnelten. In dieser Deutung haben dann die Wellen nicht mehr die Realität materieller Dinge, sondern nur noch den Charakter mathematischer Größen.

Im weiteren Verfolg dieser Auffassung zeigte Heisenberg, daß die Bahn der Teilchen nur mit einer gewissen Ungenauigkeit vorausgesagt werden kann, und formulierte die Unmöglichkeit einer strengen Voraussage in seiner *Ungenauigkeitsrelation*. Mit Borns und Heisenbergs Entdeckungen war der Schritt von einer kausalen zu einer statistischen Interpretation des Mikrokosmos gemacht; man erkannte, daß das einzelne atomare Ereignis nicht kausalen Gesetzen, sondern nur statistischen Gesetzen folgt, und daß das *wenn-dann-immer* der klassischen Physik durch ein *wenn-dann-immer in einem bestimmten Prozentsatz* zu ersetzen ist. Unter Benutzung von Borns und Heisenbergs Ergebnissen formulierte Bohr schließlich ein Komplementaritätsprinzip, nach welchem Borns

Interpretation nur *eine* mögliche Lösung des Problems ist; man kann die Wellen auch als physikalisch existierend ansehen, und bei dieser Auffassung würde es dann keine Teilchen geben. Der Physiker ist nicht in der Lage, zugunsten einer der beiden Möglichkeiten zu entscheiden, weil Heisenbergs Unbestimmtheit ein entscheidendes Experiment unmöglich macht; d. h. sie schließt Experimente aus, die genau genug wären, um die eine Interpretation als wahr und die andere als falsch zu beweisen.
Die Dualität der Interpretationen wurde hiermit endgültig formuliert: das *und* in de Broglies Entdeckung hat nicht die direkte Bedeutung, daß Wellen und Teilchen gleichzeitig existieren, sondern die indirekte Bedeutung, daß dieselbe physikalische Wirklichkeit zwei mögliche Interpretationen zuläßt, die beide gleich wahr sind, auch wenn man sie nicht zu einer einzigen Deutung vereinigen kann. Der Logiker würde sagen: das *und* gehört nicht der Sprache der Physik an, sondern der *Metasprache*, nämlich der Sprache, welche über die Sprache der Physik spricht. Mit anderen Worten, das *und* gehört nicht zur Physik, sondern zur Philosophie der Physik. Es bezieht sich nicht auf physikalische Dinge, sondern auf mögliche Beschreibungen von physikalischen Dingen, und fällt daher in das Gebiet der Philosophie.
Das ist also das Ende des Streites zwischen den Anhängern der Wellen- und Korpuskeltheorie, der mit Huyghens und Newton begann und nach einigen Jahrhunderten seinen Höhepunkt in der Quantenmechanik von de Broglie, Schrödinger, Born, Heisenberg und Bohr erreicht hat: die Frage: *woraus besteht die Materie*, kann mit Hilfe von physikalischen Experimenten allein nicht beantwortet werden, sondern erfordert eine philosophische Analyse der Physik. Ihre Antwort hängt mit der Frage *was ist Erkenntnis überhaupt* zusammen. Das philosophische Denken, das an der Wiege des Atomismus Pate gestanden hatte, war im Laufe des 19. Jahrhunderts

durch experimentelle Untersuchungen ersetzt worden; aber diese Untersuchungen erreichten schließlich einen solchen Grad von logischen Schwierigkeiten, daß man sich gezwungen sah, wieder philosophische Betrachtungen anzustellen. Doch war es nicht die Philosophie poetischer Spekulationen, die hier erforderlich wurde; nur eine wissenschaftliche Philosophie konnte dem Physiker zu Hilfe kommen. Um diese letzte Phase zu verstehen, müssen wir nach dem Sinn von Aussagen über die physikalische Welt fragen.

Erkenntnis beginnt mit Beobachtung: unsere Sinne teilen uns mit, was außerhalb unseres Körpers existiert. Wir sind aber nicht zufrieden mit dem, was wir beobachten, sondern wollen mehr wissen, nämlich über die Dinge etwas wissen, die wir nicht direkt beobachten. Das erreichen wir mit Hilfe von bestimmten Gedankenoperationen, die unsere Beobachtungsdaten miteinander verbinden und uns erlauben, über unbeobachtete Dinge zu sprechen. Diese Methode benutzen wir sowohl im täglichen Leben als auch in der Wissenschaft; wir gebrauchen sie, wenn wir aus den Pfützen auf der Straße schließen, daß es kurz vorher geregnet hat, oder wenn der Physiker aus der Abweichung der Magnetnadel auf das Vorhandensein eines unsichtbaren Etwas, das er Elektrizität nennt, schließt, oder wenn der Arzt aus gewissen Krankheitssymptomen auf Bakterien im Blutkreislauf des Patienten schließt. Wir müssen uns die Art dieser Schlußweise näher ansehen, um die Bedeutung der physikalischen Theorien zu verstehen.

Solange man nicht darüber nachdenkt, sieht diese Schlußweise ganz trivial aus; wenn man aber näher hinsieht, merkt man, wie kompliziert sie ist. Jedermann ist davon überzeugt, daß sein Haus unverändert an seinem Platz bleibt, während er im Büro ist. Aber woher wissen wir das? Man kann doch das Haus nicht sehen, während man im Büro sitzt. Darauf wird man mir antworten, daß das sehr leicht zu beweisen ist; man braucht bloß nach Hause

zu gehen und sich umzusehen. Natürlich sieht man dann das Haus; aber ist das ein Beweis dafür, daß die Aussage richtig war? Die Behauptung war, daß das Haus an seinem Platz ist, wenn niemand hinsieht. Bisher ist nur bewiesen worden, daß das Haus da ist, wenn jemand hinschaut. Woher weiß man also, ob das Haus noch da ist, wenn man im Büro sitzt?
Der Leser ist jetzt ganz entrüstet. Diese Philosophen, wird er sagen, halten uns alle zum Narren. Wenn das Haus morgens und nachmittags da ist, wie kann es dann am Vormittag einfach verschwinden? Denkt sich der Philosoph vielleicht, daß jemand das Haus in einer Minute herunterreißen und in der nächsten wieder aufbauen kann? Was sollen solche unsinnigen Fragen überhaupt heißen?
Und doch — wenn wir keine bessere Antwort finden können, als sie der sogenannte gesunde Menschenverstand gibt, dann können wir auch das Problem, ob Licht und Materie aus Wellen oder Teilchen bestehen, nicht lösen. Der gesunde Menschenverstand mag für Fragen des täglichen Lebens ausreichen; aber er ist unzureichend, wenn es sich um schwierigere wissenschaftliche Untersuchungen handelt. Und die Wissenschaft verlangt nach einer genaueren Deutung der Erkenntnis des täglichen Lebens, weil es im Grunde nur eine Art von Erkenntnis gibt, ob sie sich mit konkreten Dingen oder mit der logischen Konstruktion wissenschaftlicher Theorien befaßt. Darum müssen wir erst bessere Antworten auf die einfachen Fragen des täglichen Lebens finden, ehe wir wissenschaftliche Fragen beantworten können.
Der griechische Philosoph Protagoras, der Hauptvertreter der Sophisten, ist berühmt für sein Prinzip der Subjektivität, das er folgendermaßen formulierte: „Der Mensch ist das Maß aller Dinge, der seienden, daß sie sind, der nichtseienden, daß sie nicht sind." Man weiß nicht genau, was er mit diesem wirklich sehr sophistischen Satz gemeint hat; aber nehmen wir einmal an, er

hätte bezüglich unseres Problems gesagt: „Das Haus existiert nur, wenn ich hinsehe; aber wenn ich nicht hinsehe, dann verschwindet es immer." Was könnte man ihm darauf erwidern? Er sagt ja nicht, daß es auf gewöhnliche Weise verschwindet und wieder entsteht, nämlich durch die Arbeit von Bauarbeitern und Zimmerleuten; er meint, es verschwindet durch eine Art Zauberei. Er behauptet, daß die Beobachtung des Menschen das Haus hervorbringt und daß unbeobachtete Häuser daher nicht existieren. Was für Beweise haben wir gegen ein solches magisches Verschwinden und Erschaffen unter dem Einfluß der menschlichen Beobachtung?

Wir können natürlich den Portier vom Büro aus anrufen und ihn fragen, ob das Haus noch steht; aber der Portier ist auch ein menschliches Wesen, so wie wir, und seine Beobachtung könnte ganz genau so wie die unsrige das Haus hervorbringen. Die Frage ist eben, ob das Haus dasteht, wenn niemand hinsieht.

Man könnte einwenden, daß man dem Haus den Rücken zukehren und dann seinen Schatten beobachten könnte; dann muß das Haus stehen, weil es einen Schatten wirft. Aber woher wissen wir denn, daß unbeobachtete Dinge Schatten werfen? Bisher haben wir gesehen, daß beobachtete Häuser Schatten werfen. Man könnte annehmen, daß der Schatten, den wir sehen, während wir das Haus nicht beobachten, existiert, obgleich das Haus verschwunden ist, so daß es Schatten ohne Dinge gibt. Man darf darauf nicht einwenden, daß Schatten nichtexistierender Dinge nie beobachtet worden sind; denn das stimmt nur, wenn man voraussetzt, was man erst beweisen will, daß das Haus nämlich weiter existiert, wenn man nicht hinsieht. Wenn wir mit Protagoras das Gegenteil annehmen, dann haben wir eine Menge Beweise dafür; denn wir haben oft hausförmige Schatten gesehen, ohne gleichzeitig die Häuser zu beobachten.

Es liegt nahe, sich in dieser Situation wieder auf den gesunden Menschenverstand zu berufen. Warum soll man annehmen, daß die Gesetze der Optik für unbeobachtete Dinge anders sind? Diese Gesetze sind zwar für beobachtete Dinge aufgestellt worden; aber haben wir denn nicht eine Unmenge Beweise dafür, daß sie auch für unbeobachtete Dinge gelten? Wenn man ein bißchen darüber nachdenkt, merkt man jedoch, daß man überhaupt keine Beweise dafür hat. Wir haben deswegen keine, weil unbeobachtete Dinge noch nie beobachtet worden sind.

Aus diesen Schwierigkeiten gibt es nur einen Ausweg. Wir dürfen unsere Aussagen über unbeobachtete Dinge nicht als verifizierbare Behauptungen, sondern müssen sie als Konventionen ansehen, die wir zur Vereinfachung unserer Sprache einführen. *Wenn* wir diese Konvention einführen, dann wissen wir, daß wir sie ohne Widersprüche durchführen können. *Wenn* wir nämlich annehmen, daß die unbeobachteten Dinge mit den beobachteten identisch sind, dann erhalten wir ein System von physikalischen Gesetzen, das sowohl für beobachtete als auch für unbeobachtete Dinge gilt. Diese letzte Aussage, welche die Form eines Bedingungs- oder Konditionalsatzes hat, ist eine Tatsache, die durch viele Erfahrungen bestätigt worden ist. Das heißt, daß unsere gewöhnliche Sprache eine *zulässige* Sprache ist. Aber sie ist nicht die einzige zulässige Sprache. Ein Protagoras, der sagt, daß die Häuser verschwinden, wenn man nicht hinsieht, spricht auch eine zulässige Sprache, wenn er nur gewillt ist, sich damit abzufinden, daß er zwei verschiedene Systeme von physikalischen Gesetzen aufstellen muß, eins für beobachtete, das andere für unbeobachtete Dinge.

Das Ergebnis dieser langen Diskussion ist, daß die Natur uns keine bestimmte Beschreibung aufzwingt. Wir können Häuser in Metern oder in Ellen messen, Temperaturen in Celsius oder in Fahrenheit; wir können die physikalische Welt in einer euklidischen oder einer nichteuklidischen Geometrie beschreiben, wie wir in Kapitel 8

gezeigt haben. Wir sprechen verschiedene Sprachen, wenn wir verschiedene Maßeinheiten oder verschiedene geometrische Systeme benutzen, aber wir sagen dasselbe. Die Vielheit der Beschreibungen wiederholt sich in komplizierterer Form, wenn wir über unbeobachtete Dinge sprechen. Man kann die Wahrheit auf viele Weisen sagen, die logisch alle gleichwertig sind. Natürlich kann man auch die Unwahrheit auf viele Weisen sagen. Es ist zum Beispiel falsch, wenn man sagt, daß Eis bei 0° schmilzt, wenn wir die Fahrenheitskala benutzen. Unsere Philosophie hebt also nicht den Unterschied zwischen Wahrheit und Falschheit auf. Es wäre jedoch kurzsichtig, die Vielheit der wahren Beschreibungen einfach außer acht zu lassen. Die physikalische Wirklichkeit läßt eine Klasse *gleichwertiger Beschreibungen* zu; davon wählen wir uns eine aus Bequemlichkeitsgründen aus, aber diese Wahl hängt nur von einer Konvention ab und bedeutet eine willkürliche Entscheidung. Zum Beispiel liefert uns das Dezimalsystem eine bequemere Beschreibung von Messungen als andere Systeme. Wenn wir von unbeobachteten Dingen sprechen, dann ist die bequemste Sprache die, welche sich der gesunde Menschenverstand herausgesucht hat, nach welcher sich nämlich die unbeobachteten Dinge ebenso verhalten wie die beobachteten Dinge. Diese Sprache beruht aber auf einer Konvention.
Der Vorteil der Theorie der gleichwertigen Beschreibungen besteht darin, daß wir mit ihrer Hilfe bestimmte Behauptungen machen können, die sich in der Sprache des gesunden Menschenverstandes nicht formulieren lassen. Ich meine die Behauptung, die wir in dem Bedingungssatz aufgestellt haben: Wenn wir annehmen, daß die unbeobachteten Dinge mit den beobachteten identisch sind, dann kommen wir nicht zu Widersprüchen; mit anderen Worten, daß es unter den zulässigen Beschreibungen der physikalischen Welt eine gibt, in der sich die unbeobachteten Dinge ebenso benehmen wie die beobachteten. Diese Beschreibung will ich das *Normal-*

system nennen. Es ist eine ganz grundlegende Tatsache, daß die physikalische Welt mit Hilfe eines Normalsystems beschrieben werden kann. Bisher haben wir diese Tatsache einfach schweigend angenommen, sie sogar nie richtig erfaßt und gar nicht gewußt, daß eine ganz fundamentale Wahrheit darin steckt. Wir haben es nie als ein Problem angesehen, ebenso wie im allgemeinen niemand ein Problem darin sieht, daß die Dinge auf den Boden fallen, weil das eine so alltägliche Erfahrung ist. Aber die wissenschaftliche Mechanik fing mit dem Fallgesetz der Körper an; und in ähnlicher Weise fängt das Verständnis für das Problem der unbeobachteten Dinge mit der Behauptung an, daß es eine Beschreibung von unbeobachteten Dingen mit Hilfe eines Normalsystems gibt.
Woher wissen wir, daß es eins gibt? Wir können nur sagen, daß die Erfahrungen vieler Generationen es bewiesen haben. Wir dürfen nur nicht glauben, daß diese Möglichkeit logisch bewiesen werden kann. Es ist eine höchst erfreuliche Tatsache, daß es eine so einfache Beschreibung für unsere Welt gibt und wir daher keinen Unterschied zwischen beobachteten und unbeobachteten Dingen zu machen brauchen. Das ist alles, was wir behaupten können.
Bisher haben wir von unbeobachteten Häusern gesprochen; aber auch Materieteilchen sind unbeobachtete Objekte. Versuchen wir also, ob wir unsere Ergebnisse auf sie übertragen können.
Gerade so wie im täglichen Leben gibt es beobachtbare und unbeobachtbare Dinge im Reich der Atome. Was wir beobachten können, sind Zusammenstöße zwischen zwei Teilchen, oder zwischen einem Teilchen und einem Lichtstrahl; der Physiker hat besondere Instrumente erfunden, die jeden einzelnen Zusammenstoß anzeigen. Was man nicht beobachten kann, ist, was in der Zeit zwischen zwei Zusammenstößen oder auf dem Weg von der Strahlungsquelle bis zu einem Zusammenstoß ge-

schieht. Diese Ereignisse sind also in der Quantenwelt unbeobachtbar.

Und warum kann man sie nicht beobachten? Warum können wir nicht ein ganz besonders gutes Mikroskop benutzen und die Teilchen auf ihrer Bahn beobachten? Die Schwierigkeit ist, daß wir ein Teilchen beleuchten müssen, wenn wir es sehen wollen; und das Beleuchten eines Teilchens ist sehr verschieden vom Beleuchten eines Hauses. Wenn ein Lichtstrahl auf ein Teilchen fällt, dann stößt ei es aus seiner Bahn; was wir beobachten, ist also ein Zusammenstoß, und nicht ein Teilchen, das sich ungestört auf seiner Bahn bewegt. Stellen wir uns einmal vor, daß wir in einer dunklen Halle eine Kegelkugel auf ihrer Bahn beobachten wollen. Wir machen Licht, und im Augenblick, wo der Lichtstrahl auf die Kugel trifft, stößt er sie aus seiner Bahn. Wo war die Kugel, ehe wir Licht gemacht haben? Das können wir nicht beantworten. Glücklicherweise trifft unser Beispiel nicht auf Kegelkugeln zu, denn diese sind so groß, daß ein Zusammenstoß mit einem Lichtstrahl sie nicht merkbar stört. Anders ist es aber mit Elektronen und ähnlichen Materieteilchen. Wenn wir sie beobachten, müssen wir sie stören, und darum können wir nicht wissen, was sie vor der Beobachtung gemacht haben.

Es gibt sogar eine Störung durch die Beobachtung in der makroskopischen Welt. Wenn ein Polizeiauto durch den Verkehr fährt, dann sehen seine Insassen, daß alle anderen Wagen langsam und innerhalb der vorgeschriebenen Geschwindigkeitsgrenze fahren. Wenn sich die Polizisten nicht manchmal Zivilanzüge anziehen und Privatwagen benutzen würden, dann müßten sie schließen, daß zu allen Zeiten alle Wagen mit vernünftiger Geschwindigkeit fahren. Aber wenn wir mit Elektronen zu tun haben, können wir uns leider keine Zivilkleidung anziehen, so daß wir ihren Verkehr immer stören, wenn wir sie beobachten.

Darauf wird man einwenden: wir können zwar nicht

beobachten, wie sich ein ungestörtes Teilchen bewegt; aber können wir nicht mit Hilfe von wissenschaftlichen Schlüssen herausfinden, wie sie sich verhalten, wenn wir nicht hinsehen? Mit dieser Frage kommen wir auf unsere vorangegangene Analyse der unbeobachteten Dinge zurück. Wir haben gesehen, daß wir auf verschiedene Weise über sie sprechen können; daß es eine Klasse gleichwertiger Beschreibungen gibt, und daß wir für die Beschreibung ein Normalsystem vorziehen, d. h. ein System, in welchem sich die unbeobachteten Dinge nicht von den beobachteten unterscheiden. Unsere Betrachtungen über Beobachtungen von Teilchen haben uns aber gezeigt, daß wir hier kein Normalsystem haben. Der Beobachter von Elektronen ist ein Protagoras; was er sieht, bringt er selber hervor, denn Elektronen sehen heißt, Zusammenstöße mit Lichtstrahlen verursachen.
Wenn man von Teilchen spricht, dann meint man, daß sie zu jedem Zeitpunkt an einem bestimmten Ort sind und eine bestimmte Geschwindigkeit haben. Ein Tennisball ist zum Beispiel in jedem Augenblick an einem ganz bestimmten Punkt seiner Bahn und hat in diesem Augenblick eine ganz bestimmte Geschwindigkeit. Mit geeigneten Instrumenten kann man in jedem Augenblick sowohl Ort als auch Geschwindigkeit messen. Wie Heisenberg gezeigt hat, macht die Störung durch den Beobachter es aber unmöglich, für kleine Teilchen beide Werte gleichzeitig zu messen. Entweder kann man den Ort oder die Geschwindigkeit messen, aber nicht beide. Das ist das Ergebnis von Heisenbergs Ungenauigkeitsrelation. Man möchte nun die Frage aufwerfen, ob es nicht andere Methoden gibt, die ungemessenen Werte zu bestimmen, indem man den ungemessenen Wert indirekt mit den beobachteten Werten in Zusammenhang bringt. Das wäre möglich, wenn wir annehmen dürfen, daß die unbeobachteten Werte denselben Gesetzen unterliegen wie die beobachteten.
Die Untersuchungen in der Quantenmechanik haben je-

doch darauf eine negative Antwort gegeben; die unbeobachteten Dinge folgen nicht denselben Gesetzen wie die beobachteten, und zwar besteht der Unterschied in ihrem Verhalten zur Kausalität. Die Beziehungen, die die unbeobachteten Objekte beherrschen, verletzen die Voraussetzungen der Kausalität; sie führen zu *kausalen Anomalien.*
Man wird auf dieses Resultat geführt, wenn man Interferenzexperimente anstellt, in denen ein Elektronen- oder Lichtstrahl durch einen engen Schlitz hindurchgeht und auf einem Schirm ein Interferenzmuster, das aus hellen und dunklen Streifen besteht, hervorbringt. Solche Experimente werden immer auf Grund des Wellencharakters des Lichts erklärt, nämlich als eine Überlagerung von Wellenbergen und -tälern. Bei einer Strahlung von sehr niedriger Intensität ist zwar das Muster dasselbe, das wir bei einer Strahlung von längerer Dauer bekommen; doch wissen wir, daß es das Ergebnis vieler kleiner Lichtblitze auf dem Schirm ist; die Streifen sind dann sozusagen das Resultat von Maschinengewehrfeuer. Die einzelnen Lichtblitze kann man nicht als Wellen interpretieren. Solange die Welle den Schirm noch nicht erreicht hat, bedeckt sie eine ausgedehnte Oberfläche; dann ruft sie auf einem ganz bestimmten Punkt auf dem Schirm einen Lichtblitz hervor und verschwindet an allen anderen Punkten. Sie wird sozusagen von dem Lichtblitz verschluckt, und dieses Ereignis ist mit den gewöhnlichen Kausalgesetzen unvereinbar. Hier führt die Welleninterpretation zu unvernünftigen Folgen, nämlich zu kausalen Anomalien. Wenn wir im Gegensatz dazu annehmen, daß die Strahlung aus Teilchen besteht, können wir die Lichtblitze auf dem Schirm leicht erklären. Schwierigkeiten erheben sich aber wieder, wenn man zwei Schlitze benutzt. Jedes Teilchen muß dann entweder durch den einen oder den anderen Schlitz hindurchgehen, und das Interferenzmuster entsteht sozusagen als Wirkung eines doppelten Maschinengewehrfeuers. Merk-

würdigerweise stellt sich aber heraus, daß die beiden Maschinengewehre nicht voneinander unabhängig sind, denn das Muster, das sich ergibt, wenn beide Schlitze gleichzeitig geöffnet sind, ist verschieden von der Überlagerung der Muster, die man bekommt, wenn abwechselnd einer der beiden Schlitze geschlossen ist. Das heißt, daß der Weg, den das Teilchen sich jenseits des Schlitzes sucht, von der Existenz des anderen Schlitzes beeinflußt wird; das Teilchen weiß, sozusagen, ob der andere Schlitz offen ist. Hier ergibt sich für die Teilcheninterpretation eine kausale Anomalie, das heißt, eine Verletzung der gewöhnlichen Kausalgesetze. Ähnliche Verletzungen ergeben sich für alle anderen experimentellen Anordnungen und möglichen Interpretationen. Dieses Resultat läßt sich in einem *Prinzip der Anomalie* formulieren, das man aus den Grundlagen der Quantenmechanik ableiten kann.
Man muß die Verletzung des Kausalitätsprinzips in der Form von kausalen Anomalien von der Erweiterung der Kausalgesetze zu Wahrscheinlichkeitsgesetzen unterscheiden. Die Tatsache, daß atomare Ereignisse Wahrscheinlichkeitsgesetzen, und nicht Kausalgesetzen folgen, erscheint relativ harmlos, verglichen mit den genannten kausalen Anomalien. Diese Anomalien beziehen sich auf das Prinzip der Nahwirkung, welches eine grundlegende Eigenschaft der Kausalübertragung ausspricht: die Ursache breitet sich ohne Unterbrechung im Raum aus, bis sie den Punkt erreicht, an welchem sie eine bestimmte Wirkung hervorbringt. Wenn sich eine Lokomotive in Bewegung setzt, dann folgen ihr die einzelnen Eisenbahnwagen nicht sofort, sondern allmählich; die Zugkraft der Lokomotive überträgt sich nacheinander auf jeden Wagen, bis sie schließlich den letzten erreicht. Wenn man einen Scheinwerfer anzündet, dann beleuchtet er nicht sofort die Dinge, auf die er eingestellt ist, denn das Licht muß sich erst durch den Raum ausbreiten; und wenn es nicht eine so hohe Geschwindig-

keit hätte, dann würden wir merken, wie lange es dauert, bis das Licht sich ausbreitet. Die Ursache teilt ihre Wirkung den Dingen nicht unmittelbar mit, sondern breitet sich von Punkt zu Punkt aus, bis sie das Objekt berührt — diese einfache Tatsache ist eine der auffälligsten Eigenschaften aller bisher bekannten Kausalübertragungen; und der Physiker ist kaum geneigt, den Glauben aufzugeben, daß es sich hier um eine grundlegende Eigenschaft der Kausalbeziehung handelt. Der Übergang zu Wahrscheinlichkeitsgesetzen, für sich allein betrachtet, bedeutet noch nicht, daß diese Eigenschaft aufgegeben werden muß. Wahrscheinlichkeitsgesetze können so formuliert werden, daß sich die Wahrscheinlichkeit von Punkt zu Punkt überträgt, so daß eine Wahrscheinlichkeitskette entsteht, die der kausalen Nahwirkung analog ist. Die Tatsache, daß die Untersuchungen über unbeobachtete Größen der Quantenmechanik uns dazu zwingen, das Prinzip der Nahwirkung aufzugeben, ist ein viel schwererer Schlag für das Prinzip der Kausalität, als der Übergang zu Wahrscheinlichkeitsgesetzen. Dieses Versagen der Kausalität macht es uns unmöglich, von den unbeobachteten Dingen des Mikrokosmos im gleichen Sinne zu sprechen wie von denen des Makrokosmos.

Hiermit kommen wir zu einem scharf ausgeprägten Unterschied zwischen dem Reich der großen und dem Reich der kleinen Dinge. Beide Welten werden von uns auf der Grundlage der beobachtbaren Dinge dadurch konstruiert, daß wir unbeobachtbare Dinge hinzufügen. In der Welt der großen Dinge bereitet die Ergänzung der beobachtbaren Erscheinungen keine Schwierigkeiten, denn die unbeobachtbaren Dinge folgen dem Beispiel der beobachtbaren. In der Welt der kleinen Dinge können aber die beobachtbaren Erscheinungen nicht in vernünftiger Weise durch unbeobachtete ergänzt werden. Die unbeobachtbaren Größen, gleichgültig, ob man sie als Teilchen oder als Wellen interpretiert, benehmen sich unvernünftig und verletzen die bisherigen Kausalgesetze. Für die Deutung der unbeobachtbaren Dinge der Quantenmechanik gibt es kein Normalsystem, und wir können daher hier nicht im gleichen Sinne von unbeobachtbaren Dingen sprechen wie in unserer täglichen Welt. Wir können die elementaren Bestandteile der Materie als Wellen oder als Korpuskeln auffassen; beide Interpretationen passen auf unsere Beobachtungen ebenso gut und ebenso schlecht.

Das ist also das Ende der Geschichte. Die Streitfrage zwischen der Wellen- und der Teilcheninterpretation hat sich in eine Dualität von Interpretationen verwandelt. Ob die Elementarbestandteile der Materie Wellen oder Teilchen sind, ist eine Frage, die sich auf unbeobachtbare Größen bezieht; und die unbeobachtbaren Dinge im Bereiche der Atome können nicht wie diejenigen im Reich der großen Dinge eindeutig mit Hilfe eines Normalsystems beschrieben werden – denn es gibt kein solches System.

Wir sollten uns glücklich schätzen, daß diese Unbestimmtheit auf kleine Dinge beschränkt ist; für große Dinge fällt sie fort, denn Heisenbergs Unbestimmtheit tritt hier wegen der Kleinheit des Planckschen Quantums nicht zutage. Sogar für Atome als Ganzes kann die Unbestimmtheit vernachlässigt werden, weil diese schon ziemlich groß sind; wir können sie wie Teilchen behandeln und Wellenbegriffe vergessen. Nur die innere Struktur des Atoms, wo leichtere Teilchen wie die Elektronen eine wichtige Rolle spielen, verlangt nach der quantenmechanischen Dualität der Interpretationen.

Um zu verstehen, was diese Dualität bedeutet, wollen wir uns eine Welt vorstellen, in der es eine derartige Dualität für große Objekte gibt. Nehmen wir einmal an, daß Maschinengewehrfeuer durch die Fenster eines Zimmers hereinkommt; später finden wir die Kugeln in der Wand, so daß gar kein Zweifel möglich ist, daß das Feuer aus Kugeln besteht. Wir wollen weiter annehmen,

daß die Geschosse denselben Gesetzen folgen wie Wellen, die durch einen Schlitz hindurchgehen; das Feuer verursacht nämlich in der Verteilung der Geschosse in der Wand ein Streifenmuster, das wie ein Interferenzmuster aussieht. Wenn wir nun ein anderes Fenster aufmachen, dann wird die Anzahl der Geschosse, die an einem bestimmten Punkt in der Wand steckenbleiben, kleiner statt größer, da die Wellen hier miteinander interferieren. Wenn es unmöglich wäre, eine Kugel unmittelbar auf ihrer Bahn zu beobachten, könnten wir die Geschosse entweder als Wellen oder als Teilchen interpretieren; beide Interpretationen wären wahr, obwohl jede von ihnen anormale Folgen nach sich ziehen würde.
In einer solchen Welt würden die Widersprüche aber immer nur in den Konsequenzen stecken, nie in dem, was beobachtet wird. Die einzelnen Beobachtungen unterschieden sich gar nicht von dem, was wir in unserer Welt sehen; doch ihre Gesamtheit würde den Grundforderungen der Kausalität widersprechen. Es ist höchst erfreulich, daß unsere Welt der Steine und Bäume, der Häuser und Maschinengewehre nicht von diesem Typus ist. Es wäre gar nicht so angenehm, in einer Umgebung zu leben, in welcher die Dinge uns hinter unserem Rücken Streiche spielen, während sie sich vernünftig benehmen, solange wir hinsehen. Wir dürfen aber nicht den Schluß ziehen, daß die Welt im Kleinen dieselbe einfache Struktur hat wie die Welt im Großen. Die atomaren Dimensionen sind einer eindeutigen Bestimmung der unbeobachtbaren Dinge nicht zugänglich. Wir müssen lernen, daß diese unbeobachtbaren Größen in verschiedenen Sprachen beschrieben werden können, und daß man nicht fragen darf, welches die richtige Sprache ist.
Diese Eigentümlichkeit der quantenmechanischen Ereignisse möchte ich als den tieferen Sinn von Bohrs Komplementaritätsprinzip ansehen. Wenn er die Wellen- und die Teilchenbeschreibung komplementär nennt, dann heißt das, in Fällen, wo die eine Interpretation zweck-

mäßig ist, ist es die andere nicht, und umgekehrt. Um ein Interferenzmuster auf einem Schirm zu erklären, benutzen wir dann also die Welleninterpretation; wenn wir aber Beobachtungen mit Hilfe von Geigerzählern machen, die einzelne lokalisierte Lichtblitze anzeigen, benutzen wir die Teilcheninterpretation. Man muß sich darüber klar sein, daß das Wort „Komplementarität" die logischen Schwierigkeiten der quantenmechanischen Sprache weder erklärt noch aus der Welt schafft; es gibt ihnen nur einen Namen. Es ist eine fundamentale Tatsache, daß es kein Normalsystem für die Interpretation unbeobachtbarer Größen in der Quantenmechanik gibt und daß wir verschiedene Sprachen benutzen müssen, wenn wir bei den verschiedenen Vorgängen kausale Anomalien vermeiden wollen. Das ist der empirische Inhalt des Komplementaritätsprinzips. Und ich möchte betonen, daß sich in unserem wirklichen Makrokosmos keine Analogie zu dieser logischen Situation findet. Daher glaube ich nicht, daß es zur Erhellung des quantenmechanischen Problems beiträgt, wenn man Liebe und Gerechtigkeit, Freiheit und Determinismus usw. als „Komplementaritäten" bezeichnet. Ich würde vorziehen, hier von *Polaritäten* zu sprechen und mit dieser Terminologieänderung andeuten, daß diese makrokosmischen Beziehungen wesentlich verschieden sind von der Komplementarität der Quantenmechanik. Sie haben nichts mit der Erweiterung unserer Sprache von beobachtbaren zu unbeobachtbaren Dingen zu tun, und darum handelt es sich bei ihnen gar nicht um das Problem der physikalischen Wirklichkeit.

Es gibt noch eine dritte Interpretation, die von einer neuartigen Form von Logik Gebrauch macht. An Stelle einer Dualität oder Komplementarität von Sprachen ist eine umfassendere Sprache konstruiert worden, die in ihrer logischen Struktur allgemein genug ist, die Besonderheiten des quantenmechanischen Mikrokosmos zu erfassen. Unsere gewöhnliche Sprache gründet sich auf eine

zweiwertige Logik, nämlich auf eine Logik mit den beiden Wahrheitswerten „Wahrheit" und „Falschheit". Man kann eine dreiwertige Logik konstruieren, die einen mittleren Wahrheitswert hat, den wir „Unbestimmtheit" nennen können; in dieser Logik sind Aussagen entweder wahr oder falsch oder unbestimmt. Mit Hilfe einer solchen Logik kann die Quantenmechanik in einer neutralen Sprache beschrieben werden, die nicht mehr von Wellen oder Korpuskeln spricht, sondern von Zusammenstößen oder Koinzidenzen, und die es offen läßt, was auf dem Weg zwischen zwei Zusammenstößen passiert. Diese Logik scheint die endgültige Form der Quantenmechanik darzustellen — endgültig, menschlich gesprochen.
Es war ein langer Weg von den Atomen des Demokrit bis zur Dualität von Wellen und Korpuskeln. Es hat sich herausgestellt, daß die Substanz der Welt — im physikalischen Sinne und nicht in der übertragenden Bedeutung, in welcher ein oben erwähnter Philosoph sie mit der Vernunft identifiziert — einen recht fragwürdigen Charakter hat, wenn man sie mit den festen Teilchen vergleicht, an die sowohl Philosophen als auch Wissenschaftler länger als zweitausend Jahre geglaubt haben. Wir wissen jetzt, daß die Auffassung einer körperlichen Substanz, die der konkreten Substanz der Körper unseres täglichen Lebens vergleichbar ist, eine Extrapolation, eine Ausdehnung unserer Sinneserfahrungen auf den Mikrokosmos ist. Was dem philosophischen Rationalismus als eine Forderung der Vernunft erschien — Kant nannte den Begriff der Substanz synthetisch a priori — muß als das Erzeugnis einer Gewöhnung angesehen werden, der wir unter dem Einfluß unserer Umwelt unterliegen. Die Erfahrungen, welche atomare Erscheinungen liefern, nötigen uns dagegen, den Gedanken an eine körperliche Substanz aufzugeben, und verlangen nach einer ganz neuen Art von Beschreibung der physikalischen Wirklichkeit. Mit der körperlichen Substanz

geht der zweiwertige Charakter unserer Sprache verloren, so daß sich sogar die Grundlage der Logik als ein Produkt der Anpassung an die einfache Umgebung, in die wir Menschen hineingeboren werden, herausstellt. Die spekulative Philosophie hat nie soviel Macht der Phantasie aufgebracht, wie sie sich in der Schöpferkraft zeigt, welche die wissenschaftliche Philosophie in Anlehnung an wissenschaftliche Experimente und mathematische Forschung entfaltet hat. Der Weg der Wahrheit ist mit den Irrtümern einer Philosophie gepflastert, die zu eng gefaßt war, um die Verschiedenartigkeit möglicher Erfahrungen vorauszusehen.

EVOLUTION

Wer in naturwissenschaftlichen Dingen nicht weiter geschult ist, der möchte glauben, daß ein fundamentaler Unterschied zwischen den Lebewesen und der anorganischen Natur besteht. Fast alle Arten im Tierreich haben die Fähigkeit, sich selbständig zu bewegen, und ihr Verhalten erweckt den Anschein, daß es planmäßig darauf gerichtet ist, dem Organismus förderlich zu sein. Das stimmt nicht nur für den Menschen, sondern auch bei gewissen Tiergattungen scheint ein zweckbedingtes Handeln vorzuliegen, welches eine weitreichende Vorausahnung zukünftiger Bedürfnisse andeutet; Vögel bauen ihre Nester, um Schutz vor der Nacht und einen Ort zum Brüten zu haben; der Hamster gräbt sich seine Behausung in der Erde und füllt sie mit Vorräten für den Winter, und die Biene sammelt ihren Honigvorrat. Und ein großer Teil geplanten Handelns hat mit der Fortpflanzung zu tun, diesem erstaunlichen Mechanismus, der die Gattung am Leben erhält, obgleich das einzelne Individuum stirbt.

Die Pflanzen zeigen kein Verhalten, das wir geplant nennen würden; aber sie benehmen sich doch so, daß ihre Reaktionen dem Ziel dienen, das Individuum zu ernähren und die Art zu erhalten. Sie schlagen Wurzeln im Boden, um Wasser aufzunehmen, sie wenden ihre grünen Blätter der Sonne zu, deren Strahlen sie als Quelle ihrer Lebensenergie brauchen, und ihr Fortpflanzungsmechanismus garantiert eine zahlreiche Nachkommenschaft.

Der lebende Organismus ist ein System, das dem Zweck der Selbsterhaltung und der Erhaltung der Art dient; das stimmt nicht nur für die sichtbaren Lebensäußerungen, die wir das „Verhalten" nennen, sondern auch für den chemischen Mechanismus des Körpers, welcher die

Grundlage alles Verhaltens ist. Der chemische Prozeß der Verdauung und Verbrennung der Nahrung ist so eingerichtet, daß er dem Organismus die notwendigen Kalorien für seine Tätigkeit liefert, und die Pflanzen haben sogar einen Prozeß entwickelt, der sie in die Lage versetzt, die Strahlungsenergie der Sonne mit Hilfe von Chlorophyllteilchen unmittelbar zu ihrem Nutzen auszuwerten.

Wenn man das Verhalten der Lebewesen mit den blinden Eigenschaften der anorganischen Welt, dem Fallen der Steine, dem Fließen des Wassers, dem Wehen des Windes, vergleicht, dann scheint es einem Plan zu folgen und auf ein ganz bestimmtes Ziel gerichtet zu sein. Die Gesetze von Ursache und Wirkung beherrschen die anorganische Welt; die Vergangenheit bestimmt die Zukunft auf dem Weg über die Gegenwart. Für die Lebewesen scheint sich diese Beziehung umzukehren; was jetzt geschieht, ist so eingerichtet, daß es einem zukünftigen Zweck dient, und die Ereignisse der Gegenwart scheinen von der Zukunft, nicht von der Vergangenheit bestimmt zu sein.

Eine solche Bestimmung durch die Zukunft heißt *Teleologie*. In seinem Begriff der Zweckursache hat Aristoteles der Teleologie oder Finalität eine logische Stellung angewiesen, die der Bedeutung der Kausalität für die Beschreibung der physikalischen Welt vergleichbar ist. Seit der Zeit von Aristoteles hat sich der Wissenschaftler mit dem Doppelcharakter der Welt auseinandersetzen müssen: während die anorganische Natur von Kausalgesetzen beherrscht zu sein schien, sah es so aus, als ob die organische Natur Gesetzen von Mittel und Zweck folgte. Der Finalität wird auf diese Weise die Funktion einer logischen Parallele zur Kausalität zugeschrieben; beide scheinen gleich wesentlich zu sein, und der Physiker, der die Natur nur mit Hilfe der Begriffe von Ursache und Wirkung zu erfassen sucht, wird als Opfer eines Irrtums angesehen, den man einen Trugschluß infolge beruflicher

Voreingenommenheit nennen kann und der daher rührt, daß einseitige Beschäftigung den Menschen für Forschungsresultate blind macht, die außerhalb seines engen Berufsfeldes liegen.

Obwohl die Behauptung eines Parallelismus zwischen Kausalität und Finalität wie der Schiedsspruch eines neutralen Beobachters klingt, würden wir doch zögern, den Spruch anzuerkennen; und wir können das Gefühl nicht unterdrücken, daß an dieser These grundsätzlich etwas falsch ist. Die Physik ist keine Parallele zur Biologie, sondern eine umfassendere und in den Grundlagen tiefergehende Wissenschaft. Ihre Gesetze machen nicht halt vor den Lebewesen, sondern beziehen sich sowohl auf organische als auch auf anorganische Körper, während die Biologie darauf beschränkt ist, die speziellen Gesetze zu untersuchen, welche für die Lebewesen noch hinzutreten. Es gibt in der Biologie keine Ausnahme von den physikalischen Gesetzen. Lebende Körper fallen ebenso wie Steine, wenn sie nicht festgehalten oder unterstützt sind; sie können keine Energie aus dem Nichts produzieren, sie bestätigen die Gesetze der Chemie in ihren Verdauungsprozessen — es gibt kein physikalisches Gesetz, das mit der Einschränkung gilt „unter der Voraussetzung, daß der Prozeß nicht in einem lebenden Wesen stattfindet".

Umgekehrt braucht es einen nicht zu überraschen, daß die Lebewesen Eigenschaften aufweisen, die nach der Formulierung spezieller Gesetze verlangen, welche den physikalischen Gesetzen noch hinzugefügt werden müssen. Es ist bekannt, daß warme Körper Eigenschaften haben, die nicht in der Mechanik behandelt werden, und daß ein Draht, durch den man einen elektrischen Strom schickt, Eigenschaften zeigt, die weder mit Hilfe der Mechanik noch der Thermodynamik erklärbar sind. Logisch liegt keine Schwierigkeit darin, Körpern, die eine verwickelte Struktur haben, Eigenschaften zuzuschreiben, welche einfacher organisierte Körper nicht aufweisen. Dagegen möchte es uns als eine unzulässige Annahme erscheinen, zu glauben, daß die Lebewesen Eigenschaften haben können, die mit denen der anorganischen Natur im Widerspruch stehen.

In der Tat widerspricht die Teleologie der Kausalität. Wenn die Vergangenheit die Zukunft bestimmt, dann bestimmt die Zukunft nicht die Vergangenheit, wenigstens nicht in dem Sinn, in welchem das Wort „bestimmt" hier gebraucht ist. Es gibt eine statische Bedeutung dieses Wortes, in der die Bestimmung symmetrisch ist; so bestimmt zum Beispiel die Zahl x ihr Quadrat x^2, und das Quadrat x^2 bestimmt seine positive Wurzel x. Die Kausalität ist aber eine Bestimmung in genetischer Bedeutung, d. h. im Sinne eines Hervorbringens. Der Wind bestimmt die Richtung, in der ein Baum sich biegt, aber nicht umgekehrt. Wir können zwar aus der Biegung der Zweige schließen, aus welcher Richtung der Wind am häufigsten kommt; aber wenn wir sagen, daß in diesem Sinne die Form des Baumes die Richtung des Windes bestimmt, dann gebrauchen wir das Wort „Bestimmung" im statischen Sinn eines bloßen Zusammenhangs. Die Krümmung des Baumes ist ein Zeichen für den Wind, aber sie verursacht ihn nicht, während der Wind die gekrümmte Form des Baumes verursacht. Das Wort „verursachen" kann man logisch analysieren; ich habe schon weiter oben (Kapitel 10) darauf hingewiesen, daß die einseitige Richtung in der Kausalität einer logischen Formulierung zugänglich ist. Wenn unsere Auffassung vom Strom der Zeit überhaupt einen Sinn haben soll, dann widerspricht die Kausalität der Teleologie; Bestimmung im genetischen Sinn kann nur in einer Richtung stattfinden. Eine Interpretation, für welche das Leben von physikalischen Prozessen wesentlich verschieden ist und von Zwecken statt von Ursachen getrieben wird, ist unvereinbar mit einer Zeitrichtung. Der Biologe, der sich mit seiner Behauptung einer angeblichen Dualität an den gesunden Menschenverstand wendet, sollte sich darüber klar sein, daß er ihm auf einem anderen Gebiet widerspricht; in seiner Biologie hat der Begriff des Werdens keinen Platz.

Wenn man noch weiter darüber nachdenkt, dann kommt man schließlich zu dem Ergebnis, daß der Gedanke der Teleologie sich nicht verteidigen läßt. Wenn eine zweckbestimmte Handlung vorliegt, dann ist sie nie von dem zukünftigen Geschehen bestimmt, sondern nur von der Vorstellung eines zukünftigen Ereignisses im Geiste eines lebenden Organismus. Wir pflanzen einen Samen, damit später ein Baum daraus wächst; unsere Handlung wird nicht von dem zukünftigen Baum bestimmt, sondern von unserer gegenwärtigen Vorstellung des zukünftigen Baumes, in der wir seine zukünftige Existenz vorwegnehmen. Daß das die richtige logische Interpretation ist, sieht man daran, daß der Keim vertrocknen kann, so daß kein zukünftiger Baum daraus entsteht; das vorgestellte zukünftige Ereignis findet also niemals statt, während die gegenwärtige Handlung, nämlich das Einpflanzen des Samens, unverändert bleibt. Aber was sich überhaupt nicht ereignet, kann unmöglich das bestimmen, was jetzt geschieht. Bestimmung im genetischen Sinn geht von der Vergangenheit in die Zukunft, und nicht umgekehrt. Es ist ein Mißverständnis, zweckbestimmte Handlungen, wie es sie beim Menschen gibt, im Sinne einer Bestimmung der Vergangenheit durch die Zukunft zu deuten. Weder der gesunde Menschenverstand noch die Wissenschaft erlauben eine genetische Bestimmung, die der Kausalität widerspricht. Der Parallelismus von Teleologie und Kausalität ist das Produkt eines logischen Mißverständnisses.

Was bleibt nun von der Teleologie übrig? Wenn Zweck mit Kausalität vereinbar sein soll, dann kann die Bestimmung der Gegenwart nicht das Produkt der Zukunft sein, sondern muß als eine Bestimmung auf Grund eines Planes aufgefaßt werden. Ein Plan kann aber nur in einem Organismus entstehen, der die Fähigkeit zum

Denken hat. Zweckähnliche Handlungsweisen kommen allerdings in großem Ausmaße außerhalb der Klasse Homo sapiens vor. Trotzdem würden wir nicht sagen, daß der Hamster einen Plan ausführt, wenn er seine Vorräte sammelt, oder daß die Pflanze den Plan hat, ihre Art fortzupflanzen, wenn sie ihre Samen auf den Boden streut. Um Anthropomorphismen zu vermeiden, muß man sich bei der Formulierung sehr in acht nehmen: das Verhalten der Lebewesen sieht aus wie ein Verhalten, das Organismen zeigen würden, wenn sie zweckbestimmt handelten. Wenn man aus dieser Tatsache jedoch die Existenz eines Planes folgert, der in geheimnisvoller Weise das Verhalten der Lebewesen beherrschen soll, dann interpretiert man die ganze organische Welt mit Hilfe einer Analogie zu menschlichem Verhalten, und das heißt, daß man an Stelle einer Erklärung eine Analogie verwendet. Teleologie ist Analogismus oder Pseudo-Erklärung und gehört in die spekulative, aber nicht in die wissenschaftliche Philosophie.
Was ist nun die richtige Erklärung? Es bleibt eine Tatsache, daß die Handlungsweisen der Lebewesen so aussehen, als ob sie einen Plan verfolgen. Sollen wir das als einen bloßen Zufall auffassen? Das Gewissen des Statistikers sträubt sich gegen eine solche Auffassung: die Wahrscheinlichkeit einer derartigen Koinzidenz wäre so klein, daß wir diese Interpretation von uns weisen müssen. Damit scheint nun das Verlangen nach kausaler Erklärung an einem toten Punkt angekommen zu sein. Wie ist es möglich, daß die Kausalität je so aussehen könnte, als ob sie zweckbedingtes Handeln wäre?
Jemand, der zum erstenmal in seinem Leben Kieselsteine am Strand sieht, könnte sehr wohl auf die Idee kommen, daß sie nach einem bestimmten Plan abgelagert worden sind. Nahe am Meer, teilweise noch vom Wasser bedeckt, liegen die großen Steine, dann kommen etwas weiter oben kleinere Steine, dann folgt grober Sand und darauf immer feinerer Sand, je weiter man vom Wasser weg-

geht. Es sieht wirklich so aus, als ob jemand den Strand
schön aufgeräumt hat, indem er die Steine und den Sand
der Größe nach geordnet hat. Natürlich wissen wir, daß
es ganz unnötig ist, eine solche anthropomorphische
Interpretation anzunehmen; das Wasser trägt die Steine
mit sich und wirft die leichteren höher hinauf. Auf diese
Weise werden sie automatisch der Größe nach angeordnet. Die einzelnen Wellenstöße folgen natürlich dem Zufall, und niemand kann voraussagen, an welcher Stelle ein
Stein schließlich zur Ruhe kommt. Aber es spielt eine
Auswahl mit, denn immer, wenn ein großer und ein
kleiner Stein von derselben Welle getragen werden, dann
landet der kleinere weiter oben auf dem Strand. So
bringt der Zufall in Verbindung mit einer Auswahl eine
Ordnung zustande.
Charles Darwin hat die große Entdeckung gemacht, daß
man die scheinbare Teleologie der Lebewesen auf ähnliche Weise mit Hilfe einer Kombination von Zufall und
Auswahl erklären kann. Wie die meisten großen Ideen,
war auch Darwins Auswahlprinzip schon in viel früherer
Zeit antizipiert worden. Der griechische Philosoph Empedokles hatte eine phantastische Theorie entwickelt, nach
welcher die lebenden Körper sich aus Fragmenten aufbauten; einzelne Glieder, Köpfe, Rümpfe wandelten umher und vereinigten sich durch Zufall zu merkwürdigen
Gebilden, von denen nur die tauglichsten am Leben blieben. Wenn aber eine gute Idee innerhalb eines unzureichenden theoretischen Rahmens ausgesprochen wird,
dann verliert sie ihre Erklärungskraft und wird vergessen, bis sie wiederentdeckt und in eine widerspruchslose Theorie eingebettet wird. Darwins Prinzip der natürlichen Auswahl und des Überlebens der tauglichsten ist
mit Hilfe wissenschaftlicher Forschung entwickelt worden
und wurde von ihm in den Rahmen einer ausführlichen
Evolutionstheorie eingeordnet. Darum hat der Name
„Darwinismus" heute die Bedeutung einer Evolution angenommen, die sich auf eine natürliche Auswahl gründet.

Und das Ausmaß seiner wissenschaftlichen Arbeiten rechtfertigt es, daß man Darwin den Vorzug vor seinem jüngeren Zeitgenossen A. R. Wallace gibt, der die Idee der natürlichen Auswahl unabhängig von Darwin aussprach, dessen wissenschaftliche Arbeiten sich aber nicht mit Darwins umfassenden und systematischen Leistungen vergleichen lassen.

Wenn man die lebenden Arten nach dem Grad ihrer Verschiedenheit anordnet, derart, daß nebeneinander stehende Arten sehr ähnlich sind, während die Ähnlichkeit mit der Entfernung abnimmt, kommt man zu einer *systematischen Ordnung*, d. h. zu einer Reihenordnung, in der die Ähnlichkeitsbeziehungen jeder Tierart ihren Platz auf der Skala anweisen. Am oberen Ende dieser Reihe steht der Mensch; danach kommen die Affen, dann die anderen Säugetiere, und über die Vögel, die Reptilien und Fische geht die Linie weiter zu den verschiedensten Formen von Meerestieren, bis sie am unteren Ende die einzelligen Lebewesen, die Amöben, erreicht. Darwin zog den Schluß, daß die *systematische Ordnung* der gleichzeitig existierenden Arten die *historische Ordnung* ihrer Entwicklung darstellt, daß nämlich das Leben mit der einzelligen Amöbe begonnen hat und im Laufe von Millionen von Jahren zu immer höheren Arten fortgeschritten ist.

Diese Schlußfolgerung ist gute induktive Logik, und jeder würde sie in einfacheren Fällen anwenden. Stellen wir uns einmal vor, was für Sorten von Menschen eine Eintagsfliege an einem einzigen Tage beobachten würde: sie würde Säuglinge sehen, Kinder, Halbwüchsige, Erwachsene und alte Leute, aber sie würde kein Wachstum oder sonstige Veränderung bei dem einzelnen Menschen wahrnehmen. Wenn sich unter diesen Eintagsfliegen nun ein Darwin befände, dann könnte eine solche geniale Fliege sehr wohl den Schluß ziehen, daß die gleichzeitig existierenden Stadien menschlicher Wesen, die sie beobachtet, eine historische Folge darstellt. Was die Zeitver-

hältnisse anbetrifft, ist die Eintagsfliege in einer viel besserer Lage als wir: verglichen mit der Zeitspanne der Evolution ist die Zeitspanne eines Menschenlebens viel kürzer als das Eintagsleben der Fliege im Vergleich zu der längsten Lebenszeit eines Menschen. Darum ist es nicht verwunderlich, wenn wir evolutionäre Veränderungen nicht tatsächlich beobachten können, denn sogar die sechstausend Jahre überlieferter Menschheitsgeschichte ist dafür noch ein ungeheuer kurzer Zeitraum. So werden wir immer auf einen Schluß von der systematischen Ordnung auf die historische Ordnung angewiesen sein, nämlich auf einen kreuzweisen Schluß von der Ordnung des Gleichzeitigen auf die Ordnung der zeitlichen Folge.
Wir haben natürlich noch mehr Beweise zugunsten dieses Schlusses. Zum Beispiel hilft uns die Geologie: die verschiedenen geologischen Schichten enthalten alle möglichen Arten von Fossilien, die jedoch so angeordnet sind, daß die komplizierteren Formen sich in den oberen Schichten befinden. Da man sicherlich die räumliche Ordnung der Schichten mit der zeitlichen Ordnung ihrer Ablagerung identifizieren darf, führt also die Geologie Buch über die Zustände des Tierreichs zu jedweder Zeit. Außerdem haben Ausgrabungen eine ganze Menge Überbleibsel von biologischen Arten zutage gefördert, die es in der systematischen Ordnung der augenblicklich lebenden Arten nicht gibt, so daß auf diese Weise die Reihe vervollständigt worden ist. Insbesondere ist das fehlende Glied zwischen dem Menschen und dem Affen in bestimmten Schädelfunden entdeckt worden, welche die hervortretenden Augenknochen der Affen mit einer Schädelhöhle vereinen, die größer ist als die der Affen, aber kleiner als die des Menschen; das Gehirn hatte also eine mittlere Größe, und die fliehende Stirn ließ wenig Platz für die Ausbildung des Gehirns an dieser Stelle. Das Gehirn des Affenmenschen ermöglichte infolgedessen gewisse geistige Leistungen; aber die Fähigkeit, von der Erfahrung zu lernen, indem man sich an die Folgen

früheren Verhaltens zur Umwelt erinnerte, war nur sehr beschränkt entwickelt, da das Gedächtnis gerade im Stirnhöhlenteil des Gehirns seinen Sitz hat. Übrigens wird der Affenmensch jetzt als der Vorfahr sowohl des Menschen als auch der jetzt lebenden Affen angesehen, so daß die letzteren eine Seitenlinie darstellen und nicht unsere direkten Vorfahren sind.
Wenn wir alle diese Beweise als schlüssig ansehen, dann müssen wir die Tatsache zugeben, daß eine Evolution von der Amöbe zum Menschen stattgefunden hat. Aber die Frage nach dem *Warum* dieser Evolution bleibt unbeantwortet. Warum hat sich Leben in immer höhere Formen entwickelt? Die Evolution sieht wie ein geplanter Vorgang aus; man ist beinahe versucht zu sagen, daß die Evolution der Teleologie die mächtigste Stütze darbietet, die man sich vorstellen kann.
Hier hat nun Darwin den entscheidenden Schritt getan: er sah, daß die gerichtete Entwicklung der Arten auf kausale Weise erklärt werden kann und daß teleologische Begriffe ganz unnötig sind. Zufallsvariationen in der Fortpflanzung verursachen Unterschiede in den Individuen, welche verschiedene Grade von Tauglichkeit zur Folge haben; im Kampf ums Dasein überleben die Tauglichsten, und da sie ihre höheren Fähigkeiten auf ihre Nachkommenschaft übertragen, ergibt sich eine fortschreitende Veränderung zu immer höheren Formen. Ebenso wie die Ordnung der Steine am Strand beruht die Ordnung der biologischen Arten auf einer auswählenden Ursache; Zufall in Verbindung mit Auswahl bringt Ordnung hervor.
Darwins Auswahltheorie ist viel diskutiert und verbessert worden, in ihren wesentlichen Grundlagen aber bis heute unerschüttert geblieben. Unter dem Einfluß seines Vorgängers Lamarck glaubte Darwin an Vererbung erworbener Eigenschaften; er glaubte, daß die funktionelle Anpassung, die ein Individuum durch Übung erlangt, auf die Nachkommenschaft übertragen wird. Diese Auf-

fassung und die Rolle, welche sie in Darwins Theorie spielt, war lange hindurch eine vielbesprochene Streitfrage. Heute können wir aber zwei ganz bestimmte Aussagen darüber machen: erstens, daß alle experimentellen Resultate gegen eine Vererbung erworbener Eigenschaften sprechen, und zweitens, daß der „Darwinismus" eine solche Annahme nicht braucht. Wenn man Darwins Gedanken einer natürlichen Auswahl mit gewissen experimentellen Entdeckungen späterer Forscher in Verbindung bringt, dann liefert die moderne Biologie eine befriedigende Erklärung für die „gerichtete" erbliche Veränderung und wird auf diese Weise des „Lamarckismus" enthoben.
Diese Erklärung gründet sich auf den experimentellen Nachweis von *Mutationen*, d. h. Veränderungen in der Vererbungssubstanz der Individuen. Solche Mutationen können künstlich mit Hilfe von Röntgenstrahlen oder Wärme hervorgebracht werden; in der Natur sind sie die Wirkung von Zufallsursachen und nicht die Folge einer Anpassung des Individuums an seine Lebensbedingungen. Viele dieser Zufallsmutationen sind unnütz; wenn aber nützliche Mutationen vorkommen, dann statten sie die Individuen mit höheren Lebensfähigkeiten aus. Wenn man einmal die Existenz von erblichen Mutationen als Folge von Zufallsursachen nachgewiesen hat, dann bleibt alles übrige den Wahrscheinlichkeitsgesetzen überlassen, die langsam aber sicher immer höhere Lebensformen hervorbringen.
Dieser Beweis hält aller Kritik stand. Den Einwand, daß die meisten Mutationen so klein sind, daß sie keinen sichtbaren Vorteil besitzen, beantwortet der Wahrscheinlichkeitstheoretiker damit, daß sich dann eben ganz unregelmäßige Veränderungen in allen Richtungen ereignen, bis sie sich durch reinen Zufall in einer Richtung anhäufen und auf diese Weise einen merkbaren Lebensvorteil bieten. Die Kleinheit der Mutationen kann zwar den Prozeß der Evolution verzögern, aber nicht an-

halten. Der Einwand, daß viele Mutationen unnütz sind, wird durch die Tatsache erledigt, *daß es nützliche Mutationen gibt*. Daß durch den Kampf ums Dasein eine Auswahl stattfindet, ist eine unwiderlegliche Tatsache; und Zufall in Verbindung mit Auswahl bringt Ordnung hervor — dieses Prinzip kann niemand bezweifeln. Darwins Theorie der natürlichen Auswahl erlaubt uns, die scheinbare Teleologie in der Entwicklung der Arten auf Kausalität zurückzuführen. Moderne Genetiker haben die Probleme von Mutation und Vererbung in großem Umfang studiert; zwar bleibt der zukünftigen Forschung noch viel überlassen, aber der Gedanke der Teleologie ist ein für allemal durch Darwins Prinzip der natürlichen Auswahl entbehrlich geworden.
Die Evolutionstheorie gründet sich durch und durch auf indirekte Beweise. Wird es wohl einmal möglich werden, einen direkten Nachweis zu erbringen, indem man z. B. einen Menschen künstlich in einem Reagenzglas herstellt?
Es scheint etwas viel verlangt zu sein, in der kurzen Spanne eines Laboratoriumsexperimentes einen Prozeß zu wiederholen, zu dem die Natur Millionen von Jahren gebraucht hat — doch hat die Natur uns kurzfristige Kopien dieses Prozesses in den Wachstumsphasen des menschlichen Embryos geliefert. Sein Wachstum beginnt mit dem Stadium einer einzigen Zelle, die sich im Laufe der Zeit zu einem immer komplizierteren Organismus entwickelt, der, wie Haeckel gezeigt hat, die ganze Geschichte der Evolution in abgekürzter Form wiederholt. Es gibt unter anderem ein Stadium, in welchem der menschliche Embryo Kiemenschlitze hat und äußerlich von einem Fischembryo kaum zu unterscheiden ist. Die Möglichkeit, das befruchtete Ei eines Säugetieres in ein Reagenzglas zu tun und es zu einem vollständigen Lebewesen zu entwickeln, scheint gar nicht so weit hergeholt zu sein. Aber das Experiment würde nicht sehr viel beweisen, da das Ausgangsmaterial, nämlich das be-

fruchtete Ei, ein natürliches Produkt und nicht das Resultat einer chemischen Synthese wäre. Es ist sehr fraglich, ob es jemals möglich sein wird, Ei- und Samenzellen von Säugetieren künstlich herzustellen. Der moderne Biologe wäre glücklich, wenn er eine Amöbe künstlich herstellen könnte.

Ein solches Experiment wäre allerdings sehr beweiskräftig. Der indirekte Beweis, den wir für die Evolution von der Amöbe zum Menschen haben, ist so gut, daß er kaum durch direkte Experimente gestützt zu werden braucht. Die Herstellung einer einzigen lebenden Zelle aus anorganischer Materie ist das wichtigste Problem für den Biologen, der die Evolutionstheorie vervollständigen möchte. Ein erfolgreiches Experiment dieser Art ist vielleicht gar nicht mehr so fern. Die Chromosomenforschung hat gezeigt, daß die Gene, jene kurzen fadenartigen Stücke der Chromosome, welche individuelle Eigenschaften vererben, nicht größer als große Eiweißmoleküle sind. Wahrscheinlich werden die Biologen eines Tages synthetische Eiweißmoleküle vom Gen- und Protoplasmatyp herstellen, sie verbinden und auf diese Weise einen Stoff aufbauen, der die Eigenschaften einer lebenden Zelle besitzt. Wenn dieses Experiment gelänge, dann wäre der Beweis erbracht, daß das Leben seinen Ursprung in der anorganischen Materie hat.

Das Problem des Lebens widerspricht also in keiner Weise einer empiristischen Philosophie – das ist das Ergebnis der Biologie des 19. Jahrhunderts. Das Phänomen des Lebens ist, wie alle anderen natürlichen Vorgänge, einer Erklärung zugänglich, und die Biologie bedarf keiner Prinzipien, welche die physikalischen Gesetze verletzen. Die scheinbare Teleologie der Lebewesen kann auf Kausalität zurückgeführt werden. Leben setzt nicht die Existenz einer immateriellen Substanz voraus, einer *Lebenskraft*, einer *Entelechie*, oder was man sonst für Namen für eine solche übernatürliche Wesenheit vorgeschlagen hat. Die Philosophie des *Vitalismus,* der die

Existenz einer derartigen Lebenssubstanz aufrechterhält, muß historisch als ein Nachkomme des philosophischen Rationalismus angesehen werden. Der Vitalismus entspringt einer Philosophie, welche dem Geist die Macht zuschreibt, das Universum zu beherrschen; und er sucht nach einer Biologie, die den Ursprung des Geistes aus einer Substanz erklärt, welche von den Gesetzen der physikalischen Welt unabhängig ist. Andererseits offenbart sich der Empirismus nicht nur in den Analysen des Philosophen, sondern auch in der Einstellung, mit der der Wissenschaftler an seine experimentellen Forschungen herangeht. In diesem Sinne ist die moderne Biologie empiristisch, auch wenn gewisse Gelehrte immer noch den Versuch machen, ihre wissenschaftliche Arbeit mit einer vitalistischen Philosophie zu vereinen.
Die Evolution des Lebens ist nur das letzte Kapitel in einer viel längeren Geschichte, nämlich der Geschichte der Evolution des Weltalls. Seit jeher hat die Frage nach dem Ursprung der Welt den Geist des Menschen in Bann gehalten, angefangen mit den phantastischen Kosmogonien der Alten. Die moderne Wissenschaft hat mit Hilfe genauer Beobachtungsmethoden und Schlußfolgerungen eine Antwort darauf gegeben, die viel phantastischer ist, als was die Alten sich je erträumt haben. Im folgenden möchte ich einen kurzen Abriß über diese Theorien geben, welche die Schärfe der wissenschaftlichen Methode in einer ihrer größten Leistungen zur Schau stellt.
Zunächst mußte ein logischer Schritt gemacht werden: statt danach zu fragen, wie das Weltall angefangen hat, fragt der Gelehrte, wie das Weltall seinen jetzigen Zustand erreicht hat. Er versucht, die Entwicklung aus früheren Zuständen bis zum gegenwärtigen Zustand darzulegen und damit die Erklärung soweit als möglich zurückzuschieben. Ob dann noch eine Frage übrigbleibt, wird im folgenden diskutiert werden.
Die erste Antwort wird auf Grund der geologischen

Forschung gegeben, welche gezeigt hat, daß die Erdkruste sich als Ergebnis eines immer kälter werdenden Gasballs geformt hat. Das Innere der Erde ist auch jetzt noch in glühendem Zustand; die ursprüngliche Kruste zeigt sich in Granitblöcken, auf denen die Meere Sedimentschichten abgelagert haben, die den größeren Teil der Erdoberfläche unserer Kontinente bilden. Merkwürdigerweise kann man die Zeitdauer des Prozesses der Krustenbildung mit Hilfe einer Art geologischer Uhr feststellen, deren Zifferbatt die Wissenschaft lesen gelernt hat. Die radioaktiven Elemente, wie Uranium, Thorium usw., zerfallen nach ganz bestimmten Verhältnissen in stabilere Bestandteile und werden am Schluß zu Blei. Wenn man feststellt, wieviel radioaktives Material es im Verhältnis zu Blei auf der Erde gibt, dann kann man ausrechnen, wie lange es gedauert hat, bis sich all das Blei aus den radioaktiven Substanzen gebildet hat. Unter der Annahme, daß sich die radioaktiven Elemente während des gasförmigen Zustandes der Erde gebildet haben und daß es damals noch keine Zerfallsprodukte gegeben hat, ist der Geologe in der Lage, das Alter der Erdkruste mit dieser Zeit gleichzusetzen. Danach ist die Erde ungefähr zwei Milliarden Jahre alt (eine Milliarde = tausend Millionen).

Die zweite Antwort bezieht sich auf die Sterne. Ein Fixstern, wie unsere Sonne, macht ganz augenscheinlich eine Entwicklung durch; er gibt eine ungeheure Menge Strahlung ab und muß Energiequellen besitzen, um diesen dauernden Energieverlust auszugleichen. Helmholtz erkannte, daß eine dieser Quellen die Gravitation ist; der Stern zieht sich zusammen, und die Materie, die dem Zentrum zustrebt, setzt ihre Bewegung in Wärme um. Eine ergiebigere Quelle ist die Umwandlung der Elemente, wie sie in den Explosionsprozessen der Atombombe vor sich geht. Bei den hohen Temperaturen im Inneren des Sternes — man schätzt die Temperatur des Sonnenzentrums auf zwanzig Millionen Grad Celsius — gehen

die Prozesse atomaren Zusammenschlusses und Zerfalls dauernd vor sich, und Masse wird in Energie verwandelt. Diese Prozesse sind von Bethe, Gamow und anderen im Zusammenhang mit neuen Entdeckungen über die Bildung von Atomkernen untersucht worden. Der Hauptvorrat von Energie rührt daher, daß sich Helium aus Wasserstoff bildet, wobei ein großes Maß von Energie frei wird, während der Verlust an Masse bei diesem Vorgang verhältnismäßig klein ist. (Diesen Prozeß soll die zukünftige Wasserstoffbombe nachahmen.) Berechnungen, die man für die Sonne angestellt hat, haben gezeigt, daß ihr Wasserstoffvorrat für zwölf Milliarden Jahre ausreicht, von denen zwei Milliarden Jahre schon vergangen sind. Bei diesem Vorgang wird die Sonne langsam immer heißer, bis sie ein Maximum erreicht, nach welchem sie sich sehr schnell abkühlen wird.
Diese Theorie der Sternentwicklung wird mit Hilfe ganz anderer Schlüsse bestätigt, welche denen gleichen, die Darwin für seine Evolutionstheorie benutzt hat. Die Astronomen haben für die am Nachthimmel sichtbaren Sterne eine systematische Ordnung entdeckt, die als die historische Ordnung der verschiedenen Stadien, durch welche ein einzelner Stern hindurchgeht, angesehen werden kann. Wieder sehen wir, wie ergiebig der Schluß von der systematischen Ordnung des gleichzeitig Existierenden auf die Ordnung in zeitlicher Folge ist. Es war aber viel schwieriger, diesen Schluß auf die Sterne als auf biologische Systeme anzuwenden, weil die systematische Ordnung der Sterne nicht so leicht erkennbar ist. Die Grundlage dieser Untersuchungen bildet ein statistisches Diagramm, das von den Astronomen H. N. Russell und E. Hertzsprung stammt. In diesem Diagramm werden die Sterne nach ihrem Spektraltypus klassifiziert, d. h. bezüglich bestimmter Linien, welche das Spektroskop im Licht des Sterns zeigt und die seine Temperatur angeben. Wenn man noch die Helligkeit des Sterns hinzunimmt, kann man den Spektraltypus dazu benutzen, die

Sterne in eine Reihe zu ordnen. Die so gewonnene systematische Ordnung kann nun dahin gedeutet werden, daß sie die durchschnittliche historische Folge der Stadien darstellt, durch welche ein Stern während seines Lebens hindurchgeht; und diese Deutung stimmt mit den Schlußfolgerungen überein, die man aus den Theorien über die Wärmeproduktion im Inneren der Sterne abgeleitet hat. Junge Sterne sind Gasbälle von ungeheurer Ausdehnung und sehr geringer Dichte der Materie; ihr Licht ist rötlich, weil ihre Temperatur noch nicht sehr hoch ist. Alte Sterne sind klein an Ausdehnung, haben aber eine sehr hohe materielle Dichte. Solange ihre Temperatur hoch ist, zeigen sie ein weißes Licht, bis sie sich schließlich abkühlen und unsichtbar werden. Die Lebensgeschichte eines Sternes spielt sich also zwischen dem Stadium des roten Riesen und des weißen Zwerges ab. Das Ende ist nicht sehr vielversprechend: unsere Sonne wird eine Zeitlang immer heißer werden, und die Ozeane werden zu kochen anfangen, so daß die Menschheit wahrscheinlich auf einen anderen Planeten auswandern muß; zum Schluß wird sie sich aber abkühlen und ein kaltes, totes Stück Materie werden, auf dessen Oberfläche Leben nicht mehr möglich ist. Da alle anderen Sterne dasselbe Schicksal haben, wird das ganze Weltall eines Tages den Tod des Temperaturausgleichs sterben, den der zweite Wärmesatz voraussagt (Kap. 10).

Die dritte Antwort betrifft die Geschichte der Sternensysteme. Ein Sternensystem ist eine Ansammlung von Hunderten von Millionen von Sternen. Unsere Sonne mit ihrem Planetensystem gehört zu dem Sternensystem, dessen Rand wir am Nachthimmel als Milchstraße sehen. Andere Sternensysteme sind Spiralnebel, die Millionen von Lichtjahren von unserem eigenen Sternensystem entfernt und durch leere Räume von uns und voneinander getrennt sind. Spektroskopische Beobachtungen, die Hubble als erster gemacht hat, zeigen, daß fast alle Sternensysteme von uns weglaufen; und zwar ist ihre

Geschwindigkeit desto größer, je weiter sie von uns entfernt sind. Unter der Annahme, daß sich jedes Sternensystem immer mit der gleichen Geschwindigkeit auf seiner Bahn bewegt hat, können wir ausrechnen, wo es hergekommen ist. Die Zahlen ergeben, daß vor zwei Milliarden Jahren alle Sternensysteme nahe beieinander waren, wahrscheinlich in Form eines riesengroßen Gasballs von sehr hoher Temperatur.
Es ist sehr auffällig, daß die Zahl zwei Milliarden in all diesen Berechnungen vorkommt. Der Anfang unseres Weltalls, unserer Sonne und unserer Erde scheint zwei Milliarden Jahre zurückzuliegen. Der Himmel offenbart eine Entwicklung, die auf einen gemeinsamen Anfang hinweist, dessen weit zurückliegendes Datum sich in den Beobachtungsdaten der Spektroskopie und der Geologie widerspiegelt. Sogar auf den Meteorstücken, die unsere Erde auf ihrer Bahn im Weltall eingefangen hat, ist dasselbe Datum abgestempelt, nämlich in der Form von Gewichtsverhältnissen radioaktiver Zerfallsprodukte, die in ihr Material eingeschlossen sind. Es war einmal ein großer glühender Gasball, die Amöbe, aus der sich das Universum entwickelt hat — so fängt die Geschichte der Welt an.
Ist das nun alles, wonach wir fragen können? Die Wissenschaft hat die Geschichte des Weltalls bis zu einem Zeitpunkt verfolgt, der zwei Milliarden Jahre zurückliegt. Was hat es vor diesem Zeitpunkt gegeben? Dürfen wir auch danach fragen, wie dieser Urgasball entstanden ist? Mit dieser Frage kommen wir auf philosophisches Gebiet, und der Wissenschaftler, der versucht, diese Frage zu beantworten, ist zum Philosophen geworden. Darum möchte ich ausführen, was der moderne Philosoph darauf antworten würde.
Philosophen vom spekulativen Typus haben diese Frage beantwortet, indem sie eine Kosmogonie erfunden haben, die an die Stelle der Wissenschaft ein Märchen setzte, oder einen Schöpfungsakt aus dem Nichts annahm —

eine Antwort, die ein „wir wissen es nicht" kaum verhehlt. Darüber hinauszugehen und diese Antwort auf ein „wir werden es niemals wissen" auszudehnen, bedeutet, daß man sich, nach außen hin im Gewande der Demut, anmaßt, die zukünftigen Entwicklungen der Wissenschaft vorwegzunehmen.

Der moderne Philosoph reagiert ganz anders darauf. Er lehnt es ab, eine definitive Antwort zu geben, welche den Wissenschaftler seiner Verantwortung entheben würde. Er kann nur klar machen, was man überhaupt sinnvollerweise fragen kann, und kann gewisse mögliche Antworten skizzieren, wobei er es dem Wissenschaftler überläßt, eines Tages herauszufinden, welche von diesen Antworten wahr ist. Tatsächlich hat die moderne Physik viel Material zu dieser logischen Aufgabe beigetragen; und sie wird auch noch weitere Lösungen finden, wenn die möglichen Antworten, die heute bekannt sind, sich als unzureichend herausstellen sollten.

Wenn man fragt, wie die Materie aus dem Nichts entstanden ist, oder was die erste Ursache war, im Sinne einer Ursache des ersten Ereignisses oder des ganzen Weltalls, dann stellt man eine sinnlose Frage. Eine Kausalerklärung bedeutet, daß man ein voraufgegangenes Ereignis angibt, das mit einem späteren Ereignis durch allgemeine Gesetze verknüpft ist. Wenn es ein erstes Ereignis gäbe, dann könnte es keine Ursache haben, und es wäre sinnlos, nach einer Erklärung zu fragen. Aber es braucht kein erstes Ereignis gegeben zu haben; wir können uns vorstellen, daß vor jedem Ereignis ein früheres da war, so daß es für die Zeit keinen Anfang gibt. Die Unendlichkeit der Zeit in beiden Richtungen bereitet dem Verständnis keine Schwierigkeiten. Wir wissen, daß die Zahlenreihe kein Ende hat und daß es für jede Zahl eine größere Zahl gibt. Wenn wir die negativen Zahlen miteinbeziehen, dann hat die Zahlenreihe auch keinen Anfang, denn für jede Zahl gibt es eine kleinere Zahl. Die Mathematik hat gelehrt, unendliche Reihen, die weder einen Anfang noch ein Ende haben, mit Erfolg zu handhaben, und solche Reihen enthalten keine Widersprüche. Der Einwurf, daß es ein erstes Ereignis gegeben haben muß, daß die Zeit einen Anfang gehabt haben muß, verrät Mangel an Übung in mathematischem Denken. Die Logik sagt uns gar nichts über die Struktur der Zeit. Sie gibt uns die Mittel, sowohl unendliche Reihen, die keinen Anfang haben, als auch Reihen, die einen Anfang haben, zu handhaben. Wenn wissenschaftliche Beweise dafür sprechen, daß die Zeit unendlich ist, daß sie aus der Unendlichkeit kommt und in die Unendlichkeit geht, hat die Logik nichts dagegen.

Es ist ein Lieblingsargument unwissenschaftlicher Philosophien, daß Erklärung irgendwo haltmachen muß und daß unbeantwortbare Fragen immer übrigbleiben werden. Aber diese sogenannten Fragen haben immer ihren Ursprung in einem Mißbrauch der Sprache. Worte, die in einer bestimmten Verbindung sinnvoll sind, können in einem anderen Zusammenhang sinnlos werden. Kann es einen Vater geben, der nie ein Kind gehabt hat? Man würde den Philosophen einfach auslachen, der diese Frage als ein ernsthaftes Problem hinstellt. Die Frage nach der Ursache des ersten Ereignisses, oder nach der Ursache der Welt als Ganzes, ist nicht besser. Das Wort „Ursache" sagt etwas über die Beziehung zwischen zwei Dingen aus und kann auf ein Ding allein nicht angewendet werden. Das Universum als Ganzes hat keine Ursache, da es so definiert ist, daß es nichts außerhalb gibt, was seine Ursache sein könnte. Solche Fragen sind leere Wortspielereien und keine philosophischen Argumente.

Statt nach der Ursache des Universums zu fragen, kann der Wissenschaftler nur nach der Ursache des gegenwärtigen Zustandes des Universums forschen, und seine Aufgabe besteht darin, den Zeitpunkt, von dem aus er die Entwicklung der Welt mit Hilfe von Naturgesetzen beschreiben kann, weiter und weiter zurückzuschieben.

Heute setzen wir diesen Zeitpunkt so an, daß wir für zwei Milliarden Jahre Rechnung ablegen können — das ist eine recht lange Zeit, und es ist eine großartige wissenschaftliche Leistung, daß man es fertiggebracht hat, die Geschichte dieser Entwicklung aus astronomischen Beobachtungen abzuleiten. Vielleicht kann man eines Tages das Datum noch zwei Milliarden Jahre früher ansetzen.
Wir möchten dieses Datum weiter zurückschieben, weil ein heißer Gasball, der nur ein kleines Gebiet innerhalb eines leeren Raumes einnimmt, nicht sehr geeignet ist, ein Anfangszustand genannt zu werden — wir würden es vorziehen, diesen Zustand selbst wieder entwicklungsmäßig zu erklären. Er kann nicht sehr lange existiert haben, weil er kein Gleichgewichtszustand ist. Vielleicht wird man diesen Gasball eines Tages als einen Sternennebel in einem noch größeren Universum deuten, das durch ähnliche Entwicklungen hindurchgegangen ist wie das unsrige. Wir haben keine Ahnung, was die zukünftigen Fernrohre uns berichten werden; vielleicht bringen sie uns eines Tages eine Botschaft von entfernteren Spiralnebeln, die nicht zu unserem sich ausdehnenden System gehören. (Vgl. Fußnote auf S. 241.)
Einsteins Relativitätstheorie liefert eine befriedigendere Deutung für den anfänglichen Gasball. Nach Einstein ist das Weltall nicht unendlich, sondern ein geschlossener Riemannscher Raum von kugelförmigem Typus. Das heißt aber nicht, daß das Universum von einer Art kugelförmiger Schale umgeben ist, die ihrerseits wieder in einen unendlichen Raum eingebettet ist. Es heißt, daß der ganze Raum endlich ist, ohne eine Grenze zu haben. Wo immer wir uns befinden, umgibt uns der Raum nach allen Seiten, und nirgends ist ein Ende zu sehen; wenn wir uns aber geradlinig vorwärtsbewegen, dann kommen wir eines Tages von der anderen Seite her wieder an unseren Ausgangspunkt zurück. Wir können diese Eigenschaften des dreidimensionalen Raumes mit den beob-

achteten Eigenschaften der zweidimensionalen Erdoberfläche vergleichen, die praktisch überall wie eine ebene Fläche aussieht, während die Gesamtheit dieser Gebiete geschlossen ist, so daß man, wenn man lange genug geradeaus geht, schließlich an seinen Ausgangspunkt zurückkommt. Wie alle anderen Begriffe nicht-euklidischer Geometrien, ist auch der geschlossene Raum anschaulich vorstellbar, wenn eine solche Anschauung auch gewisse Übung darin verlangt, sich von der Tradition einfacher geometrischer Verhältnisse freizumachen.
Einsteins Auffassungen sind von den Mathematikern Friedmann und Lemaître dahin erweitert worden, daß der gesamte endliche Raum nicht konstant in seiner Größe ist, sondern sich ausdehnt. Dieser Vorgang ist der Ausdehnung der Oberfläche eines Luftballons vergleichbar, der gerade aufgeblasen wird. Vor ungefähr zwei Milliarden Jahren war der Weltraum verhältnismäßig klein und mit einem Urgas angefüllt; aber seit jeher hat er sich entsprechend den Geschwindigkeiten der von uns weglaufenden Sternensysteme ausgedehnt. Es ist bedeutsam, daß die Mathematik der Relativitätstheorie die Möglichkeit eines sich ausdehnenden Weltalls zuläßt, ohne uns jedoch eine eindeutige Antwort auf diese Frage zu geben. Einsteins Gleichungen sind Differentialgleichungen, und diese werden durch sehr verschiedenartige Lösungen befriedigt. Der Physiker versucht, sich diejenige Lösung herauszusuchen, die am besten mit den Beobachtungsresultaten übereinstimmt. Heute sind die astronomischen Daten noch viel zu mager, um eine definitive Antwort zu erlauben.
Anstatt es jedesmal neuen wissenschaftlichen Entdeckungen zu überlassen, den Anfangspunkt der Erklärung weiter zurückzuschieben, wäre es eine viel befriedigendere Lösung für das Problem vom Anfang der Welt, wenn man eine Formel finden könnte, die für jeden Zustand den vorhergehenden Zustand bestimmt und auf diese Weise die ganze Entwicklung für eine

unendliche Vergangenheit beherrschte. Die Hypothese von dem sich ausdehnenden Weltall bietet diese Möglichkeit, denn für die relativistischen Gleichungen existieren Lösungen, die besagen, daß das Universum eine unendlich lange Zeit gebraucht hat, um sich von der Größe Null auf den kleinen Raum auszudehnen, welchen es vor zwei Milliarden Jahren eingenommen hat. Man kann die Lösung auch dahin variieren, daß der Anfangszustand vor einer unendlich langen Zeit bereits einen kleinen endlichen Raum eingenommen hat. Diesen mathematischen Gleichungen könnte man folgende Deutung geben: solange das Weltall klein war, war das Gas, welches es anfüllte, in einem Gleichgewichtszustand; erst von einer gewissen Größe an teilte sich das Gas in einzelne Stücke, die sich unter dem Einfluß der Gravitationskraft in Klumpen zusammenballten, die wir Sterne nennen. In dieser Deutung würde die mathematische Formel des sich ausdehnenden Weltalls alle Fragen beantworten, die man in sinnvoller Weise stellen könnte; sie würde nicht aussagen, daß das Weltall je die Ausdehnung Null oder eine Ausdehnung unterer Grenze gehabt hat, da sie nur eine asymptotische Konvergenz behaupten würde, aber sie würde mit einem Schlage alle Fragen von dem Typus „was war die Ursache dieses Zustandes" beantworten, indem sie jedem gegebenen Zustande einen vorhergehenden zuordnete. Die Frage nach dem Ursprung der Welt würde dann auf dieselbe Weise beantwortet wie die Frage nach der kleinsten Zahl: die Formel würde besagen, daß es keinen Anfang der Welt gäbe, sondern eine unendliche Reihe berechenbarer und in der Zeit geordneter Zustände. Es bleibt abzuwarten, ob diese Deutung mit astronomischen Beobachtungen vereinbar ist.

Eddington hat eine etwas andere, wenn auch ähnliche, Auffassung entwickelt. Ein kleines geschlossenes Weltall, das mit einem glühenden Gas angefüllt ist, kann eine lange Zeit bestehen und ist daher in einem Gleichgewichtszustand, im Gegensatz zu einem kleinen Gasball, der sich in einem unendlichen Universum befindet. Es ist jedoch nicht in einem stabilen Gleichgewichtszustand, da die kleinste Störung eine Ausdehnung hervorruft; und eine solche Störung hat zu der Ausdehnung geführt, die sich mit Hilfe der astrophysikalischen Gesetze durch zwei Milliarden Jahre hindurch verfolgen läßt. Die Instabilität, die hier erwähnt wird, kann als eine Folge der relativistischen Gleichungen nachgewiesen werden. Nach der Evolutionsperiode erreicht das Weltall wieder einen Gleichgewichtszustand, aber es ist tot infolge des thermodynamischen Strebens zum Ausgleich, wie es im zweiten Wärmesatz zum Ausdruck kommt; das heißt, der Gleichgewichtszustand ist stabil, und kleine Störungen können keine großen Veränderungen verursachen. Dieses Weltbild gleicht in erstaunlicher Weise der Atomtheorie von Demokrit und Epikur. Danach bewegten sich die Atome eine unendlich lange Zeit in schöner Ordnung durch den Raum, bis sich eine kleine Störung ereignete, die nach und nach die geordnete Bewegung in ein Chaos verwandelte, aus dem sich die komplizierten Formen unserer Welt entwickelten. Epikurs Annahme einer kleinen ursachlosen Störung, die von den Anhängern eines strengen Determinismus oft angegriffen worden ist, ist für eine indeterministische Physik zulässig. Nach der Quantenmechanik würde das Urgas Störungen unterlegen sein, die Zufallsgesetzen gehorchen; und die Annahme, daß es eine sehr lange Zeit gedauert hat, bis sich durch Zufall eine hinreichend große Störung ereignete, bereitet keine Schwierigkeit. Wenn man den Determinismus aufgibt, erlangt man die Möglichkeit, sich einen Anfang der Evolution vorzustellen, der kein Schöpfungsakt, sondern ein Zufallsprodukt ist. Außerdem ist es ein allmählicher Anfang, denn der Übergang von Zufallsschwankungen zu einer größeren Störung ist graduell und kann keinem bestimmten Zeitpunkt zugeordnet werden.

Es gibt aber auch noch eine ganz andere Lösung. Untersuchungen über die Ordnung der Zeit haben zu dem Ergebnis geführt, daß die Richtung der Zeit mit der Nichtumkehrbarkeit thermodynamischer Prozesse zusammenhängt und deshalb eine statistische Angelegenheit ist (Kap. 10). Es ist sehr wahrscheinlich, aber nicht absolut sicher, daß die Energie von höheren Temperaturen in einen Zustand gleichförmiger Temperaturverteilung „hinunter" geht. Dieses „Herunterkommen" des Universums ist daher eine Sache der Statistik, und es ist nicht ausgeschlossen, daß diese Vorgänge sich umkehren, und daß sogar das ganze Weltall eine Zeitlang wieder „hinaufgeht". Der Ausdruck „eine Zeitlang" hat einen fragwürdigen Sinn, denn wenn das Weltall „hinaufgeht" würde unsere Zeitrichtung in das Gegenteil umschlagen, und Menschen, die in einer solchen Periode lebten, würden diese umgekehrte Richtung als die Richtung des „Werdens" ansehen. Tatsächlich bedeutet diese Möglichkeit, die von Boltzmann in Betracht gezogen wurde, nichts anderes, als daß es keine lineare Zeitfolge für die Welt als Ganzes gibt; stattdessen zerfällt die Zeit in einzelne Fäden, von denen jeder in sich linear geordnet ist, während es keine Übersicht gibt, in welcher diese Fäden wieder geordnet werden können. Jeder Zeitfaden würde nach beiden Seiten hin langsam aufhören, ohne jedoch einen scharf bezeichneten Endpunkt zu haben, ähnlich wie ein Fluß sich im Sande verläuft. Der Zeitabschnitt, den die Astronomen für unsere Welt ansetzen, nämlich die zwei Milliarden Jahre Vergangenheit und die zehn Milliarden Jahre Zukunft, mag sehr wohl einer dieser Zeitfäden sein. Es gibt noch keine grundlegenden Untersuchungen über eine solche in Stücke zerschnittene Zeit; aber es besteht kein Zweifel darüber, daß sie eine der möglichen Lösungen des Zeitproblems darstellt.
Übrigens hängt Eddingtons Auffassung vom Anfang der Welt eng mit einer solchen Zeitanalyse zusammen. Wie Eddington richtig bemerkt, kann man nur für die

Periode der Entwicklung von einer Zeitordnung sprechen, während die beiden Gleichgewichtsperioden, die dem Zeitfaden folgen und ihm vorangehen, keine Zeitordnung haben, da sie keine nichtumkehrbaren Prozesse enthalten. Es macht deshalb gar keinen Unterschied, ob man sie als endlich oder als unendlich ansieht. Wenn man sie als endlich ansieht und fragt, was es vor der ersten stationären Periode gab, oder nach der zweiten, dann würde man eine Überzeit voraussetzen, die man jedoch, wie wir sahen, nicht sinnvoll definieren kann. Es scheint also, daß man keinen Grund hat, die Welt in einer unendlichen Zeit zu beschreiben, die auf jeden Fall mehr ein mathematisches Schema als eine wohlbegründete und aus der physikalischen Wirklichkeit abgeleitete Schlußfolgerung ist. Was wir beobachten, kann immer auf Grund eines endlichen Zeitfadens erklärt werden, der sich von einem zeitlosen Zustand zum andern ohne scharf definierten Anfangs- und Endpunkt erstreckt.

Hier haben wir nur gewisse mögliche Antworten auf die Frage nach dem Ursprung der Welt formulieren wollen; die Wissenschaft wird eines Tages darüber entscheiden, welches die richtige Antwort ist. Das Problem des geschlossenen, sich ausdehnenden Universums ist noch in der Schwebe, denn die astronomischen Beobachtungen, die uns vorläufig zur Verfügung stehen, sind unzureichend, um einen definitiven Schluß zu ziehen. Für die endgültige Lösung brauchen wir viel mehr Beobachtungsmaterial[1]. Obgleich es also nicht so einfach ist, die Antwort zu finden, hat man andererseits keinen Grund, die Diskussion über die Evolution des Weltalls

---

[1] Mit dem neuen Fernrohr auf dem Mount Palomar in Kalifornien kann man doppelt so weit in den Weltenraum hinaussehen, wie es bisher möglich war; darum kann man mit diesem Fernrohr sehr viel mehr Sterne und Spiralnebel beobachten, als bisher sichtbar waren. Wenn man ein Fernrohr auf dem Mond aufstellen könnte, würde man noch viel weiter sehen können. Da es dort keine Atmosphäre gibt, könnte man vom Mond aus hundert- oder tausendmal weiter in den Raum hinaussehen, als wir augenblicklich in der Lage sind.

mit einem dogmatischen „das werden wir niemals wissen" abzuschneiden. Wer glaubt, daß dies das letzte Wort ist, sollte sich seine Fragen genauer ansehen; er wird dann voraussichtlich merken, daß er gar nichts Sinnvolles gefragt hat. Es hat keinen Sinn, nach der Ursache des Weltalls zu fragen. Jede Erklärung muß mit einer Tatsache anfangen; und die Wissenschaft kann diese Tatsache nur an einen Ort schieben, wo sie den größten Erklärungswert hat.
Es ist ein recht schwieriges Unternehmen, sinnlose Fragen aus der Philosophie auszumerzen, weil man damit dem weitverbreiteten Hang entgegentritt, geradezu nach unbeantwortbaren Fragen zu suchen. Den Wunsch nach einem Beweis, daß die Wissenschaft in ihrer Macht beschränkt ist und daß sie im Grunde auf Glauben und nicht auf Erkenntnis beruht, kann man nur psychologisch und als ein Produkt der Erziehung erklären, aber logische Grundlagen gibt es dafür nicht. Es gibt Gelehrte, die besonders stolz darauf sind, wenn sie Vorlesungen über Evolution mit der Schlußfolgerung beenden, daß doch Fragen übrigbleiben, die für die Wissenschaft unbeantwortbar sind. Solche Behauptungen werden dann oft als Beweis dafür zitiert, daß eine wissenschaftliche Philosophie unzureichend ist. Sie beweisen aber lediglich, daß die wissenschaftliche Ausbildung dem Wissenschaftler nicht immer das Rückgrat gibt, dem Einfluß einer Philosophie zu widerstehen, welche Unterwerfung unter den Glauben predigt. Wer nach der Wahrheit forscht, darf diesen Drang nicht damit befriedigen, daß er sich dem Betäubungsmittel des Glaubens hingibt. Die Wissenschaft ist ihr eigener Meister und erkennt keine Autorität außerhalb ihrer Grenzen an.

DIE MODERNE LOGIK

Es ist ein sehr bedeutsamer Zug der wissenschaftlichen Philosophie, daß in ihrem Rahmen eine symbolische Logik erwachsen ist. Diese Logik, die ursprünglich die Geheimschrift einer kleinen Gruppe von Mathematikern war, hat in immer weitgehenderem Maße die Aufmerksamkeit der Philosophen auf sich gezogen und in die Entwicklung philosophischer Probleme eingegriffen. Der Leser, der keine Zeit zum speziellen Studium dieses neuen Gebietes der Philosophie hat, wird eine kurze Darstellung der geschichtlichen Entwicklung, die zur symbolischen Logik geführt hat, wie ihrer Probleme und Lösungen willkommen heißen.
Die Logik ist eine Entdeckung der alten Griechen. Das heißt aber nicht, daß man vor den Griechen nicht logisch denken konnte. Logisches Denken ist so alt wie das Denken überhaupt, denn jeder vernünftige Denkakt vollzieht sich nach logischen Regeln. Aber es sind zwei verschiedene Dinge, ob man diese Regeln beim praktischen Denken unbewußt anwendet, oder ob man sie ausdrücklich formuliert, um sie in eine Theorie auszubauen. Es ist diese bewußte Beschäftigung mit logischen Regeln, die mit Aristoteles ihren Anfang nahm.
Wie wir heute wissen, wandte Aristoteles seine Aufmerksamkeit nur einem ganz speziellen Kapitel der Logik zu. Er formulierte die Regeln, die sich auf Schlüsse beziehen, welche etwas über die Mitglieder von Klassen aussagen. Unter „Klasse" versteht man jede Art von Gruppe oder Gesamtheit, wie zum Beispiel die Klasse der Menschen oder der Katzen. Daß Sokrates ein Mensch ist, bedeutet für den Logiker einen Fall von Klassenzugehörigkeit: Sokrates gehört zur Klasse der Menschen. Ein Schluß, der sich auf Klassenzugehörigkeit bezieht,

heißt ein Syllogismus. Aus den beiden Prämissen „alle Menschen sind sterblich" und „Sokrates ist ein Mensch" kann man schließen, „Sokrates ist sterblich".

Auf den ersten Blick sehen solche Schlußfolgerungen trivial aus; aber das wäre ein vorschnelles Urteil über Aristoteles' Leistungen. Aristoteles hat nämlich entdeckt, daß es so etwas gibt wie die *Form* eines Schlusses, die man von seinem *Inhalt* unterscheiden muß. Die Beziehung zwischen Prämissen und Schlußfolgerung, für die wir mit dem Sokrates-Schluß ein Beispiel angeführt haben, ist unabhängig von der Art der Klasse, die behandelt wird; sie wäre ebenso gültig für andere Klassen und Individuen. Mit der Untersuchung logischer Formen machte Aristoteles den entscheidenden Schritt, der zu einer wissenschaftlichen Logik führte. Und er formulierte ausdrücklich gewisse Grundsätze der Logik, wie den Satz des Widerspruchs und den der Identität.

Aristoteles hat aber nur den ersten Schritt gemacht, und seine Logik beschränkt sich auf ganz bestimmte Formen von Denkoperationen. Außer Klassen gibt es Beziehungen. Eine Beziehung kann nicht auf ein einzelnes Ding angewendet werden, sondern drückt immer etwas über zwei oder drei oder mehr Dinge aus; daß Abraham der Vater von Isaak ist, ist eine Tatsache, welche sich sowohl auf Abraham als auch auf Isaak bezieht, und um dies auszudrücken, brauchen wir die Beziehung „Vater von". Wenn Peter größer als Paul ist, dann wird die Beziehung zwischen beiden durch „größer als" ausgedrückt. In einer Klassenlogik kann man aber Schlüsse aus Beziehungen nicht ziehen. Die aristotelische Logik kann zum Beispiel nicht beweisen, daß Isaak der Sohn von Abraham ist, wenn Abraham der Vater von Isaak ist; diese Logik besitzt die Mittel nicht, um eine solche Schlußform auszudrücken.

Man sollte denken, daß es für den Entdecker der Klassenlogik gar nicht so schwierig gewesen wäre, seine Theorie auch auf logische Beziehungen auszudehnen, da seine

Muttersprache ebenso reich war wie die unsrige und alle für eine Behandlung von Beziehungen notwendigen grammatikalischen Formen besaß. Überdies wußte Aristoteles, daß es Beziehungen gibt; denn in seinem Buch über die Kategorien setzt er sehr klar auseinander, daß eine Beziehung wie „größer als" zwischen zwei Dingen besteht. Aber er dehnt seine Theorie des Schlusses nicht auf Beziehungen aus. Vielleicht war der Erfinder der Klassenlogik zu sehr an metaphysischen Fragen interessiert, um Zeit für eine Vervollständigung seiner logischen Arbeiten zu haben. Statt dessen hätte natürlich einer seiner Schüler die Ausarbeitung einer Beziehungslogik übernehmen können; aber dazu ist es merkwürdigerweise nicht gekommen. Aristoteles selbst scheint nie gesehen zu haben, wie beschränkt seine Logik war. Seine Schüler haben kleine Zusätze gemacht, sind aber doch nicht wesentlich über das Werk ihres Lehrers hinausgegangen, und in den darauffolgenden Jahrhunderten hat sich daran nichts geändert. Die Geschichte der Logik bietet uns das merkwürdige Beispiel einer Wissenschaft, die über zweitausend Jahre in dem Anfangsstadium geblieben ist, in welchem ihr Begründer sie beließ.
Was ist wohl die Erklärung dafür? Wenn man an den ungeheuren Fortschritt denkt, den Mathematik und Naturwissenschaft in diesen zweitausend Jahren gemacht haben, dann sieht die Geschichte der Logik wie ein öder Fleck im Garten der Erkenntnis aus. Was ist der Grund für diese Sterilität? Im Vergleich zu anderen Gebieten der Philosophie verlangt die Logik nach einer ungleich technischeren Behandlung ihrer Probleme. Logische Fragen kann man nicht mit Hilfe einer Bildersprache beantworten, sondern braucht dazu scharfe mathematische Formulierungen; schon die Fragestellung verlangt oft eine mathematische Ausdrucksweise. Es ist das Verdienst von Aristoteles und seiner Schule, daß die Anfänge einer technischen Sprache für die Logik geschaffen wurden, zu der das Mittelalter ein paar unbedeutende Zusätze ge-

liefert hat. Aber das ist auch alles, was in dieser Richtung zweitausend Jahre lang geschehen ist. Während die Mathematiker ihre Wissenschaft in technischer Hinsicht glänzend erweiterten, wurde in der Logik der technische Ausbau der Arbeitsmethoden ganz vernachlässigt. Die traditionelle Logik bietet den Anblick einer Wissenschaft, die niemals die Werkstatt eines großen Mannes gewesen ist. Statt von der Logik angezogen zu werden, scheinen sich alle von Natur abstrakt begabten Köpfe der Mathematik zugewandt zu haben, die ihnen größere Erfolgsmöglichkeiten versprach. Das trifft sogar auf die Zeit von Aristoteles zu; die logischen Analysen, die Männer wie Pythagoras und Euklid zum Aufbau der Mathematik benutzten, übertreffen bei weitem die analytischen Leistungen der aristotelischen Logik. Ohne mathematische Hilfe war die Logik dazu verurteilt, im Kindesalter steckenzubleiben. Kant, der zwar selbst nicht in der Lage war, eine bessere Logik zu schaffen, beurteilte die Situation ganz richtig, als er seiner Verwunderung darüber Ausdruck gab, daß die Logik die einzige Wissenschaft sei, die seit ihrem Anfang keinen Fortschritt gemacht habe.

Der erste große Mathematiker, dessen Interesse sich der Logik zuwandte, war Leibniz. Er entwickelte einen Plan für eine symbolische Schreibweise und fand grundlegende Resultate; wenn er die Logik mit dem gleichen Genie und derselben Energie verfolgt hätte, welche er auf die Erfindung der Differentialgleichung verwandt hat, wäre die Entwicklung der symbolischen Logik um 150 Jahre beschleunigt worden. So blieb sein Werk ein Fragment und seiner eigenen Zeit unbekannt; Logiker des 19. Jahrhunderts haben es sich aus seinen Briefen und unveröffentlichten Manuskripten zusammensuchen müssen. Der Wendepunkt in der Geschichte der Logik war die Mitte des 19. Jahrhunderts, als Mathematiker wie G. Boole und A. de Morgan es unternahmen, die Prinzipien der Logik in einer symbolischen Sprache, ähnlich der der

Mathematik, darzustellen. Der Aufbau der symbolischen Logik wurde dann von Männern wie G. Peano, C. S. Peirce, E. Schröder, G. Frege und B. Russell weitergeführt, mit denen ein neuer Typ des Philosophen, der mathematische Logiker, auf die Bühne der Geschichte kam.
Ebenso wie die Philosophie von Raum und Zeit erwuchs die neue Logik nicht aus der traditionellen Philosophie, sondern auf dem Boden der Mathematik. Man entdeckte, daß ein bisher von der Mathematik völlig vernachlässigtes Gebiet große Möglichkeiten für eine technische Behandlung darbot, die der mathematischen Technik in vielem ähnelte. Mit dem Aufbau der symbolischen Logik lieferte darum das 19. Jahrhundert einen weiteren Beitrag zur Philosophie. Wenn man die Stellung des 19. Jahrhunderts in der Geistesgeschichte so ansieht, wie wir sie charakterisiert haben, dann erscheint eine solche Entwicklung natürlich. Der Versuch, Arbeitsmethoden technisch auszubauen, der auf allen wissenschaftlichen Gebieten einen solchen Erfolg hatte, wurde nun auch auf die Logik ausgedehnt. Die logische Technik wurde zugleich ein Werkzeug für die Grundlagenforschung der verschiedenen Wissenschaften, ein Forschungszweig, welcher sich infolge der Komplizierung und Verfeinerung wissenschaftlicher Gedankengänge ganz natürlich entwickelte. Und nun wurde der öde Fleck im Garten der Erkenntnis mit den Arbeitsgeräten einer hochentwickelten mathematischen Technik umgepflügt.
Warum ist die Einführung einer symbolischen Schreibweise so bedeutsam für die wissenschaftliche Logik? Sie hat ungefähr die gleiche Bedeutung wie eine gute mathematische Schreibweise. Das kann man sich an folgendem Beispiel klarmachen: „Wenn Peter fünf Jahre jünger wäre, dann wäre er zweimal so alt wie Paul war, als er sechs Jahre jünger war; und wenn Peter neun Jahre älter wäre, dann wäre er dreimal so alt wie Paul, wenn Paul vier Jahre jünger wäre". Wenn man das durch

Addition und Subtraktion im Kopf lösen soll und dabei alle „wenns" berücksichtigt, dann wird einem bald so schwindlig wie auf einem Karussell. Wenn man aber statt dessen Feder und Papier zur Hand nimmt, Peters Alter x und Pauls Alter y nennt, die sich daraus ergebenden Gleichungen niederschreibt und sie auflöst, wie man es in der Schule gelernt hat — dann sieht man, wozu eine symbolische Schreibweise gut ist. Ähnliche Probleme gibt es in der Logik. „Es ist bestimmt nicht der Fall, daß Kleopatra im Jahre 1938 am Leben war und weder mit Hitler noch mit Mussolini verheiratet war". Was soll diese Satzverbindung heißen? Der mathematische Logiker schreibt diesen Ausdruck mit Hilfe von Symbolen nieder, formt ihn dann um unter Benutzung von Operationen, die sich mit denen vergleichen lassen, die jeder für den Gebrauch von x und y gelernt hat, und kann schließlich beweisen, daß der Sinn des Satzes ist: „Wenn Kleopatra im Jahre 1938 am Leben gewesen wäre, wäre sie mit Hitler oder Mussolini verheiratet gewesen". Ich will damit nicht sagen, daß der so analysierte Satz von großer politischer Bedeutung ist; aber dieses Beispiel veranschaulicht den Gebrauch einer symbolischen Methode. Es ist hier nicht der Ort, die Anwendung dieser Schreibweise auf tiefere Probleme darzustellen; aber es ist wohl selbstverständlich, wie nützlich eine solche Technik sein kann, wenn man sie auf logische Fragestellungen in den verschiedenen Wissenschaften anwendet.
Eine symbolische Schreibweise ist nicht nur ein Mittel, um Probleme zu lösen, sondern sie führt auch zur Klärung von Begriffen und Vertiefung des logischen Denkens. Einer meiner Studenten, der infolge eines Automobilunfalls eine leichte Gehirnverletzung erlitten hatte, klagte darüber, daß er Schwierigkeiten hätte, den Sinn komplizierter Sätze zu verstehen. Ich gab ihm daraufhin Übungsaufgaben, die dem oben erwähnten Beispiel ähnelten, und er berichtete mir nach einigen Wochen, daß sich seine Denkfähigkeit erheblich gebessert hätte.

Außerdem hat die symbolische Logik eine wichtige Anwendung in Untersuchungen über die Grammatik der Umgangssprache gefunden. Die Grammatik, die wir in der Schule gelernt haben, ist aus der aristotelischen Logik erwachsen und in keiner Weise dazu geeignet, die Struktur der Sprache wirklich klar darzulegen. Da Aristoteles es unterlassen hatte, eine Logik der Beziehungen zu schaffen, haben die Grammatiker zweitausend Jahre lang geglaubt, daß jeder Satz ein Subjekt und ein Prädikat haben müßte, eine Auffassung, die auf viele Sätze nicht zutrifft. Es ist ganz richtig, daß der Satz „Peter ist groß" das Subjekt „Peter" und das Prädikat „ist groß" hat. Aber der Satz „Peter ist größer als Paul" hat zwei Subjekte, nämlich „Peter" und „Paul", da das Prädikat „ist größer als" eine Beziehung darstellt. Dieses Mißverständnis sprachlicher Strukturen, das sich aus der Aristotelischen Logik ergab, hat die Sprachforschung erheblich beeinträchtigt.
Neue Ausblicke eröffnen sich auf Grund einer Zusammenarbeit von Logikern und Philologen. Mit den Augen des Logikers gesehen, erscheinen das Adjektiv, das Adverb, das Aktiv und das Passiv, der Indikativ und der Konjunktiv, die Verbzeiten und viele andere Eigenschaften der Sprache in einem ganz neuen Licht. Dem vergleichenden Sprachstudium werden neue Möglichkeiten geboten, wenn es sich auf ein neutrales Bezugssystem begründen kann, nämlich auf die symbolische Sprache der Logik, die uns erlaubt, die verschiedenen Ausdrucksmittel der einzelnen Sprachen objektiv zu beurteilen.
Bisher habe ich nur vom praktischen Zweck der symbolischen Schreibweise gesprochen; sie ist aber auch für theoretische Zwecke von Bedeutung, denn sie hilft dem Logiker, Probleme zu entdecken und zu lösen, die man vorher überhaupt nicht gesehen hatte.
Der Aufbau der symbolischen Logik ermöglichte es, die Beziehungen zwischen Logik und Mathematik von einem

neuen Standpunkt aus zu erforschen. Warum gibt es zwei abstrakte Wissenschaften, die sich mit den Ergebnissen des reinen Denkens befassen? Diese Frage wurde von Bertrand Russell und Alfred N. Whitehead gestellt und dahin beantwortet, daß Mathematik und Logik im Grunde das gleiche sind, daß nämlich die Mathematik ein Zweig der Logik ist, der im Hinblick auf zahlenmäßige Anwendungen entwickelt worden ist. Dieses Ergebnis ist in einem umfangreichen Buch veröffentlicht worden, das beinahe nur in logischen Symbolen geschrieben ist. Der entscheidende Schritt in diesem Beweis wurde mit Russells Definition der Zahl gemacht. Russell zeigte, daß die ganzen Zahlen, nämlich 1, 2, 3 usw., allein mit Hilfe von logischen Begriffen definiert werden können. Ein solcher Beweis wäre ohne eine symbolische Schreibweise nie möglich gewesen, denn natürliche Sprachen sind viel zu unscharf, um derartig verwickelte logische Beziehungen auszudrücken.
Mit seiner Zurückführung der Mathematik auf die Logik beendete Russell eine Entwicklung, die mit der Geometrie begann und die ich im vorhergehenden als die Auflösung des synthetischen Apriori charakterisiert habe. Kant hielt nicht nur die Geometrie, sondern auch die Arithmetik für synthetisch a priori. Mit seinem Beweis, daß die Grundlagen der Arithmetik aus reiner Logik abgeleitet werden können, hat Russell gezeigt, daß mathematische Notwendigkeit analytischen Charakter hat. Es gibt also kein synthetisches Apriori in der Mathematik.
Wenn die Logik jedoch analytisch ist, dann ist sie leer, d. h. sie drückt keine Eigenschaften physikalischer Dinge aus. Rationalistische Philosophen haben verschiedentlich versucht, die Logik als eine Wissenschaft zu deuten, die allgemeine Eigenschaften der Welt beschreibt, als eine Wissenschaft vom Sein, oder *Ontologie*. Sie glauben, daß Prinzipien wie „jedes Ding ist mit sich selbst gleich" etwas über die Eigenschaften von Dingen aussagen. Da-

bei übersehen sie aber die Tatsache, daß die in diesem Satz enthaltene Mitteilung lediglich in einer Definition besteht, die den Gebrauch des Wortes „gleich" festlegt, und daß wir aus dem Satz nichts über eine Eigenschaft von Dingen, sondern nur etwas über eine sprachliche Regel lernen. Die Logik formuliert Sprachregeln — und darum ist sie analytisch und leer.

Ich möchte noch etwas genauer auf den analytischen Charakter der Logik und den Grund eingehen, warum man sie leer nennt. Die Logik verbindet Sätze derart, daß die sich daraus ergebenden Verbindungen wahr sind, unabhängig von dem Wahrheitsgehalt der einzelnen Sätze. So ist z. B. die Satzverbindung „wenn weder Napoleon noch Cäsar ein Alter von 60 Jahren erreicht haben, dann ist Napoleon nicht 60 Jahre alt geworden" wahr, gleichgültig, ob Napoleon oder Cäsar vor der Erreichung des 60. Lebensjahres gestorben sind oder nicht. Dieser zusammengesetzte Satz sagt uns daher nichts über das Alter, das die betreffenden Personen erreicht haben. Das ist der Sinn des Ausdrucks „Leerheit". Andererseits zeigt unser Beispiel, warum logische Beziehungen notwendigerweise wahr sind: sie sind es, weil keine empirische Beobachtung sie je als falsch beweisen könnte. Wenn man im Konversationslexikon nachsieht und findet, daß Napoleon im Alter von 54 Jahren gestorben ist, dann wird die Satzverbindung nicht falsch; fände man, daß Napoleon im Alter von 65 Jahren gestorben sei, wäre der Satz immer noch wahr. Logische Notwendigkeit und Leerheit gehören zusammen und geben der Logik ihren analytischen oder tautologischen Charakter. Alle rein logischen Aussagen sind Tautologien wie das oben genannte Beispiel; sie sagen nichts und teilen uns ebensoviel oder sowenig mit wie die Tautologie „morgen wird es entweder regnen oder nicht regnen". Es ist aber gar nicht immer so leicht, den analytischen Charakter einer Satzverbindung zu erkennen. Nehmen wir folgendes Beispiel: „Wenn es für je zwei

Menschen zutrifft, daß sie sich entweder lieben oder hassen, dann gibt es einen Menschen, der alle Menschen liebt, oder es gibt für jeden Menschen einen, den er haßt". Logisch kann man beweisen, daß dieser Satz analytisch ist; aber der analytische Charakter ist keineswegs so deutlich.

Russells Auffassung der Mathematik als einer analytischen Wissenschaft hat viel Aufmerksamkeit erregt, und gewisse Mathematiker möchten wohl eine Interpretation ihrer Wissenschaft zurückweisen, die behauptet, daß mathematische Lehrsätze ebenso leer sind wie die Gesetze der Logik. Ein solches Urteil zeigt aber nur, daß man das Wesen der Logik mißversteht; denn es drückt keine Verachtung des mathematischen Denkens aus, wenn man es analytisch nennt. Die Stärke der Mathematik liegt geradezu in ihrem analytischen Wesen; gerade weil mathematische Lehrsätze leer sind, gelten sie streng und sind auf die Naturwissenschaften anwendbar. Die Mathematik kann nie ein wissenschaftliches Resultat verfälschen, da sie auch in versteckter Form der Wissenschaft keinerlei Inhalt hinzufügen kann. Wenn man aber sagt, daß mathematische Beziehungen leer sind, so heißt das noch lange nicht, daß sie leicht zu finden sind. Wie wir sahen, kann die Entdeckung leerer Beziehungen eine ungeheuer schwierige Aufgabe sein; und das Maß an Arbeit und Begabung, das in die Mathematik hineingesteckt worden ist, zeugt von der umfassenden Bedeutung der mathematischen Forschung.

Die symbolische Logik fand weitgehende Anwendung auf einem neuen Gebiet der Mathematik, der Mengenlehre. Das Wort „Menge" bedeutet dasselbe wie das oben erklärte Wort „Klasse", über das wir im Zusammenhang mit der aristotelischen Logik gesprochen haben. Doch wie verschieden ist die Klassentheorie, die von den Mathematikern des 19. Jahrhunderts entwickelt worden ist, von der aristotelischen! Man versteht überhaupt nicht, warum die üblichen Logiktextbücher noch mit

Aristotelischer Klassenlogik angefüllt sind in einer Zeit, welche von Aristoteles' Zeitalter so verschieden ist wie die Eisenbahn vom Ochsenkarren.
Die symbolische Logik hat dem Logiker aber nicht immer nur Erfolg gebracht. Sie hat auch zu Schwierigkeiten geführt, die von Russell aufgedeckt und in den Antinomien der Mengenlehre formuliert worden sind. Wir wollen hier ein Beispiel dafür geben.
Wenn wir eine Eigenschaft betrachten, können wir danach fragen, ob diese Eigenschaft selbst die Eigenschaft hat. Gewöhnlich ist dies nicht der Fall; z. B. ist die Eigenschaft *rot* nicht rot. Auf gewisse Eigenschaften trifft es aber zu: die Eigenschaft *vorstellbar* ist vorstellbar, die Eigenschaft *bestimmt* ist bestimmt, und die Eigenschaft *alt* ist alt, da sie sicherlich schon in prähistorischen Zeiten existiert hat. Wir wollen die Eigenschaften der zweiten Art *prädikabel* und die anderen *imprädikabel* nennen. Damit haben wir eine erschöpfende Klassifizierung gegeben; jede Eigenschaft muß entweder prädikabel oder imprädikabel sein. Wo ordnen wir aber nun die Eigenschaft *imprädikabel* ein?
Nehmen wir an, daß *imprädikabel* prädikabel ist; wegen der Bedeutung von „prädikabel" hat es dann die Eigenschaft, welche es darstellt, wie *vorstellbar*, und darum ist *imprädikabel* imprädikabel. Nehmen wir an, daß *imprädikabel* imprädikabel ist. Unsere Annahme besagt, daß *imprädikabel* auf sich selbst anwendbar ist; also hat es die Eigenschaft, die es darstellt, und darum ist *imprädikabel* prädikabel. Wo wir auch die Eigenschaft *imprädikabel* einordnen, wir enden mit einem Widerspruch.
Derartige Antinomien stellen grundsätzliche Probleme dar. Wenn die Logik unbedingt zuverlässig sein soll, dann darf sie nie zu Widersprüchen führen. Es ist interessant, daß sogar die alten Logiker Antinomien konstruiert haben, unter denen die Paradoxien von Zeno die bekanntesten sind. Die meisten dieser Paradoxien

sind jedoch in der heutigen Mengenlehre mit Hilfe einer sorgsameren Behandlung des Begriffes „unendlich" aufgelöst worden. Russells Antinomie verlangt aber nach einem tiefergehenden Eingriff. Sie beweist, daß nicht jede Wortverbindung als sinnvoll zugelassen werden kann, sondern daß gewisse Wortverbindungen, auch wenn sie die Form eines Satzes haben, als sinnlos angesehen werden müssen. So muß zum Beispiel der Satz „die Eigenschaft *bestimmt* ist bestimmt" aus der Klasse der sinnvollen Sätze ausgeschlossen werden, auch wenn er zunächst ganz vernünftig aussieht. Diese Beschränkungen der Sprache sind von Russell in seiner Typentheorie formuliert worden. Die Eigenschaft einer Eigenschaft ist von einem höheren Typus als die Eigenschaft eines Dinges. Diese Unterscheidung macht es unmöglich, die genannte Antinomie zu formulieren, und bewahrt daher die Logik vor Widersprüchen.

Sind wir nun aber ganz sicher, daß die Logiker nie auf andere Arten von Antinomien stoßen werden? Haben wir eine Garantie dafür, daß die Logik keine Widersprüche enthält? Der deutsche Mathematiker D. Hilbert, einer der größten Mathematiker unserer Zeit, hat sich mit diesem Problem befaßt. Er hat eine Reihe von Untersuchungen durchgeführt, die darauf hinleiten, einen Beweis für die Widerspruchslosigkeit der Logik und der Mathematik zu geben. Seine Arbeit ist von anderen fortgesetzt worden; aber ein Beweis ist vorläufig nur für verhältnismäßig einfache logische Systeme durchgeführt worden. Für kompliziertere mathematische Systeme, wie sie der moderne Mathematiker benutzt, haben sich Schwierigkeiten ergeben; und es ist noch nicht gesagt, ob Hilberts Programm eines Beweises der Widerspruchslosigkeit durchgeführt werden kann. Die Antwort auf diese Frage ist eins der ungelösten Probleme der modernen Logik. Die Existenz solcher Probleme beweist, daß die moderne Logik keineswegs am Ende ihrer Forschungen angelangt ist; eine Menge Untersuchungen, von denen die traditionelle Logik nichts geträumt hat, stehen noch auf dem Programm.

Das Studium der Antinomien und der Typentheorie hat zu einer sehr wichtigen Unterscheidung geführt, nämlich zu dem Unterschied zwischen *Sprache* und *Metasprache*. (Das griechische Wort „meta" heißt „über"). Während die gewöhnliche Sprache über Dinge spricht, spricht die Metasprache über die Sprache; wir sprechen also Metasprache, wenn wir eine Sprachtheorie aufstellen. Worte wie „Wort", „Satz" usw. sind Worte der Metasprache. Den Übergang zur Metasprache drückt man oft mit Hilfe von Anführungszeichen aus; wenn man über das Wort „Tisch" spricht, dann setzt man es in Anführungsstriche und zeigt damit an, daß man nicht über das Ding spricht. So hat z. B. „Tisch" fünf Buchstaben, aber ein Tisch hat vier Beine. Wenn diese beiden Sprachen nicht auseinandergehalten werden, ergeben sich gewisse Antinomien, und darum ist die Unterscheidung zwischen den einzelnen Sprachstufen eine notwendige Voraussetzung der Logik. Der Satz „was ich jetzt sage, ist falsch" führt zu Widersprüchen, denn wenn er wahr ist, ist er falsch, und wenn er falsch ist, dann ist er wahr. Ein solcher Satz muß als sinnlos bezeichnet werden, weil er über sich selbst spricht und den Unterschied der Sprachstufen nicht innehält.

Das Studium der Metasprache hat zu einer allgemeinen Zeichentheorie geführt, häufig *Semantik* oder *Semiotik* genannt, welche die Eigenschaften aller Arten symbolischer Ausdrücke untersucht. Sie bezieht sich auch auf Symbole, wie Verkehrsampeln oder Bilder, die wie die gewöhnliche Sprache zum Zweck der Mitteilung von Informationen gebraucht werden. Der begleitende Gefühlsgehalt gewisser Sprachformen, wie der Poesie oder der Sprache des Redners, wird in der Zeichentheorie mit Hilfe der modernen Psychologie analysiert. Die Logik selbst behandelt nur den kognitiven Gebrauch der Sprache; Untersuchungen über ihren instrumentellen Gebrauch gehören in eine andere Wissenschaft, in die Semantik. Die moderne Logik hat also eine neue Wissenschaft ins Leben gesetzt, die sich mit den Eigenschaften der Sprache befaßt, welche in einer rein logischen Analyse außer acht gelassen werden müssen.

Neben ihrer Anwendung auf die Mathematik hat die symbolische Logik auch für andere Zweige der Wissenschaft große Bedeutung erlangt. Als die Physiker entdeckt hatten, daß die Quantenmechanik zu Aussagen führt, die weder als wahr noch als falsch angesehen werden können (vgl. Kap. 11), ergab sich eine Möglichkeit, diese Aussagen in den Rahmen einer dreiwertigen Logik einzugliedern, einer Logik nämlich, die zwischen den Werten wahr und falsch eine Kategorie *unbestimmt* annimmt. Die Struktur einer solchen Logik war mit den Methoden der symbolischen Logik entwickelt worden, noch ehe irgend jemand an ihre Anwendung in der Physik dachte. Es gibt heute eine ganze Reihe *mehrwertiger* Logiken. Eine davon, die zur Interpretation von Wahrscheinlichkeitsaussagen benutzt wird, ersetzt die beiden Werte wahr und falsch durch eine fortlaufende Skala von Wahrscheinlichkeitswerten zwischen 0 und 1.

Die symbolische Logik ist auch auf die Biologie angewandt worden und verspricht großen Erfolg beim Studium der Sozialwissenschaften. Man kann logischen Problemen mit ihrer Hilfe auch eine solche Form geben, daß eine elektrische Rechenmaschine sie lösen kann. Ein derartiges Maschinengehirn wird wahrscheinlich eines Tages in der Lage sein, logische Probleme zu meistern, die über die Fähigkeiten des menschlichen Gehirns hinausgehen, wie dies ja für mathematische Probleme schon geschieht. Leibniz hat einmal gesagt, daß alle wissenschaftlichen Meinungsverschiedenheiten beseitigt werden könnten, wenn die symbolische Logik hoch genug entwickelt wäre: statt sich zu streiten, würden die Gelehrten sagen *calculemus*, das heißt, „rechnen wir es aus". Der moderne Logiker ist nicht ganz so optimistisch. Er weiß

nämlich, daß die Operationen der Maschine sich auf die deduktive Logik beschränken würden, und ihre Leistungen wären daher von der Qualität der Prämissen abhängig, welche der Mensch in die Maschine hineinsteckt; daher wäre er damit zufrieden, wenn wenigstens eine Reihe von Streitigkeiten so beigelegt werden könnten.
Die Logik macht den technischen Teil der Philosophie aus und ist darum ein unerläßliches Werkzeug für den Philosophen. Der Philosoph älteren Stils, der Angst vor der Präzision dieser Methode hat, möchte die symbolische Logik gern aus dem Gebiet der Philosophie ausschließen und sie dem Mathematiker überlassen. Aber er hat keinen großen Erfolg damit. Die jüngere Generation, so weit sie sich eine Kenntnis der symbolischen Schreibweise in elementaren Logikklassen aneignete, hat den Wert dieser modernen Form von Logik erkannt und besteht auf ihrer Anwendung. Wie jede symbolische Schreibweise, so erscheint auch die symbolische Logik dem Studenten zuerst umständlich und verwirrend; und erst nach einiger Übung sieht man, daß die neue Methode ein Mittel ist, um das logische Verständnis zu erhöhen und Gedankengänge klarzumachen. Beim Unterrichten der symbolischen Logik habe ich die Erfahrung gemacht, daß die Mehrzahl der Studenten am Anfang Angst hat und große Widerstände gegen die Symbole entwickelt; aber nach ungefähr zwei Wochen Praxis ändert sich das Bild, und die Klasse wird von erstaunlicher Begeisterung für den Symbolismus ergriffen. Es gibt immer nur ganz wenige Studenten, die nie zu einem wirklichen Verständnis kommen und eine dauernde Abneigung gegen den Symbolismus bezeigen.
Es scheint das Schicksal der symbolischen Logik zu sein, daß sie entweder leidenschaftlich gehaßt oder leidenschaftlich geliebt wird. Wer das zweite Stadium nicht erreichen kann, eignet sich wahrscheinlich besser für andere Dinge als wissenschaftliche Philosophie und würde wohl auf weniger abstrakten Gebieten erfolgreicher sein.

UNSER WISSEN VON DER ZUKUNFT

Die symbolische Logik, von der wir im vorangehenden Kapitel gesprochen haben, ist eine deduktive Logik; sie behandelt nur solche Gedankenoperationen, die durch logische Notwendigkeit ausgezeichnet sind. Die Erfahrungswissenschaft macht zwar weitgehenden Gebrauch von deduktiven Operationen, verlangt jedoch außerdem noch nach einer zweiten Art von Logik, die wegen der darin benutzten induktiven Operationen induktive Logik heißt.
Ein induktiver Schluß unterscheidet sich von einem deduktiven dadurch, daß er nicht leer ist, das heißt, daß er zu Folgerungen führt, die nicht in den Prämissen enthalten sind. Die Schlußfolgerung, daß alle Krähen schwarz sind, ist logisch nicht in der Prämisse enthalten, daß alle Krähen, die man bisher beobachtet hat, schwarz waren; die Schlußfolgerung kann falsch sein, während die Prämisse wahr ist. Induktion wird in der Wissenschaft benutzt, wenn es sich darum handelt, etwas Neues zu entdecken, d. h. zu einer Erkenntnis zu kommen, die über die Summe der bisherigen Beobachtungen hinausgeht; mit anderen Worten, der induktive Schluß ist das Instrument, mit dessen Hilfe man die Zukunft voraussagt.
Bacon war einer der ersten, der die Unentbehrlichkeit induktiver Schlüsse für die Wissenschaft erkannte, und seine Stellung in der Geschichte der Philosophie ist die eines Propheten der Induktion (Kap. 5). Bacon sah aber auch die Schwächen des induktiven Schlusses, die Tatsache, daß er nicht denknotwendig ist und darum möglicherweise zu falschen Folgerungen führen kann. Seine Bestrebungen, den induktiven Schluß zu verbessern, waren nicht allzu erfolgreich; induktive Schlüsse kom-

plizierterer Art, wie sie in der hypothetisch-deduktiven Methode des Wissenschaftlers benutzt werden (Kap. 6), sind Bacons einfacher Induktion weit überlegen. Doch kann auch diese Methode keine logische Notwendigkeit liefern; ihre Schlüsse können immer noch falsch sein, und die Zuverlässigkeit der deduktiven Logik ist für unser Wissen von der Zukunft unerreichbar.

Die hypothetisch-deduktive Methode, auch *erklärende Induktion* genannt, ist oft von Philosophen und Wissenschaftlern diskutiert worden; aber logisch ist sie vielfach mißverstanden worden. Da der Schluß von der Theorie zu den Beobachtungstatsachen oft mit Hilfe mathematischer Methoden vollzogen wird, glauben gewisse Philosophen, daß die Aufstellung von Theorien sich lediglich auf deduktive Logik gründet. Das ist jedoch eine unhaltbare Auffassung, weil es nicht der Schluß von der Theorie auf die Tatsachen, sondern umgekehrt, der Schluß von den Tatsachen auf die Theorie ist, welcher bestimmt, ob die Theorie angenommen werden kann. Dieser Schluß ist aber nicht deduktiv, sondern induktiv. Das, was gegeben ist, sind die beobachteten Tatsachen, und sie stellen das objektive Material dar, auf Grund dessen eine Theorie ihre Gültigkeit erlangt.

Fernerhin hat die Art, wie sich dieser Schluß in Wirklichkeit vollzieht, gewisse Philosophen zum Opfer eines zweiten Mißverständnisses gemacht. Der Forscher, der eine neue Theorie sucht, wird oft durch Vermutungen geleitet, die mehr einem Raten gleichen als einem systematischen Denken; er kann keine genaue Methode angeben, mit deren Hilfe er die Theorie gefunden hat, und sagt meistens nur, daß sie ihm vernünftig erschien, daß er die richtige Ahnung hatte, oder daß er ganz plötzlich erkannte, was für Annahmen den Tatsachen entsprechen würden. Es gibt Philosophen, die diese psychologische Beschreibung des Entdeckungsvorganges als einen Beweis dafür angesehen haben, daß man keine logischen Beziehungen formulieren kann, die von den Tatsachen zur

Theorie führen, und die deshalb darauf bestehen, daß eine logische Interpretation der hypothetisch-deduktiven Methode unmöglich ist. Der induktive Schluß ist für sie ein Raten, welches einer logischen Analyse nicht zugänglich ist. Diese Philosophen übersehen völlig, daß derselbe Wissenschaftler, der seine Theorie durch raten entdeckte, sie seinen Kollegen erst mitteilt, nachdem er gesehen hat, daß die Tatsachen sein Raten gerechtfertigt haben. Die induktive Schlußweise kommt gerade in diesem Rechtfertigungsanspruch zur Geltung, denn der Wissenschaftler will nicht nur behaupten, daß die Tatsachen aus seiner Theorie ableitbar sind, sondern auch, daß die Tatsachen seine Theorie wahrscheinlich machen und man die Theorie darum zur Voraussage zukünftiger Ereignisse verwenden darf. Der induktive Schluß wird nicht dazu benutzt, um eine Theorie zu finden, sondern um sie mit Hilfe von beobachteten Tatsachen zu rechtfertigen.

Die mystische Deutung der hypothetisch-deduktiven Methode als eines irrationalen Ratens entspringt aus einer Verwechslung von *Entdeckungszusammenhang* und *Rechtfertigungszusammenhang*. Der Entdeckungsakt selbst ist logischer Analyse unzugänglich; es gibt keine logischen Regeln, auf deren Grundlage eine Entdeckungsmaschine gebaut werden könnte, die die schöpferische Funktion des Genies übernehmen würde. Es ist jedoch auch gar nicht die Aufgabe des Logikers, wissenschaftliche Entdeckungen zu machen, er kann nur die Beziehungen zwischen gegebenen Tatsachen und einer Theorie analysieren, die mit dem Anspruch aufgestellt wird, daß sie diese Tatsachen erklärt. Logik, mit anderen Worten, ist nur am Rechtfertigungszusammenhang interessiert. Und die Rechtfertigung einer Theorie mit Hilfe von beobachteten Tatsachen ist das Thema der Induktionstheorie.

Das Studium des induktiven Schlusses gehört in die Wahrscheinlichkeitstheorie, da beobachtete Tatsachen eine Theorie nur wahrscheinlich, und nie absolut sicher machen können. Trotzdem sind manche, die wohl verstanden hatten, daß die Induktion in die Wahrscheinlichkeitstheorie eingeordnet werden muß, neuen Mißverständnissen zum Opfer gefallen. Es ist gar nicht einfach, die logische Struktur des Wahrscheinlichkeitsschlusses zu erkennen, der in der Bestätigung von Theorien durch Tatsachen angewandt wird. Manche Logiker haben geglaubt, daß diese Bestätigung als die Umkehrung des deduktiven Schlusses aufgefaßt werden kann; das heißt, wenn wir die Tatsachen deduktiv aus der Theorie ableiten können, dann können wir induktiv die Theorie aus den Tatsachen ableiten. Diese Deutung ist aber allzusehr vereinfacht. Um den induktiven Schluß zu ziehen, muß man viel mehr wissen als die deduktive Beziehung von der Theorie zu den Tatsachen.

Eine kurze Überlegung zeigt deutlich, daß der Bestätigungsschluß eine viel kompliziertere Struktur hat. Eine Klasse von Beobachtungstatsachen paßt immer auf mehr als *eine* Theorie, das heißt, es gibt mehrere Theorien, von denen die gleichen Tatsachen abgeleitet werden können. Der Induktionsschluß wird dazu benutzt, um jeder Theorie einen Grad von Wahrscheinlichkeit zuzuschreiben, und die Theorie mit dem höchsten Wahrscheinlichkeitsgrad wird dann von der Wissenschaft anerkannt. Offenbar muß man viel mehr wissen, als die deduktive Beziehung zu den Tatsachen, die für jede Theorie besteht, wenn man Theorien ihrer Glaubwürdigkeit nach unterscheiden will.

Wenn wir das Wesen des Bestätigungsschlusses verstehen wollen, müssen wir die Wahrscheinlichkeitstheorie studieren. Dieser Zweig der Mathematik hat Methoden entwickelt, die sich auf das allgemeine Problem der *indirekten Begründung* beziehen; und der Schluß, der wissenschaftliche Theorien begründet, ist nur ein Spezialfall davon. Zur Veranschaulichung des allgemeinen Problems möchte ich an die Schlüsse erinnern, von denen ein De-

tektiv auf der Suche nach einem Verbrecher Gebrauch macht. Er geht von gewissen Beobachtungen aus, wie zum Beispiel dem Fund eines blutgetränkten Taschentuches und eines Meißels im Zusammenhang mit dem Verschwinden einer reichen Erbin, und die verschiedensten Erklärungen sind für diese Ereignisse möglich. Der Detektiv versucht nun herauszufinden, welches die wahrscheinlichste Erklärung ist; dabei folgen seine Überlegungen den Regeln, die die Wahrscheinlichkeitstheorie aufgestellt hat. Indem er alle tatsächlichen Anhaltspunkte und seine ganze Kenntnis der menschlichen Psychologie benutzt, versucht er Schlüsse zu ziehen, die ihrerseits wieder mit Hilfe neuer Beobachtungen geprüft werden, welche er zu diesem Zweck anstellt. Jeder Bestätigungsversuch, der sich auf neues Material gründet, erhöht oder vermindert die Wahrscheinlichkeit der Erklärung; unter keinen Umständen kann die Erklärung jedoch als absolut sicher angesehen werden. Der Logiker, der das Schlußschema des Detektivs nachzukonstruieren versucht, findet den ganzen notwendigen Apparat in der Wahrscheinlichkeitsrechnung. Auch wenn ihm das statistische Material fehlt, das zu einer genauen Berechnung von Wahrscheinlichkeiten nötig ist, kann er doch die Formeln der Wahrscheinlichkeitsrechnung im qualitativen Sinne anwenden, wenn auf Grund des gegebenen Materials nur ungefähre Schätzungen der Wahrscheinlichkeiten möglich sind.
Die gleichen Überlegungen treffen auf eine Untersuchung der Wahrscheinlichkeit wissenschaftlicher Theorien zu, bei denen es sich auch darum handelt, unter verschiedenen möglichen Erklärungen beobachteter Geschehnisse eine auszuwählen. Die Auswahl wird im Hinblick auf den gesamten vorhandenen Wissensschatz vorgenommen, in dessen Rahmen gewisse Erklärungen wahrscheinlicher als andere erscheinen. Die endgültige Wahrscheinlichkeit ist also das Ergebnis einer Kombination mehrerer Wahrscheinlichkeiten. Die Wahrschein-

lichkeitsrechnung enthält eine für diese Berechnungen geeignete Formel in der *Regel von Bayes*, welche sich sowohl auf statistische Probleme als auch auf die Schlüsse des Detektivs und Bestätigungsschlüsse bezieht.

Dies ist der Grund, warum das Studium der induktiven Logik zur Wahrscheinlichkeitstheorie führt. Der induktive Schluß wird auf Grund seiner Prämissen wahrscheinlich, aber nicht absolut sicher; d. h. der induktive Schluß muß als eine Operation angesehen werden, die in den Rahmen der Wahrscheinlichkeitsrechnung gehört. Im Zusammenhang mit der Entwicklung, welche Kausalgesetze in Wahrscheinlichkeitsgesetze verwandelt hat, machen diese Überlegungen es deutlich, warum Wahrscheinlichkeitsuntersuchungen für ein Verständnis der modernen Wissenschaft so wichtig sind. Die Wahrscheinlichkeitstheorie liefert uns sowohl das Instrument zur Voraussage der Zukunft als auch die Form der Naturgesetze; sie stellt sozusagen das Nervensystem der Wissenschaft dar.

Man möchte glauben, daß die Wahrscheinlichkeitstheorie immer eine Domäne des Empirismus gewesen ist; aber die Geschichte der Wahrscheinlichkeit bestätigt diese Vermutung nicht. Rationalisten unserer Zeit, die gesehen haben, daß man ohne Wahrscheinlichkeitsbegriffe nicht auskommt, haben versucht, eine rationalistische Wahrscheinlichkeitstheorie zu konstruieren. Als Leibniz das Programm einer Wahrscheinlichkeitslogik aufstellte, deren Aufgabe es war, in der Form einer quantitativen Logik Grade von Wahrheit zu messen, hat er wohl kaum an eine empirische Lösung des Wahrscheinlichkeitsproblems gedacht. Sein Programm wurde dann von Logikern aufgenommen, denen das Werkzeug der symbolischen Logik zur Verfügung stand. Booles Wahrscheinlichkeitslogik gehört wohl in das rationalistische Lager, und sicherlich gehört auch Keynes symbolische Wahrscheinlichkeitstheorie hierher, mit ihrem Versuch, Wahrscheinlichkeit als Maß rationalen Glaubens zu interpretieren.

Diese Ideen sind von zeitgenössischen Logikern weitergeführt worden, welche sich allerdings dagegen wehren würden, Rationalisten genannt zu werden, deren Werk sie aber in diese Gruppe einreiht, wenigstens soweit es sich um ihre Interpretation der Wahrscheinlichkeit handelt.
Der Rationalist findet Wahrscheinlichkeiten, indem er einen logischen Schluß durch eine Art von logischem Kurzschluß ersetzt; er glaubt, wo Gründe fehlen, darf die Vernunft die Entscheidung treffen. Welche Seite wird die Münze zeigen, die ich in die Luft werfe? Darüber weiß ich nichts, und habe also keinen Grund, eine Seite der anderen vorzuziehen; darum schließe ich, daß die beiden Möglichkeiten gleichwahrscheinlich sind und schreibe jeder die Wahrscheinlichkeit ein halb zu. Das Fehlen von Gründen wird als Grund dazu aufgefaßt, gleiche Wahrscheinlichkeiten anzunehmen. Das ist das Prinzip einer rationalistischen Auffassung der Wahrscheinlichkeit; es wird unter dem Namen *Prinzip vom mangelnden Grunde*, oder *Indifferenzprinzip*, von den Rationalisten als ein logisches Postulat und, wie andere logische Prinzipien, als denknotwendig angesehen.
Diese Interpretation der Wahrscheinlichkeit bereitet deswegen so große Schwierigkeiten, weil sie den analytischen Charakter der Logik aufgibt und sich auf ein synthetisches Apriori stützt. Eine Wahrscheinlichkeitsaussage ist nicht leer; wenn wir eine Münze in die Luft werfen und sagen, daß die Wahrscheinlichkeit, mit der sie eine bestimmte Seite zeigen wird, einhalb ist, dann sagen wir damit etwas über zukünftige Ereignisse aus. Was wir aussagen, ist vielleicht nicht so ganz leicht zu fassen; aber die Aussage muß sich irgendwie auf die Zukunft beziehen, da wir sie als eine Anweisung zum Handeln ansehen. Wir halten es zum Beispiel für ratsam, nur im Verhältnis eins zu eins auf eine bestimmte Seite einer Münze zu wetten, und würden niemandem anraten, einen höheren Einsatz zu bieten. Mit dieser Anweisung

wird eine Annahme über die Zukunft gemacht. In der Tat erfordert jede geplante Handlung ein gewisses Wissen von der Zukunft; und wenn wir kein absolut sicheres Wissen haben, begnügen wir uns eben statt dessen mit wahrscheinlichem Wissen.

Das Prinzip vom mangelnden Grunde bringt den Rationalismus in alle aus der Geschichte der Philosophie bekannten Schwierigkeiten. Warum soll die Natur der Vernunft folgen? Warum müssen Ereignisse gleichwahrscheinlich sein, wenn wir gleich viel oder gleich wenig über sie wissen? Paßt sich die Natur der menschlichen Unwissenheit an? Auf solche Fragen gibt es keine Antwort — oder man muß an eine Harmonie zwischen Vernunft und Natur, das heißt an ein synthetisches Apriori glauben.

Angesichts dieser Schwierigkeiten haben einige Philosophen versucht, dem Prinzip vom mangelnden Grunde eine analytische Interpretation zu geben. Dieser Deutung zufolge soll die Aussage, daß die Wahrscheinlichkeit ein halb besteht, nichts über die Zukunft heißen, sondern nur die Tatsache ausdrücken, daß wir über das Geschehen eines Ereignisses nicht mehr wissen als über das Geschehen des gegenteiligen Ereignisses. Mit einer solchen Deutung kann man die Wahrscheinlichkeitsaussage natürlich leicht rechtfertigen, nur verliert sie dann ihren Charakter als Anweisung zum Handeln. Mit anderen Worten: der Übergang von gleichem Wissen zu gleicher Wahrscheinlichkeit wird zwar analytisch, aber dafür bleibt man für einen synthetischen Übergang die Erklärung schuldig: wenn gleiche Wahrscheinlichkeiten gleiche Unwissenheit bedeuten, warum sollen wir dann gleiche Wahrscheinlichkeiten als Rechtfertigung für eine Wette im Verhältnis eins zu eins ansehen? Mit dieser Frage kommen wir zu dem gleichen Problem zurück, das die analytische Deutung des Prinzips vom mangelnden Grunde umgehen wollte.

Die rationalistische Interpretation der Wahrscheinlichkeit muß als ein Überbleibsel spekulativer Philosophie angesehen werden und hat nichts in einer wissenschaftlichen Philosophie zu suchen. Der wissenschaftliche Philosoph besteht darauf, daß die Wahrscheinlichkeitstheorie in eine Philosophie eingegliedert wird, die es grundsätzlich ablehnt, zu einem synthetischen Apriori ihre Zuflucht zu nehmen.

Die empiristische Philosophie der Wahrscheinlichkeit gründet sich auf die *Häufigkeitsdeutung*. Wahrscheinlichkeitsaussagen drücken die relative Häufigkeit wiederholter Ereignisse aus, das heißt, Häufigkeiten, die als ein Prozentsatz der Gesamtzahl aller Fälle gezählt werden. Sie werden aus den in der Vergangenheit beobachteten Häufigkeiten abgeleitet und enthalten die Annahme, daß die Häufigkeiten in der Zukunft annähernd dieselben bleiben. Man erhält solche Aussagen also mit Hilfe eines induktiven Schlusses. Wenn wir die Wahrscheinlichkeit, daß eine in die Luft geworfene Münze eine bestimmte Seite zeigen wird, als ein halb ansehen, dann meinen wir damit, daß die Münze bei wiederholtem Werfen in fünfzig Prozent der Fälle diese Seite zeigen wird. In dieser Deutung sind die beim Wetten üblichen Regeln leicht zu erklären; wenn man sagt, daß beim Werfen einer Münze gleiche Einsätze für beide Spieler angemessen sind, dann heißt das, daß diese Regel in wiederholter Anwendung schließlich zu gleichen Gewinnen für beide Spieler führen wird. Die Vorzüge dieser Deutung sind offensichtlich; was wir zu untersuchen haben, sind die mit ihr verbundenen Schwierigkeiten. Und zwar sind es im wesentlichen zwei Schwierigkeiten, die sich für die Häufigkeitsdeutung herausstellen.

Die erste bezieht sich auf den Gebrauch des induktiven Schlusses. Für die Häufigkeitsdeutung ist der Grad der Wahrscheinlichkeit eine Angelegenheit der Erfahrung und nicht der Vernunft. Wenn wir nicht beobachtet hätten, daß wir beim Werfen einer Münze für beide Seiten die gleiche Häufigkeit bekommen, würden wir

nicht von gleichen Wahrscheinlichkeiten sprechen; das Prinzip vom mangelnden Grunde ist eine rationalistische Verdrehung einer Erkenntnis, die auf Erfahrung beruht. Dieses Mißverständnis erinnert an ähnliche rationalistische Trugschlüsse, wie z. B. die aprioristische Deutung der Gesetze der Geometrie und des Kausalitätsprinzips; beide werden von der heutigen Wissenschaft als das Produkt der Erfahrung angesehen. Aber die Behauptung, daß häufige Wiederholungen gleichartiger Ereignisse zahlenmäßigen Gesetzen unterliegen, kann nur mit Hilfe induktiver Schlüsse aufgestellt werden und scheint ein Prinzip zu enthalten, das selbst nicht von der Erfahrung ableitbar ist. Zwischen einer empiristischen Philosophie und einer Lösung des Induktionsproblems steht Humes Kritik des induktiven Schlusses, welche zeigt, daß die Induktion weder a priori noch a posteriori ist (Kap. 5). Die zweite Schwierigkeit der Häufigkeitsdeutung hängt mit der Anwendbarkeit einer Wahrscheinlichkeitsaussage auf den Einzelfall zusammen. Ein naher Verwandter von mir ist schwerkrank, und ich frage den Doktor nach der Wahrscheinlichkeit, daß er die Krankheit überstehen wird. Der Doktor antwortet mir darauf, daß der Patient in 75 % der Fälle die Krankeit überlebt. Aber was kann mir diese Häufigkeitsaussage helfen? Für den Arzt bedeutet sie vielleicht etwas, weil er viele Patienten hat; denn er erfährt daraus, wie groß der Prozentsatz der Sterbefälle ist. Ich bin aber nur an einer ganz bestimmten Person interessiert und will wissen, wie groß die Wahrscheinlichkeit ist, daß diese Person am Leben bleibt. Es scheint gar keinen Sinn zu haben, wenn die Wahrscheinlichkeit eines einzelnen Ereignisses in Form einer Häufigkeit ausgedrückt wird.
Diese Einwände sollen nun beantwortet werden, und zwar der zweite zuerst. Wir sprechen in der Tat oft von der Wahrscheinlichkeit eines einzelnen Ereignisses. Daraus folgt aber noch nicht, daß der Sinn, den wir gewöhnlich mit unseren Worten verbinden, eine richtige Deutung

darstellt. Denken wir an die voraufgegangene Diskussion der Bedeutung einer Implikation (Kap. 10). „Wenn ein elektrischer Strom durch den Draht fließt, dann wird die Magnetnadel abgelenkt". Wir glauben, daß die *wenn-dann*-Beziehung einen Sinn für das Einzelereignis hat: daß der elektrische Strom notwendigerweise die Ablenkung der Magnetnadel hervorbringt. Die logische Analyse zeigt uns, daß dies eine falsche Interpretation ist, daß die Notwendigkeit einer Implikation mit ihrer Allgemeingültigkeit zusammenhängt, und daß unter der notwendigen Verknüpfung zweier Ereignisse lediglich die Tatsache zu verstehen ist, daß immer, wenn das eine geschieht, auch das andere geschieht. Im Einzelfall vergessen wir diese Analyse und glauben, daß wir von einer Implikation, die sich auf diesen Einzelfall bezieht, sprechen können. Es ist gar nicht leicht, sich von dieser Deutung zu befreien. „Wenn ich diesen Hahn aufdrehe, dann kommt Wasser heraus". Wir sind davon überzeugt, daß wir hier nur über den Einzelfall sprechen, daß das Aufdrehen des Hahns das Herauslaufen des Wassers hervorrufen muß. Wenn der Logiker uns erklärt, daß es sich hier um eine Allgemeinbeziehung handelt, daß wir nämlich hier über alle Wasserhähne in der Welt sprechen, haben wir zunächst unsere Zweifel — und doch müssen wir seine Deutung anerkennen, wenn unsere Worte überhaupt einen verifizierbaren Sinn haben sollen.

Von der gleichen Art ist die Interpretation der Wahrscheinlichkeitsaussage. Wir glauben, es sei sinnvoll zu behaupten, daß eine Wahrscheinlichkeit von 75 % dafür besteht, daß unser Freund X am Leben bleiben wird; aber in Wirklichkeit drückt die Aussage etwas über eine Klasse von Personen aus, die die gleiche Krankheit haben. Wir würden natürlich sehr gern etwas über den Einzelfall wissen; aber X wird entweder am Leben bleiben oder nicht — es hat keinen Sinn, einen Grad der Wahrscheinlichkeit auf ein einzelnes Ereignis zu beziehen, denn man kann ein einzelnes Ereignis nicht in Graden messen.

Nehmen wir einmal an, daß X seine Krankheit übersteht – würde diese Tatsache die Voraussage verifizieren, welche sich auf eine Wahrscheinlichkeit von 75 % bezog? Offensichtlich nicht, da eine Wahrscheinlichkeit sowohl mit dem Geschehen als auch mit dem Nichtgeschehen eines Ereignisses vereinbar ist. Wenn wir eine große Anzahl Fälle betrachten, dann können wir den Bruchteil von 75 % ausdrücken und daher mit Hilfe von Beobachtungen prüfen. Ein Einzelfall kann aber nicht bis zu einem gewissen Grade vorkommen. Eine Aussage über die Wahrscheinlichkeit eines Einzelfalles ist sinnlos.
Und doch sind solche Aussagen nicht ganz so unvernünftig wie sie nach dieser logischen Analyse erscheinen mögen. Es mag unter Umständen praktisch sein, einer Wahrscheinlichkeit für ein einzelnes Ereignis einen Sinn zu geben, wenn unsere tägliche Erfahrung uns eine Anzahl ähnlicher Fälle liefert. Wer glaubt, daß das Wasser herausfließen *muß*, wenn der Hahn aufgedreht wird, folgt einer guten Angewohnheit, da sein Glaube ihm dazu verhilft, über die Gesamtheit solcher Ereignisse richtige Aussagen zu machen. Ebenso hat jemand, der daran glaubt, daß sich eine Wahrscheinlichkeit von 75 % auf einen Einzelfall bezieht, eine gute Gewohnheit angenommen, da sein Glaube ihn zu der Behauptung veranlaßt, daß bezüglich einer großen Anzahl ähnlicher Fälle 75 % seiner Voraussagen bestätigt werden. Diese Überlegung gilt sogar auch, wenn uns die tägliche Erfahrung nicht gleiche Fälle, sondern eine Anzahl verschiedener Fälle mit verschiedenen Graden von Wahrscheinlichkeit liefert. Heute mag es sich um einen Krankheitsfall handeln, für welchen eine Wahrscheinlichkeit von 75 % besteht, daß der Kranke gesund wird; morgen um eine Voraussage, daß 90 % Wahrscheinlichkeit für schönes Wetter besteht, übermorgen um eine Voraussage von 60 % Wahrscheinlichkeit für das Steigen von Wertpapieren – wenn wir in allen diesen Fällen auf das wahrscheinlichere Ereignis setzen, werden wir öfter recht als

unrecht behalten. Die vielen Ereignisse des täglichen Lebens bilden eine Folge, so inhomogen sie auch sein mag, auf welche man die Häufigkeitsdeutung der Wahrscheinlichkeit anwenden kann. Es ist harmlos, ja sogar nützlich, von einer Bedeutung der Wahrscheinlichkeit für den Einzelfall zu sprechen, da eine solche Redeweise zu einer richtigen Bewertung der Zukunft führt, sobald sie in eine Aussage über eine Folge von Ereignissen übersetzt wird.

Solche Sprachangewohnheiten brauchen den Logiker nicht unglücklich zu machen, denn er hat die Mittel, sie in seiner Logik unterzubringen. Aussagen dieser Art haben einen fiktiven Sinn und sind unvollständige Sprachformen, welche ein scheinbar unabhängiges Leben führen, die aber nur deswegen sinnvoll sind, weil sie in andersgeartete Aussagen übersetzt werden können. Der Logiker erlaubt z. B. dem Mathematiker, von einem unendlich entfernten Punkt zu sprechen, in welchem sich zwei Parallelen treffen, weil er weiß, daß dies soviel heißt, wie daß die beiden Linien sich nicht in endlicher Entfernung schneiden. Ebenso erlaubt uns der Logiker auch, von einer einzelnen notwendigen Implikation oder von der Wahrscheinlichkeit eines einzelnen Ereignisses zu sprechen, und schreibt dieser Redeweise einen fiktiven Sinn zu. Der technische Ausdruck dafür heißt *Sinnübertragung* vom allgemeinen auf den Einzelfall. Wenn Sprachformen nützlich sind, kann der Logiker immer mit ihnen fertig werden.

Unterschiede ergeben sich nicht in der Umgangssprache, sondern erst dann, wenn wir über die Bedeutung solcher Aussagen sprechen, und diese Unterschiede sind philosophischer Natur. Der Logiker, der versteht, daß Wahrscheinlichkeitsaussagen auf Häufigkeit Bezug nehmen, kommt zu einer merkwürdigen Bewertung von Wahrscheinlichkeitsaussagen, die sie von anderen Aussagen unterscheidet. Diesen Unterschied möchte ich im folgengenden deutlich machen.

Angenommen, jemand spielt mit einem Würfel und man soll voraussagen, ob er eine „Sechs" oder „Nicht-Sechs" werfen wird. Man wird natürlich vorziehen, „nicht-sechs" vorauszusagen. Warum? Mit Bestimmtheit kann man ja nichts darüber wissen; aber die Wahrscheinlichkeit für „nicht-sechs" ist größer, nämlich 5/6. Man kann zwar nicht behaupten, daß die Voraussage eintreffen wird; aber sie ist vorteilhafter als die gegenteilige Aussage, da man in der größeren Anzahl der Fälle recht behalten wird.
Eine derartige Aussage habe ich eine Setzung genannt. Eine Setzung ist ein Satz, den wir als wahr ansehen, obgleich wir nicht wissen, ob er es ist. Wir versuchen, unsere Setzungen so zu wählen, daß sie so oft wie möglich wahr sind. Der Grad der Wahrscheinlichkeit gibt uns eine *Bewertung* der Setzung; er sagt uns, wie gut die Setzung ist, und das ist die einzige Funktion einer Wahrscheinlichkeit. Wenn wir die Wahl zwischen einer Setzung mit der Bewertung 5/6 und einer mit 2/3 haben, dann ziehen wir die erste vor, weil sie sich öfter verwirklichen wird. Man sieht also, daß der Grad der Wahrscheinlichkeit nichts mit der Wahrheit der einzelnen Aussage zu tun hat, sondern daß er eine Anweisung dafür ist, wie wir unsere Setzungen wählen sollen.
Die Methode des Setzens wird auf alle möglichen Arten von Wahrscheinlichkeitsaussagen angewendet. Wenn man uns sagt, daß morgen die Wahrscheinlichkeit für Regen 80 % ist, dann setzen wir auf Regen und handeln danach; wir sagen z. B. dem Gärtner, daß er morgen unseren Garten nicht zu sprengen braucht. Wenn wir eine Information darüber haben, daß die Börse morgen voraussichtlich fällt, verkaufen wir unsere Papiere. Wenn uns der Doktor sagt, daß das Rauchen wahrscheinlich unsere Lebenszeit verkürzt, dann hören wir mit dem Rauchen auf. Wenn wir hören, daß wir wahrscheinlich eine besser bezahlte Stellung bekommen können, bewerben wir uns darum. Obgleich alle diese Aussagen über zukünftige Ereignisse wahrscheinlich sind, behandeln wir sie doch so,

als ob sie wahr sind und handeln entsprechend; das heißt, wir benutzen sie im Sinne von Setzungen.

Der Begriff der Setzung ist der Schlüssel, der uns die Bedeutung alles Zukunftswissens erschließt. Man kann eine Aussage über die Zukunft nicht mit dem Anspruch machen, daß sie wahr ist; wir können uns immer vorstellen, daß das Gegenteil eintritt, und man kann den Gedanken nie ganz ausschließen, daß das, was heute bloße Phantasie ist, in der Zukunft Wirklichkeit wird. Vor dieser Tatsache bricht jede rationalistische Deutung der Erkenntnis zusammen. Eine Voraussage zukünftiger Erfahrungen kann nur im Sinne eines Versuchs gemacht werden; wir müssen mit der Möglichkeit rechnen, daß sie falsch ist, und wenn sie dann wirklich falsch sein sollte, sind wir zu einem neuen Versuch bereit. Die Methode von Versuch und Irrtum ist das einzige Mittel, das uns zu Voraussagen zur Verfügung steht. Eine Voraussage ist eine Setzung, und an Stelle ihrer Wahrheit kennen wir nur ihre Bewertung, die sich aus ihrer Wahrscheinlichkeit ergibt.

Die Deutung von Voraussagen als Setzungen löst das letzte Problem, das für eine empiristische Auffassung der Erkenntnis übriggeblieben war: das Induktionsproblem. Der Empirismus brach unter Humes Kritik der Induktion zusammen, weil er sich nicht von der grundlegenden rationalistischen Forderung frei gemacht hatte, daß alle Erkenntnis als wahr beweisbar sein muß. Unter diesem Gesichtspunkt ist die induktive Methode nicht zu rechtfertigen, da es keinen Beweis dafür gibt, daß sie zu wahren Schlüssen führt. Es sieht aber ganz anders aus, wenn eine Prophezeiung als eine Setzung aufgefaßt wird. In dieser Interpretation bedarf es keines Beweises, daß sie wahr ist; alles, was man verlangen kann, ist ein Beweis dafür, daß sie eine gute, oder sogar die bestmögliche Setzung ist. Ein solcher Beweis kann erbracht werden, und auf diese Weise ist es möglich, für das Induktionsproblem eine Lösung zu geben.

Dieser Beweis verlangt eine Untersuchung besonderer Art. Man kann ihn nicht einfach dadurch geben, daß man zeigt, der induktive Schluß habe eine hohe Wahrscheinlichkeit. Vielmehr verlangt der Beweis nach einer Analyse der Wahrscheinlichkeitsmethoden und muß auf Überlegungen begründet sein, die selbst unabhängig von diesen Methoden sind. Die Rechtfertigung der Induktion muß außerhalb des Rahmens der Wahrscheinlichkeitstheorie gegeben werden, da die Wahrscheinlichkeitstheorie den Gebrauch der Induktion voraussetzt. Die Bedeutung dieses Gedankens soll im folgenden auseinandergesetzt werden.

Der Beweis beginnt mit einer mathematischen Untersuchung. Die Wahrscheinlichkeitsrechnung ist, ähnlich wie die Geometrie, in axiomatischer Form aufgestellt worden; dieser Aufbau zeigt, daß alle Axiome der Wahrscheinlichkeit rein mathematische Lehrsätze und damit analytische Aussagen sind, sobald man die Häufigkeitsdeutung anerkennt. Der einzige Punkt, wo ein nichtanalytisches Prinzip auftritt, ist die Ermittlung eines Wahrscheinlichkeitsgrades mit Hilfe eines induktiven Schlusses. Wir finden eine gewisse relative Häufigkeit für eine Folge von beobachteten Ereignissen und machen die Annahme, daß ungefähr die gleiche Häufigkeit bestehen wird, wenn diese Folge fortgesetzt wird — das ist das einzige synthetische Prinzip, auf welchem die Anwendung der Wahrscheinlichkeitsrechnung beruht.

Dies ist ein sehr bedeutsames Resultat. Die verschiedenen Formen der Induktion, einschließlich der hypothetisch-deduktiven Methode können durch deduktive Methoden dargestellt werden, zu denen lediglich die Induktion durch Aufzählung hinzutritt. Die axiomatische Methode liefert den Beweis, daß alle Formen der Induktion auf Induktion durch Aufzählung zurückzuführen sind: der moderne Mathematiker beweist, was Hume als selbstverständlich angenommen hatte.

Zunächst mag dieses Resultat überraschend erschei-

nen, weil erklärende Hypothesen oder indirekte Begründungen ganz anders als Induktion durch Aufzählung aussehen. Da es aber möglich ist, alle Formen indirekter Begründung als Schlüsse aufzufassen, die aus der mathematischen Wahrscheinlichkeitsrechnung ableitbar sind, sind auch diese Schlüsse in dem Ergebnis der axiomatischen Konstruktion inbegriffen. Mit deduktiver Strenge beherrscht das axiomatische System die entlegendsten Formen von Wahrscheinlichkeitsschlüssen, wie ein Ingenieur ein entferntes Geschoß mit Hilfe von Radiowellen lenkt; auch die verwickelten Schlußweisen, die der Detektiv oder der Wissenschaftler benutzt, sind aus den Axiomen ableitbar. Diese Schlußweisen sind der einfachen Induktion durch Aufzählung überlegen, weil sie so viel deduktive Logik enthalten — ihr induktiver Inhalt ist jedoch erschöpfend als ein Netz von Induktionen durch Aufzählung beschrieben.
Ich möchte hier zeigen, wie aufzählende Induktionen zu einem Netz zusammengeschlossen werden können. Jahrhundertelang haben die Europäer nur weiße Schwäne gekannt und schlossen daraufhin, daß die Schwäne in der ganzen Welt weiß seien. Eines Tages aber entdeckte man schwarze Schwäne in Australien, und es zeigte sich also, daß der induktive Schluß zu einer falschen Behauptung geführt hatte. Hätte man diesen Irrtum vermeiden können? Da man weiß, daß andere Vogelarten große Farbenunterschiede unter ihren einzelnen Vertretern zeigen, hätte der Logiker in der Tat gegen diesen Schluß Einspruch erheben sollen; er hätte darauf hinweisen können, daß sehr wohl bei den Schwänen verschiedene Farben vorkommen könnten, da die einzelnen Vertreter anderer Vogelarten auch Farbenunterschiede zeigen. Hier haben wir ein Beispiel dafür, daß man eine Induktion mit Hilfe einer anderen korrigieren kann. In Wirklichkeit werden fast alle induktiven Schlüsse innerhalb eines Netzes, und nicht isoliert, gezogen. Ein Biologe erzählte mir einmal, daß er die Erblichkeit einer künst-

lichen Mutation durch viele Generationen hindurch geprüft habe und deswegen mit Sicherheit annehme, daß sie eine echte Mutation sei. Als ich ihn danach fragte, wie viele Generationen er beobachtet habe, antwortete er mir, daß er fünfzig Generationen von Fliegen zu diesem Zweck untersucht habe. Für einen Versicherungsstatistiker, der daran gewöhnt ist, sich mit Millionen von Fällen zu befassen, ehe er einen Schluß zieht, wäre das eine kleine Zahl. Aber was heißt eine große Zahl? Diese Frage kann man nur auf Grund anderer Induktionen beantworten, die uns darüber Auskunft geben, wie groß eine Zahl sein muß, damit wir das Fortbestehen einer beobachteten Häufigkeit erwarten können. Um eine Vererbungshypothese zu prüfen, genügen fünfzig Generationen. Wenn der Arzt einem Patienten den Wassermanntest gibt, um zu sehen, ob er Syphilis hat, dann macht er nur *eine* Beobachtung; die Zahl Eins ist also hier eine hinreichend große Zahl für einen induktiven Schluß. Daß sie es ist, wird durch andere induktive Schlüsse erwiesen, die gezeigt haben, daß, wenn *ein* Resultat positiv oder negativ ist, alle weiteren Resultate es auch sind. Wenn ich behaupte, daß alle induktiven Schlüsse auf Induktion durch Aufzählung zurückgeführt werden können, dann meine ich damit, daß sie als ein Netz solcher einfachen Induktionen aufzufassen sind. Die Methode, mit deren Hilfe man die elementaren Schlüsse untereinander verbindet, kann natürlich wesentlich komplizierter sein als diejenige, welche ich in dem oben angeführten Beispiel angewandt habe.

Da man alle induktiven Schlüsse auf Induktion durch Aufzählung zurückführen kann, braucht man zu einer logischen Rechtfertigung induktiver Schlüsse nur die Induktion durch Aufzählung zu rechtfertigen. Eine solche Rechtfertigung ist nun in der Tat möglich, wenn man sich darüber klar ist, daß induktive Schlüsse nicht beanspruchen, zu wahren Sätzen zu führen, sondern daß sie nur zur Gewinnung von Setzungen benutzt werden.

Wenn wir die relative Häufigkeit eines Ereignisses zählen, dann finden wir, daß der Prozentsatz sich zwar mit der Anzahl der beobachteten Fälle ändert, daß die Abweichungen jedoch mit wachsender Anzahl geringer werden. Zum Beispiel zeigen Geburtsstatistiken vielleicht anfangs, daß auf tausend Geburten 49 % Knaben kommen; erhöhen wir die Anzahl der Fälle, finden wir vielleicht 52 % Knaben auf 5000 Geburten, und weiterhin 51 % Knaben auf 10 000 Geburten. Nehmen wir für den Augenblick an, daß wir wissen, wir erreichen schließlich einen unveränderlichen Prozentsatz, wenn wir mit der gleichen Methode fortfahren — der Mathematiker spricht von einem Limes der Häufigkeit — welchen Zahlenwert sollen wir dann für diesen endgültigen Prozentsatz ansetzen? Das beste, was wir tun können, ist den zuletzt gefundenen Wert als den bleibenden anzusehen und ihn für unsere Setzung zu benutzen. Wenn diese Setzung im Verfolg weiterer Beobachtungen sich als falsch herausstellt, verbessern wir sie; konvergiert die Folge aber auf einen endgültigen Prozentsatz hin, dann müssen wir schließlich durch dies Verfahren Werte erreichen, die nahe bei dem endgültigen Wert liegen. Der induktive Schluß erweist sich also als das beste Mittel, den endgültigen Prozentsatz und damit die Wahrscheinlichkeit eines Ereignisses zu finden, wenn es überhaupt einen solchen endgültigen Prozentsatz gibt, das heißt, wenn die Folge einem Limes zustrebt.

Woher weiß man denn nun, ob es einen Limes der Häufigkeit gibt? Für diese Annahme haben wir natürlich keinen Beweis. Aber folgendes weiß man: wenn es einen Limes gibt, dann kann man ihn mit Hilfe der induktiven Methode finden. Wer den Limes der Häufigkeit finden will, benutzt also den induktiven Schluß — dieser Schluß ist das beste Mittel, das uns zur Verfügung steht, denn wenn das Ziel überhaupt erreichbar ist, wird man es auf diese Weise finden. Wenn es nicht erreichbar ist, war der Versuch vergebens; aber dann auch jeder andere Versuch.

Es liegt nahe, diesen Gedanken durch ein Gleichnis zu illustrieren: Wer induktive Schlüsse benutzt, gleicht einem Fischer, der sein Netz an einer unbekannten Stelle des Meeres auswirft — er weiß nicht, ob er Fische fangen wird, aber er weiß auch, daß er sein Netz auswerfen muß, falls er Fische fangen will. Jede induktive Voraussage gleicht einem Netz, das man in das Meer physikalischer Ereignisse hineinwirft; wir wissen nichts darüber, ob wir einen guten Fang tun werden, aber wir versuchen es wenigstens und bedienen uns des besten Mittels, das uns zur Verfügung steht.

Wir versuchen es, weil wir handeln wollen — und wer handeln will, kann nicht darauf warten, bis die Zukunft zur Erfahrung geworden ist. Das Ziel, die Zukunft zu beherrschen — zukünftige Ereignisse bewußt zu planen — setzt ein Wissen von der Zukunft voraus; wir müssen wissen, was als Folge unserer Handlungen geschehen wird, und weiter, was die Folgen dieser Folgen sein werden. Und wenn wir die Wahrheit darüber nicht wissen, dann benutzen wir an ihrer Stelle unsere besten Setzungen. Setzungen ermöglichen uns zu handeln, wo uns die Wahrheit nicht zugänglich ist; die Induktion ist gerechtfertigt als das beste uns bekannte Mittel zum Handeln.

Dies ist eine sehr einfache Rechtfertigung der Induktion; sie zeigt, daß der induktive Schluß das beste Mittel zur Erreichung eines bestimmten Zieles ist. Das Ziel besteht darin, die Zukunft vorauszusagen — wenn man von dem Suchen nach einem Limes der Häufigkeit spricht, so bedeutet dies nur eine andere Ausdrucksweise für das gleiche Ziel. Diese Formulierung hat deshalb den gleichen Sinn, weil alles Wissen von der Zukunft Wahrscheinlichkeitswissen ist, und Wahrscheinlichkeit bedeutet soviel wie Limes einer Häufigkeit. Eine wahrscheinlichkeitstheoretische Deutung der Naturerkenntnis erlaubt uns, die Rechtfertigung der Induktion zu geben; und sie liefert den Beweis dafür, daß die Methode der Induktion unsere beste Führerin auf der Suche nach der einzigen uns errechenbaren Erkenntnisform darstellt. Alles Wissen ist Wahrscheinlichkeitswissen und kann nur im Sinne von Setzungen behauptet werden; und die induktive Methode ist das Mittel, um die besten Setzungen zu finden[1].

Diese Lösung des Induktionsproblems wird noch deutlicher, wenn man sie der rationalistischen Wahrscheinlichkeitstheorie gegenüberstellt. Das Prinzip vom unzureichenden Grunde, oder Indifferenzprinzip, das eine ähnliche logische Stellung einnimmt wie das Induktionsprinzip, da es zur Ermittlung eines Wahrscheinlichkeitsgrades benutzt wird, wird von den Rationalisten als ein unmittelbar evidentes Prinzip der Logik angesehen; auf diese Weise kommen sie zu einer synthetischen Evidenz, zu einer synthetischen Logik a priori. Übrigens wird auch das Prinzip der Induktion durch Aufzählung oft als ein evidentes Prinzip angesehen; diese Auffassung stellt eine zweite Fassung einer synthetischen Wahrscheinlichkeits-

---

[1] Herr Professor Bertrand Russell hat in seinem Buch *Human Knowledge* (New York, 1948) meine Theorie der Wahrscheinlichkeit und Induktion kritisiert. Ich habe stets Russells kritische Fähigkeiten bewundert, kann aber in diesem Fall seine Einwände nur als das Ergebnis eines Mißverständnisses betrachten. Er hat z. B. nicht gesehen (S. 413 bis 414), daß in meiner Theorie gute Gründe dafür angegeben werden, eine Setzung als wahr zu behandeln, und daß man meine Induktionsregel nicht damit widerlegen kann, daß man Beispiele konstruiert, in denen die induktive Schlußfolgerung falsch ist. Die Antworten auf seine Einwände finden sich alle in meinem Buch *The Theory of Probability* (Berkeley, 1949), obwohl in diesem Buch nicht ausdrücklich auf Russells Einwände Bezug genommen wird, da es schon gedruckt war, ehe sein Buch herauskam. Aber die Darstellung meiner Theorie in englischer Sprache ist ausführlicher in ihren Formulierungen als das Original, das im Jahre 1935 in deutscher Sprache in Holland veröffentlicht worden ist und auf das sich Russells Kritik bezieht. Es ist sehr schade, daß Bertrand Russell, der so viel zur Beseitigung des synthetischen Apriori in der Mathematik beigetragen hat, jetzt anscheinend ein Anhänger des synthetischen Apriori in der Wahrscheinlichkeits- und Induktionstheorie geworden ist. Er glaubt, daß die Induktion „ein außer-logisches Prinzip, das nicht aus der Erfahrung stammt" voraussetzt (S. 124). Wenn man die Erkenntnis aber als System von Setzungen deutet, hat man ein solches Prinzip nicht nötig. Ich möchte die Hoffnung ausdrücken, daß Herr Professor Russell seine Ansichten ändert, nachdem er die oben erwähnte Darstellung gelesen hat.

logik a priori dar. Die empiristische Auffassung der induktiven Logik ist wesentlich anders. Das Prinzip der Induktion durch Aufzählung, welches ihr einziges synthetisches Prinzip ist, wird weder als evident noch als ein Postulat angesehen, dessen Geltung logisch bewiesen werden könnte. Was die Logik beweisen kann, ist nur, daß es ratsam ist, von dem Prinzip Gebrauch zu machen, wenn man ein bestimmtes Ziel im Auge hat, nämlich die Zukunft vorauszusagen. Dieser Beweis, die Rechtfertigung der Induktion, wird mit Hilfe analytischer Überlegungen erbracht. Der Empirist darf ein synthetisches Prinzip benutzen, weil er nicht behauptet, daß es wahr ist, oder zu wahren Schlüssen führt, oder zu richtigen Wahrscheinlichkeiten, oder zu irgendeiner anderen Art von Erfolg; alles, was er behauptet, ist, daß die Anwendung dieses Prinzips die vorteilhafteste Handlungsweise bedeutet. Das Aufgeben jeglichen Wahrheitsanspruchs versetzt ihn in die Lage, ein synthetisches Prinzip in eine analytische Logik einzubauen und die Bedingung zu befriedigen, daß das, was er auf der Basis seiner Logik *behauptet*, nur analytische Wahrheit ist. Er kann das tun, weil die induktive Schlußfolgerung von ihm nicht behauptet, sondern nur gesetzt wird; was er behauptet, ist, daß die Setzung der Schlußfolgerung ein Mittel zu seinem Zweck ist. Auf diese Weise wird das empiristische Prinzip, daß die reine Vernunft nur analytische Beiträge zur Erkenntnis liefern kann und daß es keine synthetische Evidenz gibt, völlig durchgeführt.
Die scheinbar unauflöslichen Schwierigkeiten des Empirismus, wie sie in David Humes Skeptizismus formuliert werden, waren das Ergebnis einer irrtümlichen Deutung des Erkenntnisverfahrens und verschwinden, wenn diese Deutung korrigiert wird – das ist das Resultat einer Philosophie, die auf dem Boden der modernen Wissenschaft erwachsen ist. Der Rationalist hatte die Welt nicht nur mit einer Reihe unhaltbarer spekulativer Systeme beschenkt, sondern er hatte auch die empiristische Deu-

tung der Erkenntnis vergiftet, indem er den Empiristen dazu veranlaßte, unerreichbaren Zielen nachzustreben. Die Auffassung der Erkenntnis als eines Systems von Aussagen, die als wahr bewiesen werden können, mußte erst durch die Entwicklung der Wissenschaft überwunden werden, ehe eine Lösung des Problems unseres Wissens von der Zukunft gefunden werden konnte. Die Suche nach Gewißheit mußte erst in der exaktesten aller Naturwissenschaften, der mathematischen Physik, ihr Ende finden, ehe der Philosoph für die Rechtmäßigkeit der wissenschaftlichen Methode Rechenschaft ablegen konnte.
Das Bild der wissenschaftlichen Methode, das uns die moderne Philosophie entwirft, ist von der traditionellen Auffassung sehr verschieden. Verschwunden ist das Ideal eines Weltalls, dessen Geschehen strengen Regeln folgt, eines prädeterminierten Kosmos, der abläuft wie eine aufgezogene Uhr. Verschwunden ist das Ideal des Wissenschaftlers, der die absolute Wahrheit kennt. Die Naturereignisse sind eher rollenden Würfeln als kreisenden Sternen vergleichbar; sie werden von Wahrscheinlichkeitsgesetzen beherrscht, nicht von strenger Kausalität, und der Wissenschaftler gleicht eher einem Spieler als einem Propheten. Er kann uns nur sagen, was seine besten Setzungen sind – er weiß aber nie vorher, ob sie sich bewahrheiten werden. Glücklicherweise ist er ein besserer Spieler als der Mann am grünen Spieltisch, weil er eine bessere statistische Methode benutzt. Und glücklicherweise hat er ein höheres Ziel – das Ziel, den Lauf der rollenden Würfel des Kosmos vorauszusagen. Wenn man ihn fragt, warum er seinen Methoden folgt, mit welchem Anspruch er seine Voraussagen macht, dann kann er darauf nicht antworten, daß er eine unfehlbare Kenntnis der Zukunft hat; er kann nur sagen, daß sie seine besten Wetten darstellen. Aber daß sie es sind, und daß wissenschaftlich geplantes Wetten das beste ist, was er tun kann, kann er beweisen – und wenn ein Mensch sein Bestes tut, was kann man dann noch mehr von ihm verlangen?

ZWISCHENSPIEL: HAMLETS MONOLOG

Sein oder nicht sein — das ist keine Frage, sondern eine Tautologie. Aber was interessieren mich leere Aussagen. Ich will wissen, ob ein synthetischer Satz wahr ist: ich will wissen, ob ich sein werde. Das heißt, ob ich den Mut habe, meinen Vater zu rächen.
Warum brauche ich Mut? Der König, der Gemahl meiner Mutter, ist ein mächtiger Mann, und ich setze mein Leben aufs Spiel. Wenn ich es aber allen klarmachen kann, daß er meinen Vater ermordet hat, dann sind sie alle auf meiner Seite. Wenn ich es allen klarmachen kann. Mir selbst ist es so völlig klar.
Warum ist es klar? Ich habe gute Beweise. Der Geist hat mir sehr triftige Gründe angegeben. Aber er ist nur ein Geist. Existiert er überhaupt? Ich konnte ihn doch nicht gut danach fragen. Vielleicht habe ich nur von ihm geträumt. Aber ich habe noch einen anderen Beweis. Dieser Mann hatte einen Beweggrund, um meinen Vater zu töten. Was für eine Gelegenheit, König von Dänemark zu werden! Und diese Hast, mit der meine Mutter ihn geheiratet hat. Mein Vater war immer ganz gesund gewesen. Das ist ein sehr guter Indizienbeweis.
Aber das ist es ja gerade; nichts als Indizien. Darf ich denn das, was nur wahrscheinlich ist, wirklich glauben? Hier ist der Punkt, wo ich den Mut verliere. Ich habe gar keine Angst vor dem jetzigen König. Ich habe Angst, auf Grund einer bloßen Wahrscheinlichkeit zu handeln. Der Logiker sagt mir, daß eine Wahrscheinlichkeit keinen Sinn hat für den Einzelfall. Was soll ich denn nun in diesem Fall tun? Das kommt davon, wenn man den Logiker fragt. Die angeborene Farbe der Entschließung wird durch des Gedankens Blässe angekränkelt. Aber wenn ich nun anfinge nachzudenken, nachdem

ich es also getan habe? Wenn ich dann fände, ich hätte es nicht tun dürfen?
Und doch, ist es wirklich so schlimm mit der Logik? Der Logiker sagt mir, daß ich eine Setzung machen darf, wenn etwas wahrscheinlich ist, und dann handeln soll, als ob sie wahr wäre. Wenn ich das tue, werde ich in den meisten Fällen recht haben. Werde ich aber in *diesem* Falle recht haben? Keine Antwort. Der Logiker sagt: handle. In den meisten Fällen wirst du recht behalten.
Ich sehe einen Ausweg. Ich werde noch bessere Beweise sammeln. Es ist wirklich eine gute Idee mit dem Theaterstück, das ich aufführen will. Das ist ein entscheidendes Experiment. Wenn sie ihn gemordet haben, können sie ihre Gefühle nicht verbergen. Das ist ein guter psychologischer Test. Wenn das Resultat positiv ist, weiß ich die ganze Geschichte mit Sicherheit. Siehst du? Es gibt mehr Dinge im Himmel und auf Erden, als deine Schulweisheit sich träumen läßt, mein lieber Logiker.
Ich weiß die Geschichte mit Sicherheit? Ich sehe dein ironisches Lächeln. Es gibt keine Gewißheit. Die Wahrscheinlichkeit wird größer, und meine Setzung bekommt eine höhere Bewertung. Ich kann auf einen größeren Prozentsatz richtiger Ergebnisse rechnen. Das ist alles, was ich erreichen kann. Ich kann nicht davon wegkommen, eine Setzung zu machen. Ich will Gewißheit; aber das einzige, was mir der Logiker raten kann, ist, eine Setzung zu machen.
Hier bin ich, der ewige Hamlet. Was habe ich davon, den Logiker zu fragen, wenn er mir nur sagt, ich soll Setzungen machen? Sein Rat bestätigt mich in meinem Zweifel, statt daß er mir Mut gibt zu handeln. Logik ist nichts für mich. Man muß mehr Mut als Hamlet haben, um sich immer von der Logik leiten zu lassen.

DIE FUNKTIONELLE AUFFASSUNG DER ERKENNTNIS

In den voraufgehenden Kapiteln haben wir uns mit einer Reihe von Resultaten der wissenschaftlichen Philosophie beschäftigt; außerdem haben wir die beiden Hauptwerkzeuge der Erkenntnis, die deduktive und die induktive Logik, im Hinblick auf ihre Methoden und Ergebnisse behandelt. In diesem Kapitel möchte ich eine Zusammenfassung der allgemeinen Grundlagen der wissenschaftlichen Philosophie geben, in deren Rahmen ein neuer Erkenntnisbegriff entwickelt und das Problem der physikalischen Außenwelt auf wissenschaftliche Weise gelöst worden ist. Um das Wesen dieser Auffassung deutlich zu machen, will ich sie mit dem Erkenntnisbegriff vergleichen, den Anhänger der traditionellen philosophischen Systeme mehr oder weniger offen verteidigen.
Die spekulative Philosophie ist durch einen *transzendenten* Erkenntnisbegriff ausgezeichnet, nach welchem die Erkenntnis über beobachtete Dinge hinausgeht und auf anderen Quellen als der Sinneswahrnehmung beruht. Die wissenschaftliche Philosophie hat einen *funktionellen* Erkenntnisbegriff geprägt, nach welchem unser Wissen ein Werkzeug für Voraussagen ist und für welchen die empirische Beobachtung der einzig zulässige Prüfstein synthetischer Wahrheit ist. Ich möchte beide Auffassungen näher erklären, um sie dann einander gegenüberzustellen.
Die *transzendente Auffassung der Erkenntnis* hat ihr klassisches Symbol in Platos Höhlengleichnis gefunden. Plato schildert eine Höhle, in der Menschen leben, die darin geboren sind und sie niemals verlassen haben. Sie sind an ihren Sitzen angekettet, so daß sie die Wand ansehen und sich nicht umdrehen können. In der Höhle, hinter ihrem Rücken, ist ein Feuer, das sein Licht auf

die Wand wirft, und zwischen dem Feuer und den angeschmiedeten Menschen gehen auf einer Art Erhöhung allerhand Figuren vorbei, deren Schatten auf die Wand der Höhle fallen; die Einwohner der Höhle sehen die Schatten, können aber nie die Figuren sehen, da sie sich nicht umdrehen können. Sie glauben daher, daß die Schatten die wirklichen Dinge sind, und werden nie erfahren, daß es außerdem noch eine wirkliche Welt gibt, von der sie nur die Schatten sehen. Plato meint, unsere Kenntnis der physikalischen Welt ist von dieser Art. Die Welt, die wir wahrnehmen, ist den Schatten an der Wand der Höhle vergleichbar. Die Vernunft allein kann die Existenz einer höheren Wirklichkeit entdecken, von der uns die sichtbaren Dinge nur unvollkommene Abbilder geben.
Zweitausend Jahre lang hat das Höhlengleichnis die Anschauung des spekulativen Philosophen symbolisiert. Es drückt die Mentalität eines Menschen aus, der von den Ergebnissen der Sinneswahrnehmung enttäuscht ist und den dringenden Wunsch hat, über das, was man beobachten und daraus induktiv ableiten kann, hinauszugehen. Empirische Erkenntnis wird als ein armseliger Ersatz für eine höhere Erkenntnis hingestellt, die der geistigen Schau allein zugänglich und dem Mathematiker und Philosophen vorbehalten ist. Das ist Transzendentalismus in seiner reinsten Form. Hier ist der Ursprung einer philosophischen Anschauung, die schließlich in der Unterscheidung zwischen den Dingen der Erscheinung und den Dingen an sich gipfelt. In Kants meisterhafter Zusammenfassung rationalistischen Denkens wiederholt sich die Zweiteilung in eine diesseitige und eine jenseitige Welt, mit welcher der Rationalismus seinen Triumphzug durch die westliche Kultur begann — und die psychologisch der Zweiteilung in ein irdisches und ein ewiges Leben so nahe verwandt ist.
Allen denen, welche diesen Dualismus nicht aufgeben können, hat die wissenschaftliche Philosophie nicht viel

zu sagen. Der Rationalismus ist gefühlsmäßig einer Phantasiewelt zugeneigt; er ist der intellektuelle Ausdruck eines Unbehagens der physikalischen Welt gegenüber, das nicht aus logischen Motiven entspringt und daher nicht mit logischen Mitteln beseitigt werden kann. Der heutige Logiker kann beweisen, daß das Ziel des Rationalismus unerreichbar ist, daß Erkenntnis, die aus der reinen Vernunft stammt, leer ist, daß Denken allein die Gesetze der Welt nicht finden kann. Um aber die Sehnsucht nach dem Unerreichbaren aufzugeben, muß man sich gefühlsmäßig neu einstellen. Das Symbol des rationalistischen Idealisten ist nicht der Mann, der die unbeobachtbaren Ursachen beobachtbarer Phänomene entdeckt – denn das ist es ja gerade, was der Wissenschaftler tut; und wäre unter den in Platos Höhle Angeschmiedeten ein Naturwissenschaftler gewesen, so hätte er bald genug mit induktiven Methoden herausgefunden, daß die beobachteten Schatten äußere Ursachen haben[1]. Über die beobachtbaren Dinge mit Hilfe wissenschaftlicher Schlüsse hinauszugehen, ist die rechtmäßige Methode des Empiristen. Das Symbol des Idealisten ist der Mensch, der mit offenen Augen träumt, weil er nicht in der Lage ist, die Wirklichkeit in all ihrer moralischen und ästhetischen Unvollkommenheit zu genießen. Der Idealismus ist der philosophische Ausdruck einer Flucht aus der Wirklichkeit und hat immer in Zeiten sozialer Katastrophen, welche die Grundlagen der menschlichen Gesellschaft erschüttert haben, geblüht. Es mag schwer sein, sich von der hypnotischen Wunscherfüllung des Traumlebens zu befreien; und doch gibt es Wege, von dem rationalistischen Glauben an Dinge an sich, die unbeobachtet hinter der Fassade der Erscheinungen stehen, loszukommen. Eine solche gefühlsmäßige Umstel-

---

[1] Eine Untersuchung über derartige Methoden, mit deren Hilfe Platos Höhlenmenschen die Existenz der Außenwelt hätten erschließen können, findet sich in meinem Buch *Experience and Prediction* (Chicago, 1938), 14. Es wird dort eine ausführlichere Darstellung der modernen Erkenntnistheorie gegeben.

lung kann manchmal durch das Studium der positiven Wissenschaften erreicht werden, durch das Erlebnis der gefühlsmäßigen Befriedigung, welche aus der Beherrschung beobachtbarer Dinge und der erfolgreichen Vorhersage ihrer Eigenschaften entspringt. Manchmal wird allerdings ein Psychoanalytiker helfen müssen.
Es war die historische Mission des Empirismus, dem rationalistischen Dualismus entgegenzutreten. Schon seit den Tagen der alten Atomisten und Skeptiker haben sich Empiristen darum bemüht, eine Philosophie des Diesseits zu schaffen, und sich geweigert, ein Jenseits anzuerkennen. Aber Erfolg war ihnen erst beschieden, nachdem die Wissenschaft selbst ihr rationalistisches Gewand abgelegt hatte. Die mathematische Analyse der Natur, zunächst anscheinend ein Triumph rationalistischer Methoden, hat sich schließlich als das Instrument einer Erkenntnis herausgestellt, die ihre Wahrheitsansprüche gänzlich auf Sinneswahrnehmungen stützt; das heißt, die mathematische Analyse ist nicht eine Quelle, sondern lediglich ein Instrument zur Übertragung der Wahrheit. Das 19. und 20. Jahrhundert, denen wir diese Entwicklung verdanken, wurden so die Wiege eines neuen Empirismus, der den Rationalismus nicht nur angriff, sondern auch die Mittel hatte, ihn zu besiegen. Da er die Methoden der symbolischen Logik zu einer Analyse der Erkenntnis benutzt, wird er auch *logischer Empirismus* genannt.
Im Gegensatz zu der transzendenten Auffassung der Erkenntnis kann die Philosophie des neuen Empirismus eine *funktionelle Auffassung der Erkenntnis* genannt werden. In dieser Deutung bezieht sich unsere Erkenntnis nicht auf eine andere Welt, sondern beschreibt die Dinge dieser Welt; und sie hat eine praktische Funktion, sie dient einem ganz bestimmten Zweck, nämlich dem Zweck, die Zukunft vorauszusagen. Diese Auffassung, welche zum Prinzip des logischen Empirismus geworden ist, möchte ich im folgenden diskutieren.

Die menschlichen Wesen sind Naturdinge, ebenso wie andere Dinge der Natur, und diese anderen Dinge haben durch das Medium der Sinnesorgane bestimmte Wirkungen auf die Menschen. Diese Einwirkung bringt verschiedene Reaktionen des menschlichen Körpers hervor, unter denen die Sprachreaktion, die Schaffung eines Zeichensystems, eine der wichtigsten ist. Zeichen werden ausgesprochen oder niedergeschrieben; die geschriebene Form, wenn sie auch im täglichen Leben nicht eine so große Rolle spielt wie die gesprochene, ist der letzteren jedoch insofern überlegen, als sie strengeren Regeln folgt und den kognitiven Inhalt der Sprache besser zur Schau stellt.
Worin besteht dieser kognitive Inhalt? Er ist nicht etwas, das dem Zeichensystem hinzugefügt wird, sondern eine Eigenschaft dieses Zeichensystems selbst. Zeichen sind physikalische Dinge, wie Tintenstriche auf dem Papier, oder Schallwellen, die anderen Dingen zugeordnet werden; diese Zuordnung, die nicht auf einer physikalischen Ähnlichkeit beruht, ist eine Angelegenheit der Konvention. Das Wort „Haus" zum Beispiel entspricht einem Haus, das Wort „rot" der Eigenschaft rot. Die Zeichen werden so miteinander verbunden, daß gewisse Zeichenverbindungen, die wir Sätze nennen, tatsächlichen Zuständen in der physikalischen Welt entsprechen. Eine solche Zeichenverbindung wird wahr genannt. Wenn z. B. der Satz „das Haus ist rot" einem wirklichen Zustand entspricht, ist er wahr. Gewisse andere Zeichenverbindungen, die durch Hinzufügen des Zeichens „nicht" in wahre Sätze verwandelt werden können, heißen falsche Sätze.
Eine Zeichenverbindung, von der man entweder zeigen kann, daß sie wahr ist, oder zeigen kann, daß sie falsch ist, wird sinnvoll genannt. Dieser Begriff ist sehr wichtig, weil wir uns oft mit Zeichenverbindungen befassen, deren Wahrheit oder Falschheit im Augenblick noch unbestimmt ist, deren Wahrheitscharakter wir aber spä-

ter feststellen können. Jeder nichtverifizierte Satz, wie „morgen wird es regnen", ist von diesem Typus.
Der Hinweis auf Verifizierbarkeit ist ein notwendiger Bestandteil einer Theorie des Sinnes sprachlicher Ausdrücke. Ein Satz, dessen Wahrheitswert nicht aus möglichen Beobachtungen abgeleitet werden kann, ist sinnlos. Obgleich die Rationalisten glaubten, daß es einen „Sinn an sich" gibt, haben die Empiristen immer darauf bestanden, daß der Begriff des Sinnes sich auf Verifizierbarkeit gründet. Die moderne Wissenschaft hat diese Auffassung bestätigt. Aus den obigen Untersuchungen über Raum, Zeit, Kausalität und Quantenmechanik ist die Abhängigkeit des Sinnbegriffes von der Verifizierbarkeit klar ersichtlich; ohne eine solche Auffassung wäre die moderne Physik völlig unverständlich. Die Verifizierbarkeitstheorie des Sinnes ist ein notwendiger Bestandteil einer wissenschaftlichen Philosophie.
Statt zu sagen, „der Satz hat einen Sinn", wäre es besser zu sagen, „der Satz ist sinnvoll"; diese Fassung zeigt deutlicher, daß Sinn eine Eigenschaft von Zeichen ist und nicht etwa zu diesen hinzugefügt wird. Sinnvolle Zeichenverbindungen sind wichtig, weil sie uns erlauben, über uns unbekannte Ereignisse, insbesondere zukünftige Ereignisse, zu sprechen. Die Spracherweiterung von wahren Sätzen zu sinnvollen Sätzen ermöglicht den theoretischen Gebrauch der Sprache; diese Erweiterung versetzt den Zeichenbenutzer in die Lage, alle möglichen Ereignisse zu beschreiben und unter diesen Formulierungen eine herauszugreifen, für die wir die besten Gründe haben, sie als wahr zu betrachten.
Sätze können auf verschiedene Weise verifiziert werden. Die einfachste Methode des Wahrheitsentscheids ist die direkte Beobachtung; aber nur eine kleine Gruppe von Sätzen kann so verifiziert werden, wie z. B. „es regnet", oder „Peter ist größer als Paul". Wenn sich ein Beobachtungssatz auf die Vergangenheit bezieht, sehen wir eine Verifizierung auch dann als möglich an, wenn es keinen Be-

obachter dieses vergangenen Ereignisses gegeben hat; so ist z. B. der Satz „es hat am 28. November im Jahre 4 n. Chr. auf der Insel Manhattan geschneit", verifizierbar und daher sinnvoll, da es ja einen Beobachter dort hätte geben können. Andere Sätze können nicht direkt verifiziert werden. Daß es einmal eine Zeit gegeben hat, zu der die Dinosaurier die Erde bewohnt haben und es noch keine Menschen gab, oder daß die Materie aus Atomen besteht, kann man nur mit Hilfe von induktiven Schlüssen, die sich auf direkte Beobachtungen stützen, verifizieren. Solche Aussagen sind sinnvoll, weil sie einer indirekten Verifizierung zugänglich sind. Die Regeln für diese Art Verifizierung sind durch die Wahrscheinlichkeitsrechnung gegeben. Der so verifizierte Satz wird im Sinne einer Setzung ausgesprochen, und wenn er sich auf die Zukunft bezieht, kann man ihn als Wegweiser für Handlungen benutzen. Das Zeichensystem, das auf dieser Sinndefinition aufgebaut ist, ist so geartet, daß man es dazu benutzen kann, die Zukunft vorauszusagen — das ist seine Funktion für den Zeichenbenutzer. Wenn es diesen Zweck erfüllt, ist es Erkenntnis.
Man hat eingewendet, daß die Frage nach dem Sinn eine subjektive Angelegenheit sei, daß man einem anderen nicht beweisen kann, was er mit einem Satz meint, und daß man es jedem überlassen soll, seine Worte in dem Sinne zu gebrauchen, wie es ihm angemessen erscheint. Danach wäre es also ein ungerechtfertigter Eingriff in den Sprachgebrauch, wenn der wissenschaftliche Philosoph darauf besteht, daß unverifizierbare Sätze ausgeschaltet werden sollen, oder daß sich eine Verifizierung immer auf sinnliche Wahrnehmung in Verbindung mit induktiven oder deduktiven Schlüssen stützen soll. Dieser Einwand beruht jedoch auf einem Mißverständnis der Verifizierbarkeitstheorie. Diese Theorie ist nicht als eine Art moralischen Gebotes zu verstehen. Der wissenschaftliche Philosoph ist von Haus aus tolerant und erlaubt jedem, zu meinen, was er will. Er sagt nur: wenn

jemand unverifizierbare Bedeutungen gebraucht, dann können seine Worte nicht den Grund für seine Handlungen angeben. Was man tut, bezieht sich immer auf die Zukunft, und Aussagen über die Zukunft können nur soweit in mögliche Erfahrungen übersetzt werden, als sie verifizierbar sind. Die empiristische Sinntheorie liefert keine Beschreibung subjektiver Bedeutungen, sondern ist eine Regel, die für die Sprache vorgeschlagen wird und für die es triftige Gründe gibt: wenn wir diese Regel für die Deutung der Worte eines Menschen benutzen, dann lassen sich seine Worte mit seinen Handlungen in Einklang bringen. Und nur diese Eigenschaft ist es, die man vernünftigerweise von einer Sinntheorie verlangen kann. Wer das Verifizierbarkeitskriterium anerkennt, spricht eine Sprache, die mit seinem Verhalten vereinbar ist; für diesen Menschen übt die Sprache eine im Rahmen seiner Tätigkeiten unentbehrliche Funktion aus und ist kein leeres System, das ohne jede Beziehung zu der Welt seiner Erfahrung steht.
Die funktionelle Auffassung befreit die Erkenntnis von all den Geheimnissen, die ein zweitausend Jahre alter Rationalismus in sie hineingetragen hat. Sie gibt der Erkenntnis eine recht einfache Deutung — aber die einfache Lösung ist oft am schwierigsten zu finden. Die Erkenntnistheorie mußte erst das synthetische Apriori aufgeben, dieses Überbleibsel mystischer Sehnsucht nach einer Welt hinter der Welt der beobachtbaren Dinge, bevor sie dazu übergehen konnte, die Erkenntnis als zweckbedingt zu sehen. Und der Beweis, daß die Erkenntnis funktionell, d. h. das beste Mittel zum Zweck der Voraussage der Zukunft ist, konnte nicht gegeben werden, solange keine befriedigende Interpretation der Wahrscheinlichkeit existierte. Solange der Empirismus nicht in der Lage war, den Gebrauch von Induktion und Wahrscheinlichkeit zu rechtfertigen, war er nur ein Programm und keine philosophische Theorie. Das Programm des Empirismus, das Prinzip, daß alle synthetische Wahrheit aus der Beob-

achtung entspringt und daß alle Beiträge der Vernunft zur Erkenntnis analytisch sind, konnte nicht durchgeführt werden, ehe die Wissenschaft des 19. und 20. Jahrhunderts die dazu notwendigen Mittel vorbereitet hatte. Unsere Zeit sieht zum erstenmal einen widerspruchsfreien Empirismus.
Die Verifizierbarkeitstheorie des Sinnes ist das logische Werkzeug, mit dessen Hilfe der Empirismus die Zweiteilung der Welt in die Dinge der Erscheinung und die Dinge an sich überwindet. Diese Theorie schaltet die Dinge an sich aus, weil es sinnlos ist, über Dinge zu sprechen, von denen man prinzipiell nichts wissen kann. An Stelle von Dingen, von denen man nichts wissen kann, spricht der Empiriker von unbeobachtbaren Dingen; diese sind aber der Erkenntnis zugänglich, und man kann sinnvolle Aussagen über sie machen. Aussagen über unbeobachtbare Dinge haben insofern einen Sinn, als sie aus Beobachtungen abgeleitet werden; sie bekommen einen übertragenen Sinn durch ihre Beziehung zu beobachtbaren Dingen. Diese Beziehungen haben wir in Kapitel 11 anläßlich der Probleme der Quantenmechanik behandelt. Wir müssen uns hier aber ausführlicher mit ihnen befassen und zeigen, welche Rolle sie ganz allgemein für die Erkenntnis spielen.
Das Problem der Realität, die Frage, ob es eine wirkliche Außenwelt gibt, entspringt einer bekannten psychologischen Erfahrung, nämlich dem Unterschied von Traum und Wirklichkeit. Das ist natürlich ein sinnvoller Unterschied; trotzdem muß man Ursprung und Bedeutung dieses Unterschiedes gründlicher untersuchen, um alle die Fehlschlüsse auszuschalten, welche die Philosophen daraus gezogen haben.
Stellen wir uns einen Menschen vor, der sich des Unterschieds zwischen Traum und Wirklichkeit nicht bewußt ist, und der alles niederschreibt, was er beobachtet. Er würde also Sätze hinschreiben wie „da ist ein Hund", „Peter hat mich besucht", „der Motor ist nicht ange-

sprungen", „Marion hat in der Tomatensuppe gestanden", und so weiter. Der letzte Bericht bezieht sich offensichtlich auf das, was wir Traum nennen; aber in diesem Tagebuch wären Träume nicht von Wirklichkeit getrennt. Es kann keine solche Einteilung geben, weil die geträumten Dinge, während man sie träumt, sich nicht qualitativ von wirklichen Dingen unterscheiden; mit anderen Worten, niemand weiß, daß er träumt, während er träumt. Ein solches ausführliches Tagebuch, das Berichte über alle unsere Beobachtungen enthält, aber keine Kritik übt und keine über das Beobachtete hinausgehenden Schlüsse zieht, kann als logische Grundlage der menschlichen Erkenntnis angesehen werden. Um zu verstehen, wie sich die Erkenntnis darauf aufbaut, muß man die Schlußweisen betrachten, welche von dieser Grundlage zu Aussagen über pysikalische Dinge, Träume und alle möglichen wissenschaftlichen Konstruktionen, wie z. B. Elektrizität, oder Sternensysteme, oder Schuldkomplexe, führen. Stellen wir uns also einen Menschen vor, der versucht, auf Grund der Protokollsätze, die er in seinem vollständigen Tagebuch findet, ein System der Erkenntnis aufzubauen.

Zunächst würde er versuchen, Ordnung in diese Sätze zu bringen, indem er sie nach Gruppen zusammenstellt und allgemeine Gesetze formuliert, die für sie gelten. Er würde z. B. das Gesetz entdecken: immer, wenn ein Satz berichtet, daß die Sonne scheint, kommt später ein Satz, daß es wärmer wird; und dieses Ergebnis formuliert er dann als eine Beziehung zwischen Dingen: immer, wenn die Sonne scheint, wird es wärmer. Er würde jedoch bald herausfinden, daß eine gewisse Gruppe von Sätzen, wie der über Marion in der Tomatensuppe, von den anderen getrennt werden muß; er kann sie nicht in das geordnete System miteinbeziehen, da sie nicht zu richtigen Voraussagen, und deshalb nicht zu allgemeinen Gesetzen führen. Er würde z. B. einen Bericht finden, daß sein Finger immer naß wird, wenn er ihn in den Suppenteller steckt;

Marions Beine waren aber augenscheinlich nicht naß, als sie aus der Tomatensuppe herausstieg. Diese Berichte, die eine logische Insel bilden, nennt er Träume.
Man kann also den Unterschied von Traum und Wirklichkeit mit Hilfe von Strukturunterschieden in der Berichtsammlung nachweisen: das ist das logische Resultat dieser Analyse. Es ist ein sinnvoller Unterschied, weil er in verifizierbare Beziehungen übersetzbar ist; Träume liefern uns keine Beobachtungen, die uns Voraussagen über zukünftige Erfahrungen erlauben. Dieses Ergebnis führt zu einer Klassifizierung von Protokollsätzen in *objektiv wahre* und nur *subjektiv wahre* Sätze. Um ihnen einen Namen zu geben, bevor dieser Unterschied eingeführt ist, will ich sie alle *unmittelbar wahr* nennen; d. h. wir nehmen an, daß sie keine Lügen sind. Unmittelbare Wahrheit teilt sich also in objektive und subjektive Wahrheit als Ergebnis einer Ordnung, die man unter den Sätzen herstellt und die nicht über das hinausgeht, was in dem Tagebuch steht.
Von Sätzen gehen wir zu Dingen: von den Berichten, die objektiv wahr sind, sagen wir, daß sie sich auf *objektive Dinge* beziehen; von Berichten, die nur subjektiv wahr sind, sagen wir, daß sie sich auf *subjektive Dinge* beziehen. Wir haben also zwei Arten von Dingen; alle sind *unmittelbare Dinge*, aber nur die ersten sind objektive, oder wirkliche Dinge. Was sind nun die anderen?
Um sie zu erklären, erfinden wir den Begriff „mein Körper", d. h. wir sagen, daß sich unter den physikalischen Dingen eines befindet, „mein Körper" genannt, das von anderen Dingen kausal beeinflußt und auf diese Weise in einen gewissen physiologischen Zustand versetzt wird. Immer, wenn im Tagebuch ein Bericht über ein objektives Ding steht, ist mein Körper in einem bestimmten Zustand; er kann aber auch in diesem Zustand sein, wenn kein objektives Ding vorhanden ist. In einem solchen Falle sprechen wir von einem subjektiven Ding. Sub-

jektive Dinge sind also, obgleich sie selbst nicht wirklich existieren, ein Anzeichen für wirkliche Dinge anderer Art: nämlich für Zustände meines Körpers.
Der letzte Satz sieht wie ein logischer Fehlschluß aus: wenn etwas, das selbst nicht existiert, ein Zeichen für etwas Existierendes ist, dann muß es doch selbst existieren. Um diese Paradoxie auszuschalten, müssen wir uns vorsichtiger ausdrücken; deshalb wollen wir zu den Sätzen in unserem Tagebuch zurückkehren. Wir haben gefunden, daß nicht alle diese Sätze objektiv wahr sind. Jetzt finden wir: Wenn ein Protokollsatz nicht objektiv wahr ist, dann dürfen wir zwar nicht schließen, daß es ein entsprechendes physikalisches Ding gibt; jedoch dürfen wir schließen, daß unser Körper in einem Zustand ist, in dem er auch sein würde, wenn es ein entsprechendes Ding gäbe. Indem wir über Sätze reden, vermeiden wir Ausdrücke wie „subjektive Dinge". Umgekehrt dürfen wir solche Ausdrücke aber gebrauchen, da eine Übersetzung in eine Sprache, die über Sätze spricht, möglich ist. Wir dürfen daher ruhig sagen, daß subjektive Dinge eine subjektive Existenz haben, und damit von einer fiktiven Existenz Gebrauch machen. Solche Ausdrücke sind erlaubt, weil man sie eliminieren kann.
Die Einteilung der Welt der Erfahrung in objektive und subjektive Dinge wird auf diese Weise mit Hilfe von gültigen Schlüssen durchgeführt und in eine zulässige Sprachform gekleidet. In der Annahme, daß alle Protokollsätze objektiv wahr sind, finden wir, daß einige es nicht sind; das ist ein gültiger Schluß, und zwar von dem Typus, den der Logiker *reductio ad absurdum* nennt. Das bedeutet: die Annahme, daß alle Protokollsätze objektiv wahr sind, wird auf eine Absurdität zurückgeführt. Um die Berichte, die nicht objektiv wahr sind, in ein widerspruchsfreies System der physikalischen Welt einzuordnen, führen wir die Annahme des menschlichen Beobachters ein, dessen Körper sich in Beobachtungszuständen befinden kann, ohne daß entsprechende ob-

jektive Dinge existieren. Auf diese Weise werden die Traumsätze mit den Sätzen über den wachen Zustand durch Ordnungsbeziehungen verbunden; wir können physiologische Gesetze zur Erklärung der Träume aufstellen, und die Psychoanalyse hat Methoden entwickelt, welche geträumte Erlebnisse in einen Kausalzusammenhang mit Erlebnissen bringen, die man in vergangenen wachen Zuständen gehabt hat. So verlieren die Gruppen von Traumsätzen ihren Inselcharakter und werden in das ganze System eingeordnet; nur die Interpretation, die man ihnen gibt, unterscheidet sich wesentlich von der der anderen Sätze.
Der menschliche Beobachter und seine körperlichen Zustände werden also mit Hilfe einer physikalischen Hypothese eingeführt; aber wir müssen die Schlüsse, die auf dieses Resultat führen, noch näher untersuchen. Wenn wir den Versuch machen, ein widerspruchsfreies System von Gesetzen für physikalische Dinge aufzubauen, sind wir oft gezwungen, die Annahme zu machen, daß es außerdem noch gewisse andere physikalische Dinge gibt, die man nicht direkt beobachten kann. Um elektrische Phänomene zu erklären, führen wir z. B. die Annahme ein, daß es eine physikalische Erscheinung gibt, die Elektrizität, die durch Drähte fließt oder sich in Form von Wellen durch den Raum verbreitet. Was wir beobachten, sind Ereignisse, wie die Ablenkung einer Magnetnadel oder die Musik, die aus dem Radio kommt; aber Elektrizität selbst wird nie direkt beobachtet. Für solche physikalischen Erscheinungen habe ich den Namen *Illata* gebraucht, was soviel heißt wie „erschlossene Dinge". Sie unterscheiden sich von den *Konkreta*, welche die Welt der beobachtbaren Dinge ausmachen; aber außerdem unterscheiden sie sich von den *Abstrakta*, die Verbindungen von Konkreta sind und nicht direkt beobachtet werden können, weil sie Totalitäten umfassen. Das Wort „Erfolg" bezieht sich z. B. auf eine Totalität beobachtbarer Ereignisse, Konkreta, und wird als eine

Abkürzung benutzt, die alle diese beobachtbaren Erscheinungen in ihrem gegenseitigen Zusammenhang zusammenfaßt. Die Illata sind keine Verbindungen von Konkreta, sondern selbständig existierende Dinge, die aus den Konkreta erschlossen werden und deren Existenz auf der Basis von Konkreta nur wahrscheinlich ist.

Die inneren Zustände des menschlichen Körpers sind Illata, weil wir nur die Reaktionen des Körpers beobachten können, nicht aber seine inneren Zustände, einschließlich der verschiedenen Zustände des Gehirns. Wir gebrauchen eine indirekte Sprechweise, um diese Zustände zu charakterisieren; wir sagen z. B., „der Zustand, der existieren würde, wenn die Person einen Hund sehen würde". Diese Sprechweise heißt *Stimulussprache*. Wir charakterisieren einen körperlichen Zustand, indem wir die Art des Stimulus beschreiben, der diesen Zustand hervorbringen würde.

Man kann sich diese Sprechweise an einem physikalischen Beispiel klarmachen. Der Geschwindigkeitsmesser mißt die Geschwindigkeit eines Autos durch die Ablenkung einer Nadel. Zu diesem Zweck sind die sich drehenden Räder des Autos durch Zahnräder und eine biegsame Welle derart mit der Nadel verbunden, daß eine größere Geschwindigkeit einer größeren Winkelabweichung der Nadel entspricht. Für jede Stellung der Nadel ist die entsprechende Geschwindigkeit auf dem Zifferblatt aufgedruckt. Direkt zeigt die Nadel einen inneren Zustand des Geschwindigkeitsmessers an, indirekt mißt sie jedoch die Geschwindigkeit, welche der Stimulus ist, der das Instrument in diesen Zustand versetzt. Anstatt die Zahlen auf dem Zifferblatt zur Messung der Geschwindigkeit des Autos zu benutzen, können wir sie auch zur Beschreibung des inneren Zustandes des Geschwindigkeitsmessers ansehen. Nehmen wir einmal an, daß jemand den Apparat aus dem Wagen herausnimmt und die Welle dreht; dann ist der Geschwindigkeitsmesser in einem bestimmten inneren Zustand. Wenn wir uns die

Zahlen auf dem Zifferblatt ansehen, können wir z. B. sagen, „der Geschwindigkeitsmesser ist in einem Zustand von 60 Kilometer die Stunde". Wir charakterisieren auf diese Weise den Zustand des Instruments indirekt mit Hilfe der Stimulussprache.
Dieses Beispiel soll das Wesen der subjektiven Dinge veranschaulichen. Die Dinge, die wir im Traum sehen, haben die Art von Existenz, welche die Geschwindigkeit von 60 Kilometer hat, wenn der Geschwindigkeitsmesser aus dem Wagen herausgenommen ist. Es ist logisch zulässig, hier von Existenz im allgemeinen Sinne zu sprechen; aber die *physikalische* Existenz beschränkt sich auf die Zustände des Geschwindigkeitsmessers, welche auf diese Weise indirekt beschrieben werden. Die Dualität von Träumen und Wachen bietet einer empiristischen Philosophie keine Schwierigkeiten. Man braucht nicht zu Dingen hinter dem Reich der physikalischen Dinge seine Zuflucht zu nehmen, und es eröffnet sich daher kein Weg zu einem Transzendentalismus. Die Dualität kann vollständig in einer Diesseits-Philosophie erklärt werden. Der Sinn der Aussagen über Dinge, die im Traum existieren, ist übersetzbar in Aussagen über objektive Dinge.
Diese Analyse erlaubt uns jetzt, klarzustellen, was die Frage bedeutet, ob die Welt real ist. Die Frage kann nämlich interpretiert werden: träumen wir jetzt, oder sind wir wach? Das ist natürlich eine sinnvolle Frage. Tatsächlich haben wir Traumsituationen erlebt, in denen wir diese Frage gestellt und sie damit beantwortet haben, daß wir wach seien, während wir später entdeckten, daß wir uns geirrt hatten, daß wir nämlich noch träumten. Könnte uns das jetzt auch passieren? Wir können die Möglichkeit nicht ganz ausschließen, daß wir zu einer späteren Zeit einmal entdecken, daß wir jetzt träumen. Wir sind ziemlich sicher, daß uns das nicht passieren wird; aber wir haben keinen Beweis dafür, daß es ausgeschlossen ist.

Wenn wir wieder zu unserem vollständigen Tagebuch zurückkehren, können wir diese Überlegung folgendermaßen formulieren: wir konnten die Trauminseln in unseren Protokollsätzen dadurch von den anderen Sätzen unterscheiden, daß letztere sich in Form von Kausalgesetzen ordnen lassen. Wir können aber nicht mit Sicherheit behaupten, daß eine solche Ordnung immer möglich sein wird. Nehmen wir einmal an, wir haben uns die ersten 500 Sätze des Tagebuchs angesehen, unter ihnen einige Inseln von zusammen 30 Sätzen entdeckt und die übrigen 470 Sätze vernünftig ordnen können. Wir würden jetzt sagen: „Wir sind wach." Daraufhin führen wir das Tagebuch fort und finden 1000 weitere Sätze, die wir mit den vorhergehenden 470 Sätzen nicht in Einklang bringen können, die sich jedoch untereinander vernünftig ordnen lassen. Wir schließen daher, daß die 470 Sätze eine Insel gewesen sind, daß wir also geträumt haben und erst jetzt wach sind. Haben wir nun eine Gewähr, daß es nicht immer so weitergehen wird? Was sollen wir sagen, wenn nun 2000 Sätze folgen und uns dazu zwingen würden, den jetzigen Zustand als Traum zu bezeichnen? Und was würden wir sagen, wenn sich dieses Erlebnis stets wiederholte?
Wir müssen froh sein, daß solche Erlebnisse nicht vorkommen. Aber wir können sie nicht durch logische Beweise ausschließen, d. h., wir können nicht behaupten, daß solche Erlebnisse unmöglich sind. Wenn sie vorkämen, wenn der Faden geordneter Erlebnisse abreißen würde und, obgleich neu gesponnen, immer wieder abrisse, könnten wir nicht von einer objektiven physikalischen Wirklichkeit sprechen. Daher kann die Aussage, daß es eine objektive physikalische Realität gibt, nur als hochwahrscheinlich angesehen werden, aber nicht als absolut sicher. Wir haben gute induktive Nachweise für die Existenz der physikalischen Welt — aber das ist alles, was wir behaupten können. Und es ist sinnvoll, über eine objektive physikalische Welt zu sprechen, weil Aus-

sagen über eine solche Welt induktiv aus den Beobachtungen abgeleitet werden können.

Wir müssen uns aber darüber klar sein, daß die Sprache, in der wir über die physikalische Welt reden, nicht eindeutig durch die Beobachtungen bestimmt ist, sondern den Mehrdeutigkeiten unterliegt, die wir in Kapitel 11 mit Bezug auf einen imaginären Protagoras diskutiert haben. Es gibt eine Vielheit von gleichwertigen Beschreibungen, und die gewöhnliche realistische Sprache, in der wir die physikalische Welt beschreiben, ist nur eine dieser Beschreibungen, nämlich die, welche ich das *Normalsystem* genannt habe. Induktive Schlüsse können die gewöhnliche Form von Aussagen über die Außenwelt erst festlegen, nachdem die Regel aufgestellt worden ist, daß die gleichen Gesetze für beobachtbare und unbeobachtbare Dinge gelten sollen. Diese Regel hat den Charakter einer Definition, welche die Form der Sprache bestimmt; man kann sie eine *Ausdehnungsregel* der Sprache nennen, weil sie uns die Mittel gibt, die Sprache auf ein weiteres Gebiet von Dingen auszudehnen, welches die unbeobachteten Dinge mit einschließt. Es ist jedoch eine empirische Tatsache, daß diese Regel durchgeführt werden kann, daß es ein Normalsystem für die Beschreibung der physikalischen Welt unseres täglichen Lebens gibt; genauer gesagt, ist es eine Tatsache, die mit Hilfe von induktiven Schlüssen abgeleitet ist. In diesem Sinne ist es eine wohlbegründete Hypothese, daß es eine physikalische Außenwelt gibt.

Anders ausgedrückt: die Aussage „es gibt eine physikalische Welt" kann sehr wohl von der Aussage „es gibt keine physikalische Welt" unterschieden werden, da wir uns Erlebnisse vorstellen können, welche die eine Aussage wahrscheinlich, die andere unwahrscheinlich machen würde. Die beiden Aussagen unterscheiden sich mit Hinblick auf ihren Voraussagegehalt. Die funktionelle Auffassung der Erkenntnis gibt der Hypothese über die physikalische Welt einen verifizierbaren Sinn.

Ich möchte diese Analyse mit der traditionellen Diskussion des Solipsismus vergleichen. Der philosophischen Theorie des Solipsismus nach können wir nur behaupten, daß wir Erlebnisse haben, können aber nie über diese Behauptungen hinausgehen und beweisen, daß es eine objektive Wirklichkeit gibt. Obgleich niemand diese Auffassung im praktischen Leben angewendet hat, hat es doch ein paar Philosophen gegeben, die sie als ein philosophisches System entwickelt haben, wie z. B. G. Berkeley und M. Stirner. Wenn ich behaupte, daß sogar diese Männer sich in Wirklichkeit nicht an diese Theorie gehalten haben, dann meine ich damit die Tatsache, daß sie Bücher geschrieben haben, in denen sie ihre Theorien auseinandersetzen; und diese Tatsache kann schwerlich erklärt werden, wenn sie nicht glaubten, daß es andere Menschen gäbe, die diese Bücher lesen würden. Man hat oft gesagt, daß die Theorie des Solipsismus zwar sehr unvernünftig klingt, daß wir aber keine logischen Einwände dagegen haben, da unsere Erlebnisse eben nur beweisen können, daß wir Erlebnisse haben, nicht aber, daß es eine physikalische Welt gibt.

Ich glaube aber nicht, daß die Situation so hoffnungslos ist. Der Solipsist macht einen fundamentalen Fehler: er glaubt, er kann die Existenz seiner eigenen Persönlichkeit beweisen. Die Entdeckung des Ichs, der Person des Beobachters, stützt sich aber auf dieselbe Art von Schlüssen, die zur Entdeckung der physikalischen Welt führen. Die Inseln im Tagebuch werden auf die gleiche Art als körperliche Zustände des Beobachters interpretiert, wie die übrigen Sätze als Grundlage für die physikalische Welt angesehen werden; die Inseln werden damit in eine allumfassende physikalische Interpretation eingebettet, da der Beobachter ein Teil der physikalischen Welt ist. Wir haben oben gesagt, daß die Satzinseln durch die Hypothese über den Beobachter und seine körperlichen Zustände ihren Inselcharakter verlieren und zu Beschreibungen der physikalischen Welt gemacht werden, indem sie als Beschreibungen des Beobachters angesehen werden. Wenn wir also die Existenz des Ichs zu beweisen vermögen, können wir auch die Existenz der physikalischen Welt, einschließlich der Existenz anderer Personen, beweisen. Der Solipsist übersieht die Parallelität dieser Schlüsse. Er führt das *Ich* und dessen Erlebnisse als absolute Erkenntnis ein und hat dann Schwierigkeiten, daraus die Außenwelt abzuleiten — aber seine Schwierigkeiten entspringen aus einer fehlerhaften Logik.

Wir haben oben eine korrekte Analyse der Situation gegeben: wir haben keine absolut sichere Gewähr dafür, daß die physikalische Welt existiert, und haben ebensowenig eine absolute Gewißheit, daß wir existieren. Aber wir haben gute induktive Beweise für beide Annahmen. Unter Benutzung der Ergebnisse unserer Analyse der Induktion können wir sagen: wir haben gute Gründe, eine *Setzung* sowohl über die Existenz der Außenwelt als auch über die Existenz unserer eigenen Person zu machen. Unsere ganze Erkenntnis besteht aus Setzungen; und so hat auch unsere allgemeinste Erkenntnis, nämlich unser Wissen von der Existenz der physikalischen Welt und unserer eigenen Person inmitten dieser Welt, den logischen Charakter einer Setzung.

Die Einbettung des menschlichen Beobachters in die physikalische Welt ist einer der wesentlichen Züge einer empiristischen Philosophie. Die transzendentale Auffassung der Erkenntnis macht einen Schnitt zwischen der physikalischen Wirklichkeit und dem menschlichen Geist und kommt dann zu unlösbaren Problemen, wie z. B. der Frage, wie wir die Wirklichkeit aus geistigen Phänomenen ableiten können. Obgleich die geistige Existenz gewöhnlich ideale Existenz genannt und von der Traumwelt unterschieden wird, muß der psychologische Ursprung des Idealismus in Traumerlebnissen und Bildern, die wir im wachen Zustand willkürlich hervorrufen können, gesucht werden. Eine falsche logische Analyse dieser Bilder führt zum Begriff des Geistes als einer unabhängigen Substanz, einer Art Ding, die den physikalischen Dingen vergleichbar ist, aber eine eigene Existenz hat. Die Antwort auf eine idealistische, spekulative Philosophie wird von einer empiristischen Philosophie gegeben, die mit den Mitteln der modernen Logik arbeitet und die Erkenntnis als ein System induktiver Setzungen aufbaut, welches auf unmittelbare Protokollsätze begründet ist. Auf diese Weise schafft die funktionelle Auffassung der Erkenntnis, mit ihrer Verifizierbarkeitstheorie des Sinnes, den althergebrachten Streit zwischen Idealismus und Realismus, oder Materialismus, aus der Welt.

Seltsamerweise hat die idealistische Auffassung des Ichs als Baumeister der physikalischen Welt neuerdings wieder eine Stütze in einer gewissen Interpretation der Quantenmechanik gefunden, die einen durchaus ungerechtfertigten Gebrauch von Heisenbergs Störung durch die Beobachtung und Bohrs Komplementaritätsprinzip macht. Dieser Auffassung nach führt Heisenbergs Unbestimmtheit zu dem Schluß, daß es unmöglich ist, eine Trennungslinie zwischen dem Beobachter und der physikalischen Welt zu ziehen; da der Beobachter durch seine Beobachtung die Welt ändert, können wir nichts darüber sagen, wie die Welt unabhängig vom Beobachter aussieht. Unsere obige Analyse (Kapitel 11) zeigt, daß dies eine Mißdeutung der Quantenmechanik darstellt. Die Unbestimmtheit unbeobachtbarer Dinge besteht nur für den Übergang von der Makrowelt zur Mikrowelt; aber für den Übergang von beobachteten Dingen unserer Umgebung zu unbeobachteten Makrodingen gibt es keine solche Unbestimmtheit, denn dafür existiert ein Normalsystem, das uns erlaubt, von einer Außenwelt in der gewöhnlichen realistischen Sprache zu reden. Die quantenmechanische Unbestimmtheit hat nichts mit der Beziehung zwischen dem menschlichen Beobachter und seiner Umgebung zu tun; sie fängt erst auf einer späteren Stufe an, eine Rolle zu spielen, nämlich wenn die Welt der kleinsten Dinge aus der Welt der größeren Dinge erschlossen werden soll.

Das wird ganz klar, wenn wir uns vorstellen, daß alle Meßinstrumente als Registrierinstrumente ausgeführt sind, die uns die Meßergebnisse in Form von Ziffern auf einem Streifen Papier anzeigen. Wenn der Beobachter auf den Papierstreifen sieht, dann stört er ihn bestimmt nicht, weil diese Beobachtung eine makrokosmische Angelegenheit ist. Er kann also auf gewöhnliche Weise schließen, daß gewisse Meßvorgänge vor sich gehen. Die Unbestimmtheit macht sich in seinen Überlegungen erst dann bemerkbar, wenn er aus den Angaben seiner Instrumente schließt, daß gewisse kleinste Ereignisse stattgefunden haben, die er entweder als Teilchen oder als Wellen interpretieren kann. Diese einfache Überlegung schließt alle idealistischen Interpretationen aus der Quantenmechanik aus; sie zeigt, daß der Empirismus nichts von den Entdeckungen des Physikers zu befürchten hat und zeitgenössische Rückfälle in philosophischen Idealismus keine Stütze in der modernen Physik finden — wenn man nur die Analyse der Physik von einer unklaren Sprache befreit und sie mit der Präzision der modernen Logik durchführt.

Nachdem wir die Schlüsse untersucht haben, die zur Konstruktion des Ich-Begriffs auf der Basis unmittelbar wahrer Protokollsätze führen, wollen wir nun zeigen, wie man den Begriff „Geist" in einer funktionellen Auffassung der Erkenntnis behandelt, welche die Forderungen der Verifizierbarkeit auch auf Aussagen über den Geist ausdehnt.

Nehmen wir an, daß es der Wissenschaft gelungen wäre, einen vollkommenen Maschinenmenschen herzustellen. Diese Maschine würde also sprechen, Fragen beantworten, tun, was man ihr sagt, und alle möglichen Auskünfte geben; man könnte sie z. B. auf den Markt schicken, den Verkäufer fragen lassen, was die Eier heute

kosten, und sie würde mit der gewünschten Antwort wieder nach Hause kommen. Es wäre eine vollkommene Maschine, aber ohne Geist. Woher wissen wir, daß sie keinen Geist hat?
Die Antwort darauf ist vermutlich: weil sie in anderer Beziehung nicht wie menschliche Wesen reagiert. Sie sagt z. B. nicht, daß es heute schönes Wetter ist und beklagt sich nicht über Zahnschmerzen. Wenn sie es aber nun täte? Nehmen wir an, daß sie sich in jeder Beziehung wie ein Mensch benähme – könnte man dann immer noch behaupten, daß sie keinen Geist hat?
Man könnte die Frage auch in folgender Form ausdrücken: Stellen wir uns vor, daß wir zu gewissen Zeiten einem Menschen seinen Geist wegnehmen könnten; manchmal hat er also einen Geist und benimmt sich wie gewöhnlich, manchmal hat er keinen Geist, benimmt sich aber genau so wie vorher. Ich denke hier nicht an die Geschichte von Dr. Jekyll und Mr. Hyde, denn Mr. Hyde benimmt sich ganz anders als Dr. Jekyll; ich meine einen Dr. Jekyll, der zu gewissen Zeiten keinen Geist hat, aber immer derselbe Dr. Jekyll bleibt. Woher wüßten wir, daß der Mann in solchen Augenblicken keinen Geist hätte?
Unter Berücksichtigung unserer Ausführungen über den Sinn von Sätzen ist das offenbar eine sinnlose Frage. Es ist eine ähnliche Frage wie die, ob alle Dinge, einschließlich unserer Körper, über Nacht zehnmal so groß geworden sind. Es gibt keinen verifizierbaren Unterschied zwischen den beiden Zuständen dieses Menschen; und wenn wir annehmen, daß er in dem einen Zustand einen Geist hat, dann geben wir damit zu, daß er ihn auch in dem anderen hat. Der Geist ist untrennbar von einem gewissen Zustand körperlicher Organisation. Daraus folgt, daß Geist und körperliche Struktur einer bestimmten Art dasselbe ist.
Wir können auch sagen, daß das Wort „Geist" eine Abkürzung ist, die für einen körperlichen Zustand ge-

braucht wird, der gewisse Arten von Reaktionen zeigt. Wer glaubt, daß der Geist mehr bedeutet, benimmt sich wie der Mann, der ein Auto mit 130 Pferdekräften hatte und tief enttäuscht war, als er die Maschine auseinandernahm und die 130 Pferdekräfte nicht finden konnte. Der Glaube an eine unabhängige Existenz des Geistes ist ein Fehlschluß, der aus einem Mißverständnis der Abstrakta entspringt. Ein abstraktes Wort ist in sehr viele konkrete Ausdrücke übersetzbar, und das Ding, das damit bezeichnet wird, ist nichts als die Gesamtheit aller dieser in Frage kommenden konkreten Objekte. Die Frage nach der Existenz des Geistes ist eine Sache des richtigen Gebrauchs von Worten, nicht aber eine Frage nach Tatsachen.
Der Gedanke einer unabhängigen Existenz des Geistes ist das Rückgrat des Transzendentalismus; er sieht geistige Erscheinungen als Beispiele einer nichtphysikalischen Existenz an, und von hieraus ist es dann nur noch ein kleiner Schritt zum Glauben an eine höhere Realität, die in den sichtbaren Dingen nur schattenhaft abgebildet ist. Das Körper-Seele-Problem ist aber nur deswegen ein philosophisches Problem, weil seine übliche Formulierung unter sprachlichen Schwierigkeiten leidet, die den Philosophen in einen logischen Sumpf geführt haben. Die Sprache, mit der wir geistige und gefühlsmäßige Erscheinungen beschreiben, ist eine Sprache, die nicht zu diesem Zweck geschaffen ist und deren wir uns nur mit Hilfe recht verwickelter logischer Konstruktionen bedienen können. Die Sprache des täglichen Lebens – und das ist die Sprache, die wir für psychologische Beschreibungen gebrauchen – hat sich aus einer Beziehung zu den konkreten Dingen um uns herum entwickelt und erlaubt uns nur eine indirekte Beschreibung psychologischer Phänomene. Es ist eine Stimulussprache, wie wir sie oben erklärt haben. Wir sagen, daß wir das Bild eines Baumes im Geiste vor uns haben; aber die beiden Worte „Bild" und „Baum" beziehen sich in ihrer

ursprünglichen Bedeutung auf konkrete Dinge und können nur indirekt ausdrücken, was wir meinen. In genauer Formulierung müßten wir sagen, daß unser Körper sich in einem Zustand befindet, wie er ihn haben würde, wenn von einem Baum ausgehende Lichtstrahlen in unsere Augen fielen, obgleich in diesem speziellen Fall weder ein Baum noch ein Lichtstrahl vorhanden ist. Unsere Sprache hat keine Ausdrücke, die sich direkt auf körperliche Zustände beziehen, und wir müssen deshalb eine indirekte Beschreibung mit Hilfe von Dingen der Außenwelt benutzen.

Die Formulierung psychologischer Berichte muß also sorgfältig übersetzt werden, ehe philosophische Fragen über die Seele beantwortet werden können. Wenn man diese Regel vergißt, kommt man zu Pseudoproblemen. Es wird z. B. behauptet, daß wir nicht unsere körperlichen Zustände, sondern einen Baum in unserem Traum sehen, obgleich kein derartiger Baum vorhanden ist. Kein Logiker behauptet jedoch, daß wir körperliche Zustände sehen. Das Wort „sehen" ist so geprägt, daß es sich auf äußere physikalische Dinge bezieht; und was der Logiker behauptet, ist, daß der ganze Satz „ich sehe einen Baum" dem Satz „mein Körper ist in einem bestimmten physiologischen Zustand" gleichwertig ist. Die moderne Logik hat die Mittel, um solche logisch gleichwertigen Sätze zu behandeln.

Ein anderes Pseudoproblem ist in der Frage enthalten: wenn Lichtstrahlen das menschliche Auge treffen und Nervenimpulse von der Netzhaut zum Gehirn ausgehen, wie und wo werden diese Impulse in die Wahrnehmung *blau* verwandelt? Diese Frage entspringt aus einer falschen Voraussetzung. Nirgends werden die Impulse in eine Wahrnehmung verwandelt. Die Impulse bringen einen physiologischen Zustand des Gehirns hervor; der Mensch, dessen Gehirn in diesem Zustand ist, sieht *blau*, aber das *Blau* ist weder im Gehirn noch sonst irgendwo im Körper. „Blau sehen" ist eine indirekte Beschreibungsweise eines körperlichen Zustandes; dieser Zustand ist das kausale Produkt der Lichtstrahlen und der darauffolgenden Nervenimpulse, aber es gibt kein kausales Produkt *blau*.

Um diese logischen Beziehungen zu veranschaulichen, wollen wir annehmen, daß ein Mann 2000 Mark in Scheinen auf einer Bank einzahlt und dort ein Konto eröffnet. Er besitzt jetzt 2000 Mark in Form eines Bankkontos. Wo sind die 2000 Mark? Sie existieren nicht in Scheinen, denn die ursprünglichen Scheine sind inzwischen durch viele Hände gegangen, und die meisten sind wahrscheinlich gar nicht mehr im Besitz der Bank. Als ihr kausales Ergebnis existieren Ziffern, die zusammen mit dem Namen des Mannes in die Bücher der Bank eingetragen sind; aber Ziffern auf Papier sind keine Mark, und sie gehören nicht dem Mann, sondern der Bank, der die Bücher gehören. Wo sind also die 2000 Mark, die der Mann besitzt? Sie sind „immaterielle Dinge in einer höheren Sphäre der Realität", und trotzdem scheinen sie das Produkt der ursprünglichen Markscheine zu sein, die konkrete Dinge waren. Wie kann etwas Nichtmaterielles von etwas Materiellem verursacht sein? In diesem Fall sieht jeder ein, daß das eine sinnlose Frage ist, die einer Verwechslung von zwei Sprechweisen entstammt. Es existiert ein tatsächlicher Zustand, der darin besteht, daß Ziffern eingetragen sind, und der davon herrührt, daß Markscheine aus der Hand des Mannes in die eines Bankbeamten gingen. Dieser tatsächliche Zustand wird indirekt durch die Aussage charakterisiert, „der Mann besitzt 2000 Mark". Diese abstrakten 2000 Mark verdanken ihre Existenz nur einer Sprechweise. Mit Bezug auf Wahrnehmungen dagegen hat manch ein Philosoph derartige Fragen gestellt und behauptet, daß darin unlösbare Probleme lägen, welche über die Grenzen menschlichen Begreifens hinausgingen. Philosophische Sorgen dieser Art können nur mit Hilfe von gutem Logikunterricht beseitigt werden.

Man braucht die funktionelle Auffassung der Erkenntnis nicht aufzugeben, wenn man sich mit der Erkenntnis psychologischer Vorgänge beschäftigt. Daß ein körperliches System über sich selbst sprechen kann, ist nicht verwunderlicher, als daß ein photographischer Apparat sich selbst mit Hilfe eines Spiegels photographieren kann. Die Beschränktheit der traditionellen Logik ist die Hauptursache dafür, daß diese Probleme in der traditionellen Philosophie ein solches Durcheinander gezeitigt haben. Hier hat die wissenschaftliche Philosophie in ihrem Streben nach Klarheit und wissenschaftlicher Analyse die Hilfe der modernen Logik gefunden. Auf Grund dieser neuen Methoden ist eine Erkenntnistheorie aufgebaut worden, welche die Disziplin gleichen Namens ersetzt, die von den Systemen der spekulativen Philosophie angeblich wissenschaftlich ausgearbeitet worden war.
Ich habe diese Erkenntnistheorie nur in ihren Umrissen dargestellt und muß für eingehendere Studien auf die vorhandene Literatur hinweisen. Der Logiker hat entdeckt, daß der Aufbau einer ausführlichen Erkenntnistheorie keineswegs leicht ist und ein großes Maß technischer Arbeit erfordert. Unser Erkenntnissystem ist eine merkwürdige Mischung von Sprachen, physikalischer Sprache, subjektiver Sprache, unmittelbarer Sprache und Metasprache; die Beziehungen und Verknüpfungen dieser Sprachen müssen an Hand der Technik einer symbolischen Logik erforscht werden, welche Ausdrücke für Wahrscheinlichkeitsbeziehungen enthält. Der Student der Philosophie, der ein modernes Kolleg über Erkenntnistheorie hört, ist gewöhnlich überrascht, daß er logische Formeln lernen muß, die den Platz der Bildersprache spekulativer Systeme eingenommen haben. Aber das Vorhandensein von Formeln bezeugt, daß die Philosophie den Schritt von der Spekulation zur Wissenschaft gemacht hat.

DAS WESEN DER ETHIK

Bisher haben sich die im zweiten Teil des Buches gegebenen systematischen Untersuchungen nur mit Fragen der Erkenntnis befaßt; im besonderen haben wir gezeigt, wie das synthetische Apriori aus dem Felde des Wissens beseitigt worden ist. Das vorliegende Kapitel befaßt sich mit einer ähnlichen Analyse auf dem Gebiete der Ethik.
Der Begriff des synthetischen Apriori ist nicht nur auf die Erkenntnis angewandt worden, sondern auch auf die Ethik; und wir haben gesehen, daß das Programm eines ethisch-kognitiven Parallelismus eine der Quellen gewesen ist, aus denen der Gedanke eines synthetischen Apriori entsprang. Einen historischen Überblick über die irrtümlichen Folgerungen, die sich aus diesem Parallelismus ergaben, haben wir in Kapitel 4 gegeben. In dem gegenwärtigen Kapitel haben wir es uns zum Problem gemacht, die kognitive und aprioristische Auffassung der Ethik durch eine Interpretation zu ersetzen, die mit den Ergebnissen der wissenschaftlichen Philosophie vereinbar ist.
Eine weitreichende Folgerung läßt sich sofort aus der Analyse der modernen Wissenschaft ziehen. Wenn die Ethik eine Form der Erkenntnis wäre, dann würde sie nicht das sein, was die Moralphilosophen von ihr verlangen, nämlich, sie könnte keine moralischen Anweisungen geben. Die Erkenntnis teilt sich in synthetische und analytische Aussagen; die synthetischen Aussagen teilen uns Tatsachen mit, die analytischen sind leer. Was für eine Art von Erkenntnis soll die Ethik nun sein? Wenn sie synthetisch wäre, würde sie uns über Tatsachen informieren. Von dieser Art ist eine beschreibende Ethik, die über die ethischen Gewohnheiten verschiedener Völker

und sozialer Klassen berichtet; eine solche Ethik gehört in die Soziologie und hat keinen direktiven Charakter. Wenn die Ethik andrerseits analytisch wäre, dann würde sie leer sein und könnte uns auch nicht sagen, was wir tun sollen. Wenn wir z. B. einen tugendhaften Menschen als einen Menschen definieren, der die Maxime seiner Handlungen immer so wählt, daß sie zum Prinzip einer allgemeinen Gesetzgebung gemacht werden könnte, dann wüßten wir, was wir mit dem Ausdruck „tugendhafter Mensch" meinen, könnten aber nicht beweisen, daß wir danach streben sollen, tugendhaft zu sein. Der Ausdruck „tugendhafter Mensch" ist, wenn wir ihn so definieren, nur eine Abkürzung für die langatmige Kantische Formulierung der Maxime von Handlungen und könnte durch irgendein anderes Wort ersetzt werden, z. B. durch „Kantianer"; aber warum sollen wir versuchen, Kantianer zu werden? Wenn ethische Aussagen analytisch sind, dann geben sie keine moralischen Anweisungen.
Die moderne Analyse der Erkenntnis macht eine kognitive Ethik unmöglich: die Erkenntnis enthält keine normativen Aussagen und kann daher nicht zu einer Deutung der Ethik benutzt werden. Der ethisch-kognitive Parallelismus leistet der Ethik einen schlechten Dienst: wenn man ihn durchführen könnte, wenn die Tugend Erkenntnis wäre, würden ethische Vorschriften ihres imperativen Charakters beraubt sein. Der zweitausend Jahre alte Plan, die Ethik kognitiv zu begründen, entspringt aus einem Mißverständnis der Erkenntnis, aus der irrtümlichen Auffassung, daß sie einen normativen Teil umfaßt. Der Grund für diesen Irrtum ist hauptsächlich in der falschen Deutung der Mathematik zu suchen. Wir sahen, daß die Mathematik von Platos bis zu Kants Zeiten als ein System von Vernunftsgesetzen aufgefaßt wurde, welches die physikalische Welt beherrscht; und von einem derartigen synthetischen Apriori war es nur ein kleiner Schritt zu der Auffassung, daß die Vernunft uns ethische Richtlinien geben kann, die

eine objektive Gültigkeit haben, ebenso wie sie für die Gesetze der Mathematik beansprucht wird. Wenn es sich nun herausstellt, daß diese Deutung für die Mathematik nicht zutrifft, daß die Mathematik nämlich keine Gesetze für die physikalische Welt liefert, sondern nur leere Beziehungen formuliert, die für alle möglichen Welten gelten, dann gibt es auch keine kognitive Ethik. Die Erkenntnis kann uns keine moralischen Urteile geben, weil sie keine Direktiven enthält.
Ich habe weiter oben (Kap. 4) erklärt, daß die Quelle einer kognitiven Interpretation der Ethik wahrscheinlich darin zu suchen ist, daß Logik und Wissen allerdings dazu benutzt werden, ethische Implikationen abzuleiten. Wenn man ein bestimmtes Ziel erreichen will, muß man dies oder das Mittel dazu ergreifen; solche Implikationen oder Verknüpfungen sind kognitiven Beweisen zugänglich. Unter einem kognitiven Beweis verstehe ich eine Methode, die die Gesetze der Logik in Verbindung mit den Gesetzen der Physik oder der Soziologie oder anderer Wissenschaften benutzt. Wer ernten will, muß säen; diese Implikation kann man mit Hilfe botanischer Gesetze beweisen. In vielen ethischen Streitfragen handelt es sich um solche Implikationen, und das mag der Ursprung für die irrtümliche Auffassung sein, daß alle ethischen Probleme kognitiver Natur sind. Es scheint, daß wir in Diskussionen über ethische Fragen unsere ethischen Einsichten in ähnlicher Weise schärfen und vertiefen wie wir es nach der Ansicht Platos und Kants bezüglich der Eigenschaften des Raumes tun, wenn wir Geometrie treiben. Die Entwicklung der Geometrie hat uns jedoch gezeigt, daß diese Ansicht falsch ist, daß es keine Einsicht in die Natur des Raumes gibt, sondern daß verschiedene Raumformen möglich sind und infolgedessen geometrische Beweise nur wenn-dann-Aussagen, nämlich Beziehungen zwischen Axiomen und Lehrsätzen, liefern. Es gibt keine geometrische Notwendigkeit, sondern nur eine logische Notwendigkeit, die sich auf die

Resultate bezieht, die aus den gegebenen Axiomen folgen; die Axiome selbst kann der Mathematiker nicht beweisen.

Wenn Spinoza dieses Ergebnis der modernen Philosophie der Mathematik vorausgesehen hätte, würde er nicht den Versuch gemacht haben, seine Ethik nach dem Muster der Geometrie zu konstruieren. Der Gedanke, daß man nicht-spinozistische Ethiken aufbauen könnte, welche dieselbe innere Gültigkeit wie seine eigene besitzen würden, und daß seine Axiome nicht bewiesen werden könnten, wenn sie vom Typus geometrischer Axiome wären, hätte ihn sicher empört. Es würde ihm auch nichts geholfen haben, zu den Ergebnissen der Erfahrung seine Zuflucht zu nehmen, denn er wollte keine empirische Erkenntnis, sondern absolut wahre ethische Axiome, d. h. Axiome, deren Notwendigkeit nicht bezweifelt werden konnte.

Wenn aber das Wort „notwendig" soviel heißen soll wie logische Notwendigkeit, dann kann es keine moralische Notwendigkeit geben. Wenn wir das Gefühl haben, daß wir in einer ethischen Diskussion unsere Einsichten schärfen und vertiefen, dann darf man das nicht als einen Beweis für die Existenz einer ethischen Einsicht ansehen. Was wir besser begreifen, wenn wir ethische Probleme analysieren, ist die Beziehung zwischen Zweck und Mittel, d. h. wir finden, wenn wir bestimmte prinzipielle Ziele erreichen wollen, daß wir uns auch dazu entscheiden müssen, gewisse andere Ziele zu verfolgen, die den ersten im Sinne von Mitteln zugeordnet sind. Eine solche Einsicht ist logischer Natur und bedeutet, daß ein Zweck auf Grund von physikalischen und psychologischen Gesetzen bestimmte Mittel logisch erfordert. Diese Beweisführung ist einem logischen Beweis nicht nur parallel – sondern ist ein logischer Beweis. Philosophen, die von ethischer Einsicht sprechen, verwechseln den logischen Charakter einer Implikation zwischen Zwecken und Mitteln mit einer angeblichen Evidenz der Axiome.

Wenn es sich aber darum handelt, Entscheidungen zu treffen, dann genügen Implikationen zwischen Zwecken und Mitteln nicht, um unsere Wahl zu bestimmen. Erst müssen wir uns für ein Ziel entscheiden. Wir können z. B. die Implikation beweisen: wenn Stehlen erlaubt wäre, dann gäbe es keine vernünftige Gesellschaftsordnung. Um aber den Schluß abzuleiten, daß Stehlen verboten sein soll, müssen wir uns erst dafür entscheiden, daß wir eine vernünftige Gesellschaftsordnung haben wollen. Aus diesem Grund braucht die Ethik moralische Prämissen oder moralische Axiome, welche die primären Ziele formulieren, während die Mittel sekundäre Ziele darstellen. Wenn wir die ersteren Axiome nennen, dann betrachten wir die Ethik als ein geordnetes System, das aus diesen Axiomen abgeleitet ist, während die Axiome selbst im System nicht abgeleitet werden können. Wenn wir aber unsere Überlegungen auf einen bestimmten einzelnen Fall beschränken, gebrauchen wir den weniger anspruchsvollen Ausdruck „Prämisse". Es muß wenigstens *eine* moralische Prämisse in einem ethischen Argument geben, eine ethische Regel, die nicht aus diesem Argument abgeleitet ist. Diese Prämisse kann die Schlußfolgerung eines anderen Argumentes sein; aber wenn wir weiter und weiter zurückgehen, bleibt bei jedem Schritt immer eine bestimmte Anzahl von moralischen Prämissen übrig. Wenn es uns gelingt, die Gesamtheit ethischer Regeln in ein widerspruchsloses System zu ordnen, kommen wir am Schluß zu den Axiomen unserer Ethik. Unsere Analyse kann folgendermaßen zusammengefaßt werden: logische Notwendigkeit besteht nur für die Implikationen zwischen moralischen Axiomen und sekundären moralischen Regeln, kann aber nicht den moralischen Axiomen selbst zugeschrieben werden.

Wenn die Axiome der Ethik nun aber weder notwendig noch evidente Wahrheiten sind — was sind sie dann? Die ethischen Axiome sind keine notwendigen Wahrheiten, weil sie überhaupt keine Wahrheiten ausdrücken.

Wahrheit ist eine Eigenschaft von Aussagen, und in der Ethik werden keine Aussagen gemacht, sondern Anweisungen gegeben. Eine Anweisung oder Direktive kann weder als wahr noch als falsch bezeichnet werden; diese Bezeichnungen sind hier nicht am Platz, weil der logische Charakter von Direktiven ganz verschieden ist von dem logischen Charakter von Indikativsätzen oder, was dasselbe ist, von Aussagen.

Die grammatische Form von Direktiven ist oft der Imperativ, d. h. eine Sprachform, die wir dazu benutzen, andere Menschen oder uns selbst zu beeinflussen. Nehmen wir z. B. den Befehl „mache die Tür zu". Ist dieser Imperativ wahr oder falsch? Man braucht bloß die Frage auszusprechen, um zu merken, daß sie keinen Sinn hat. Die Äußerung „mache die Tür zu" teilt uns nichts über Tatsachen mit und ist auch keine Tautologie, d. h. keine logische Aussage. Wir könnten nicht sagen, was der Fall wäre, wenn die Äußerung „mache die Tür zu" wahr wäre. Ein Imperativ ist eine sprachliche Äußerung, auf welche die Einteilung „wahr oder falsch" nicht paßt.

Aber was ist denn dann ein Imperativ? Ein Imperativ ist ein sprachlicher Ausdruck, den wir zu dem Zweck benutzen, andere Menschen zu beeinflussen, d. h. andere Menschen zu veranlassen, etwas zu tun, was wir wollen, oder etwas zu unterlassen, was wir nicht wollen. Tatsache ist, daß man dieses Ziel mit Hilfe von Worten erreichen kann, obgleich das nicht der einzige Weg dazu ist. Statt zu sagen „mache die Tür zu", könnten wir auch die angeredete Person an die Hand nehmen, sie zur Tür leiten und auf diese Weise veranlassen, daß die Tür geschlossen wird. Das wäre jedoch nicht nur unhöflich, sondern auch sehr unbequem für uns, denn es wäre viel einfacher, wenn wir die Handlung selbst ausführen würden. Wir ziehen es daher vor, von der Tatsache Gebrauch zu machen, daß unsere Mitmenschen daran gewöhnt sind, auf Worte als auf einen Ausdruck unseres Willens zu reagieren. Der imperative Charakter des Befehls macht

es ganz offensichtlich, daß sogar grammatikalisch gesprochen ein Befehl keine Tatsachenaussage darstellt. Allerdings werden nicht alle Befehle in die imperative Form gekleidet. Der einen tatsächlichen Zusammenhang beschreibende Konditionalsatz „ich wäre Ihnen dankbar, wenn Sie die Tür zumachen würden", kann im Sinne eines Befehls geäußert werden und in Wirklichkeit sogar ein besseres Mittel sein, mein Ziel zu erreichen, als ein direkter Imperativ; Höflichkeit ist nicht nur eine Sache der Diplomaten, sondern auch für die kleinen Diplomatien des täglichen Lebens zu empfehlen. Unsere Äußerung ist ein Befehl, der die Form eines Konditionalsatzes hat.
Ist denn aber der Satz „ich wäre Ihnen dankbar, wenn Sie die Tür zumachen würden", nicht eine Aussage über Wünsche?
Das ist er schon, nur in diesem Fall wird er als Befehl gebraucht. Es stimmt aber, daß es zu jedem Imperativ eine *zugeordnete Aussage* gibt, die uns über den Willen einer betreffenden Person informiert. Der Imperativ „mache die Tür zu" entspricht dem Satz „Herr X. will, daß die Tür geschlossen wird". Diese Aussage ist entweder wahr oder falsch und kann gleich anderen psychologischen Aussagen verifiziert werden. Manchmal wird die zugeordnete Aussage an Stelle des Befehls gebraucht. Zum Zweck einer logischen Analyse ist es aber ratsam, Imperative immer in der imperativen Form auszudrücken und sie so grammatikalisch von Tatsachenaussagen zu unterscheiden.
Obgleich Imperative weder wahr noch falsch sind, werden sie doch von anderen Menschen verstanden und haben daher einen Sinn, den man *instrumentellen Sinn* nennen kann und von dem *kognitiven Sinn* unterscheiden muß, den wir in der Verifizierbarkeitstheorie des Sinnes (Kap. 16) definiert haben. Außerdem besitzt jeder Imperativ ein *kognitives Korrelat*, das durch die zugeordnete Aussage gegeben ist.

Ebenso wie Imperative sind auch die Richtlinien, die wir unseren eigenen Handlungen zugrunde legen, Ausdrücke unseres Willens und als solche daher weder wahr noch falsch, sondern dem Reich der Willensäußerungen einzuordnen. Willensentscheidungen können sich auf die verschiedensten Dinge beziehen: wir wollen Nahrung, Behausung, Freunde, Erholung usw. Es ist eine Tatsache, daß wir Willensrichtungen haben; sie unterscheiden sich von Sinneswahrnehmungen und logischen Gesetzen dadurch, daß sie von uns selbst bestimmt werden und stets in einer Situation auftreten, in der wir eine Wahl haben. Ich kann ins Theater gehen oder nicht; und ich entschließe mich zu gehen. Ich kann einem anderen Menschen helfen oder nicht; und es ist mein Wille, ihm zu helfen. Ob es wahr ist, daß wir eine freie Wahl haben, ist eine andere Frage; aber für die Definition einer Willenshandlung genügt es, daß wir wenigstens glauben, wir haben die Möglichkeit einer Wahl. Für diese Definition ist es daher unwichtig, woher unser Wille kommt; und wir fragen im Augenblick nicht, ob unser Wille durch die Umgebung bestimmt ist, in der wir aufgewachsen sind, oder ob unsere Wünsche der Ausdruck bestimmter biologischer Triebe ist, wie z. B. des Sexualtriebes oder des Selbsterhaltungstriebes. Wir wollen nur die psychologische Tatsache anerkennen, daß wir Willensentscheidungen machen, die unser Verhalten regeln.

Nur wenn die Willensentscheidung sich auf Handlungen bezieht, die von anderen Personen ausgeführt werden sollen, nimmt sie die Form eines Imperativs an. Manchmal ist der Imperativ von einer Androhung von Gewalt begleitet, wenn es sich z. B. um Regierungsverordnungen oder um Befehle eines Offiziers handelt. Andere Imperative sind Wünsche, die in Form eines Imperativs ausgedrückt werden. So sagen wir: „bitte, gib mir eine Zigarette".

Wenn sich ein Befehl oder Wunsch an uns richtet, wenn wir, mit anderen Worten, der Empfänger des Impera-

tivs sind, dann können wir positiv oder negativ darauf reagieren. Eine positive Reaktion besteht in einem Willensakt unsererseits, der darauf gerichtet ist, den Imperativ auszuführen; er kann sogar die Bereitwilligkeit enthalten, anderen Menschen entsprechende Imperative zu geben. Eine negative Reaktion besteht in einem Willensakt, der sich gegen die Ausführung des Imperativs richtet. Diese zweifache Möglichkeit wird durch die Worte „recht" und „unrecht" ausgedrückt. Wenn mir also jemand sagt „du sollst Paul besuchen", kann ich darauf antworten „du hast recht" und mich zu einem Besuch bei Paul fertigmachen. Die positive Antwort auf einen Willensakt, der als Imperativ ausgedrückt ist, besteht in einem sekundären Willensakt gleicher Art, der im Empfänger erzeugt wird. Wenn die Antwort negativ ist, dann ist der sekundäre Willensakt dem ersten entgegengesetzt.
Der Sprachgebrauch unterscheidet nicht immer ganz eindeutig zwischen den Alternativen ja — nein und recht — unrecht, sondern gebraucht sie durcheinander. Es erscheint aber wohl berechtigt, die gegebene Deutung als eine korrekte Interpretation dieser Ausdrücke anzusehen.
Während wir für die Anweisungen, die wir anderen Personen geben, die grammatikalische Form des Imperativs haben, existiert keine solche Sprachform für an uns selbst gerichtete Anweisungen. Aus diesem Grunde kleiden wir solche Anweisungen in Indikativsätze, in denen wir über unsere Beschlüsse berichten, wie z. B. in den Satz „ich will ins Theater gehen". Manchmal reden wir uns auch so an, als ob wir es mit einem anderen Menschen zu tun hätten, und benutzen einen Imperativ; wir sagen z. B. zu uns selber, „alter Knabe, nun schreibe doch endlich diesen Brief". Mit Hilfe dieser etwas schizoiden Methode können wir die Sprechweise, die sich auf den Empfänger eines Imperativs bezieht, auf uns selbst anwenden und von sekundären Willensentscheidungen

sprechen, die als Antwort auf einen Imperativ entstehen, den wir uns selbst gegeben haben.
Diese Überlegungen mögen den Unterschied zwischen kognitiven Sätzen und Direktiven klarmachen. Wenn ich einen Tatsachensatz höre und mit dem Inhalt übereinstimme, sage ich „ja" und meine damit, daß ich den Satz als wahr betrachte. Wenn mir z. B. einer sagt, daß viele Wege nach Rom führen, dann sage ich „ja" und meine damit, daß ich es auch für wahr halte, daß viele Wege nach Rom führen. Wenn aber jemand zu mir sagt, daß Geiz verabscheuungswürdig ist, dann drücke ich meine Zustimmung damit aus, daß ich sage, „du hast recht". Was der andere im Sinn hat, ist eine Direktive und deswegen ein Ausdruck seines Willens; er sagt nämlich: „ich wünschte, es gäbe keinen Geiz". Meine Antwort stellt eine entsprechende Direktive dar und bedeutet, daß auch ich wünsche, es gäbe keinen Geiz. Die positive Antwort auf eine Direktive ist keine Bestätigung kognitiver Art, sondern besteht in einem sekundären Willensakt, der sich in einer sprachlichen Äußerung ausdrückt, welche anzeigt, daß der Hörer den Willen des Sprechers teilt und zu unterstützen bereit ist.
Die voraufgegangenen Überlegungen beziehen sich auf Direktiven der verschiedensten Art. Im folgenden wollen wir uns die Direktiven ansehen, die *moralische* oder *ethische* Imperative genannt werden.
Es ist bezeichnend für eine ethische Direktive, daß wir sie als einen Imperativ auffassen und das Gefühl haben, auf der Seite des Empfängers zu sein. Wir betrachten also unseren Willensakt als einen sekundären oder als eine Antwort auf einen Imperativ, der von einer höheren Autorität kommt. Es ist nicht immer ganz klar, was mit dieser Autorität gemeint ist. Manche Menschen behaupten, es sei Gott, andere, es sei ihr Gewissen oder ihr Dämon oder das moralische Gesetz in ihnen. Das sind offensichtlich alles bildliche Interpretationen. Psychologisch gesprochen, ist der ethische Imperativ als ein Willensakt

gekennzeichnet, der von dem Gefühl der Verpflichtung begleitet ist, welches sich sowohl auf uns selbst als auch auf andere bezieht. Wir halten es z. B. für unsere und jedes Menschen Pflicht, den Armen zu helfen, wo immer es möglich ist. Die nicht-moralischen Ziele unseres Willens sind dagegen nicht von einem Gefühl der Verpflichtung begleitet. Wenn jemand Ingenieur werden will, dann trifft er gewöhnlich seine Entscheidung nicht mit Hinblick auf eine Pflicht und wünscht auch nicht, daß alle anderen Menschen dasselbe Ziel haben sollen. Ethische Imperative unterscheiden sich von anderen dadurch, daß sie von dem Gefühl allgemeiner Verpflichtung begleitet sind.
Wie soll man es sich erklären, daß uns moralische Willensentscheidungen als sekundär erscheinen, nämlich als Ausdruck einer Pflicht? Ich glaube, die Erklärung ist darin zu suchen, daß sie uns von unserer sozialen Umgebung auferlegt werden, daß sie also ursprünglich den Willen der Gesellschaft darstellen. Dieser Ursprung erklärt die überpersönliche Würde moralischer Gebote und damit das Gefühl der Unterordnung, mit welchem wir unsere moralischen Entscheidungen treffen. Das ist auch psychologisch ganz verständlich. Die Regeln, nicht zu stehlen, nicht zu töten und so weiter, waren Regeln, die zur Erhaltung der Gruppe notwendig waren. Im Laufe von Generationen haben diese Regeln den Charakter der Individuen in der Gruppe umgeformt; in unserer eigenen Erziehung sind wir ja dem gleichen Einfluß ausgesetzt gewesen. Es ist darum nicht zu verwundern, daß wir uns auf der Empfängerseite ethischer Imperative fühlen, denn wir sind es ja. Wenn das Gefühl der Pflicht als Kennzeichen ethischer Ziele angesehen wird, dann spiegelt eine solche Auffassung nur die Tatsache wider, daß uns ethische Ziele zwangsmäßig auferlegt worden sind, und zwar durch die Autorität des Vaters, des Lehrers oder den Druck der sozialen Schicht, in der wir leben.

Wie ist es aber möglich, daß es antisoziale Ethiken gibt, wenn die Ethik einen sozialen Ursprung hat?
Eine Ethik, die wir als antisozial ansehen, kann immer noch die Ethik einer bestimmten Gruppe sein. Verbrecher haben z. B. ihre eigene Ethik; innerhalb ihrer eigenen Klasse stehlen und töten sie nicht, aber sie stellen sich mit ihrer Klasse der größeren Klasse der Gesellschaft gegenüber, die wir zivilisiert nennen, und weigern sich, irgendwelche moralischen Verpflichtungen dieser weiteren Klasse gegenüber anzuerkennen. Kinder in der Schule empfinden sich manchmal als eine Gruppe, welche derjenigen der Lehrer feindlich gegenübersteht, und sehen es als ihr moralisches Recht an, abzuschreiben und zu schwindeln. Umgekehrt gibt es aber auch Lehrer, die von den Schülern hochgeschätzt und selten betrogen werden; einem solchen Lehrer ist es geglückt, von den Schülern als einer der ihrigen angesehen zu werden. Die Klasse der Arbeiter hat ihre eigene Ethik, ebenso die Klasse der Großkapitalisten oder die Aristokratie in Ländern, in denen der Feudalismus noch nicht ganz ausgerottet ist. Sogar die nationalsozialistische Ethik war eine Gruppenethik, die auf die Bedürfnisse der sogenannten Herrscherrasse zugeschnitten war. Eine völlig individualistische Ethik wie die des Nietzeschen Übermenschen oder des Fürsten Machiavellis ist ein extremer Fall, insofern als alle moralischen Rechte einem einzigen Menschen zugesprochen werden. Derartige ethische Systeme gibt es nur auf dem Papier. Sie stellen theoretisch eine merkwürdige Mischung dar, denn die Autorität, die ihren psychologischen Ursprung in der Gruppe hatte, wird hier auf einen einzigen Menschen übertragen, der als die einzige Person hingestellt wird, deren Willen Gehorsam geleistet werden muß.
Die Ethik unseres gesellschaftlichen und politischen Lebens ist ein Gemisch von Gruppenethiken der verschiedensten Herkunft. Die Nationen sind durch Einigung von Staaten und Verschmelzung gesellschaftlicher

Schichten entstanden und haben die ethischen Regeln früherer Zeiten übernommen, hauptsächlich in Form kodifizierter Gesetze, welche die Rechtssysteme der Römer, des Feudalismus und der Kirche bis auf unsere Zeit teilweise erhalten haben. Es ist deshalb nicht verwunderlich, wenn dabei ein widerspruchsvolles Resultat herauskommt. Der gute Bürger, der versucht, allen moralischen Regeln seines Volkes nachzukommen, gerät bald in ethische Konflikte. Soll er die Armen unterstützen oder versuchen, sich als guter Geschäftsmann ihrer Pfennige zu bemächtigen? Soll er für das Wohl des Staates arbeiten, indem er mithilft, Streiks zu unterdrücken, oder indem er die Arbeiter in ihrem Kampf um bessere ökonomische Bedingungen unterstützt? Soll er sich für Redefreiheit einsetzen oder eine Regierung unterstützen, die nicht erlaubt, daß Darwins Evolutionstheorie auf den Universitäten gelehrt wird? Soll er sich an die Gebote der Bibel halten oder verlangen, daß man die Abkömmlinge des Volkes, das die Bibel geschrieben hat, von bestimmten Berufen und öffentlichen Ämtern ausschließt? Soll er sich für gleiche Rechte aller Rassen einsetzen oder Bestimmungen aufrechterhalten, nach denen Passagiere mit pigmenthaltiger Haut eine besondere Straßenbahn benutzen müssen? Es ist wirklich nicht leicht, sich heutzutage durch das Gemisch ethischer Regeln hindurchzufinden.

Welches ist denn nun die Ethik, die auf alle unsere Fragen eine Antwort gibt? Kann uns die Philosophie ein solches System schenken?

Sie kann es nicht. Das ist die Antwort, die wir offen geben müssen. Die philosophischen Versuche, aus der Ethik ein Erkenntnissystem zu machen, sind fehlgeschlagen. Diese Systeme waren nur Nachbildungen von Zielen gewisser gesellschaftlicher Gruppen: der griechischen Mittelklasse, der katholischen Kirche, der Mittelklasse vor oder nach der Zeit der Industrialisierung oder des Proletariats. Wir wissen auch, warum diese Systeme

fehlschlagen mußten: weil die Erkenntnis keine Direktiven liefern kann. Wer nach ethischen Regeln sucht, darf es nicht mit den Methoden der Wissenschaft tun. Die Wissenschaft sagt uns, was der Fall ist, aber nicht, was getan werden soll.
Heißt das nun Resignation? Daß es keine moralischen Direktiven gibt und daß jeder tun kann, was er will?
Ich glaube nicht. Ich glaube, es heißt das Wesen moralischer Direktiven mißverstehen, wenn man schließt, daß jeder tun kann, was er will, falls die Ethik nicht objektiv beweisbar ist.
Um dieses Problem zu untersuchen, wollen wir uns ausführlich mit der Bedeutung moralischer Direktiven befassen und uns einer logischen Analyse des Wortes „soll" zuwenden, das als grammatikalischer Ausdruck einer moralischen Direktive angesehen werden kann. Für unsere Zwecke behandeln wir dieses Wort als gleichbedeutend mit dem Wort „sollte". Wir haben gesehen, daß dieses Wort nicht bedeuten kann, daß es ein objektives moralisches Gesetz gibt, aus dem der Imperativ abgeleitet werden kann. Was bedeutet es denn aber? Zwei mögliche Deutungen bleiben übrig.
In der ersten hat es eine *implikative Bedeutung:* wir wissen, daß eine bestimme Person ein Ziel im Auge hat, und behaupten, daß dieses Ziel eine bestimmte Handlung zu seiner Erreichung erfordert. So sagen wir z. B. „Peter sollte nicht rauchen", und meinen damit, daß sich aus Peters Ziel, gesund zu bleiben, auf Grund physiologischer Gesetze ableiten läßt, daß er wegen seiner körperlichen Konstitution nicht rauchen sollte. Der Wille, gesund zu bleiben, zieht mit anderen Worten den Willen, nicht zu rauchen, nach sich und wird deshalb ein sekundärer Wille oder eine abgeleitete Willensrichtung genannt. Die Verpflichtung, die in einem solchen sekundären Willensakt liegt, hat daher den Charakter einer Implikation und ist keine moralische, sondern eine logische Verpflichtung.

In der zweiten Interpretation hat das Wort „soll" die Bedeutung eines *subjektiven Imperativs*, der vom Sprecher ausgeht: ich, der Sprecher, wünsche, daß dies oder jenes geschieht. Dieser Auffassung nach enthalten ethische Direktiven eine unabtrennbare Bezugnahme auf den Sprecher und sind der Ausdruck seiner Willensentscheidung. Wenn man diese Interpretation anerkennt, ist es unmöglich, den Sprecher aus der Deutung einer ethischen Direktive auszuschalten, denn dann enthält der Ausdruck „er soll" in unausgesprochener Form den Ausdruck „ich will". In dieser Deutung ist alle Ethik immer *Willensethik*.

Logisch kann diese Auffassung folgendermaßen analysiert werden. Der Gebrauch von Ausdrücken wie „er sollte nicht lügen", oder „lügen ist unmoralisch", ist eine pseudo-objektive Redeweise; was tatsächlich damit ausgedrückt wird, ist eine Einstellung des Sprechers. Der Ausdruck „er sollte" ist Worten wie „ich" und „jetzt" vergleichbar, die sich auf den Sprecher oder den Sprechakt beziehen und im Munde verschiedener Personen verschiedene Bedeutungen haben. Solche Ausdrücke heißen *reflexive Zeichen*. Das Wort „Zeichen" bezieht sich auf das individuelle Vorkommen eines Symbols; wenn zwei Menschen dasselbe Wort aussprechen, dann äußert jeder von ihnen ein verschiedenes Zeichen dieses Wortes. Gewöhnlich haben die verschiedenen Zeichen desselben Wortes dieselbe Bedeutung; wenn die Zeichen aber reflexiv sind, dann hat jedes Zeichen eine andere Bedeutung. Wenn zwei Menschen sagen „Präsident Franklin D. Roosevelt", dann benennen die beiden Zeichen dieselbe Person. Wenn zwei Menschen aber „ich" sagen, beziehen sich die beiden Zeichen auf verschiedene Personen. Das Wort „reflexiv" kennzeichnet diese Bezugnahme der Bedeutung auf das Zeichen[1].

---

[1] Eine ausführliche Besprechung von reflexiven Zeichen ist in dem Buch des Autors *Elements of Symbolic Logic* (New York, 1947), § 50, zu finden. Da Imperative reflexive Zeichen sind, sind sie ihren

Das Wort „sollte" wird sowohl in der implikativen Bedeutung als auch als reflexives Zeichen gebraucht; doch kann der Ausdruck „er sollte" in der implikativen Bedeutung nicht für ethische Prämissen oder ethische Axiome benutzt werden, da diese keine Implikationen, sondern Direktiven ausdrücken. Sie enthalten also den Ausdruck „er sollte" im Sinne eines reflexiven Zeichens. Diese Bedeutung wird von den Prämissen auf jede abgeleitete ethische Regel übertragen. Um diese Übertragung zu verstehen, brauchen wir nur an Ableitungen auf kognitivem Gebiet zu denken, wo sich die Wahrheit der Prämissen auf die Schlußfolgerung überträgt. Würden die Prämissen nicht als wahr behauptet, könnte man auch die Schlußfolgerung nicht als wahr behaupten. Dasselbe gilt für die ethischen Prämissen: wären sie nicht als Direktiven gemeint, d. h. würden sie das „er sollte" nicht im Sinne eines reflexiven Zeichens enthalten, dann könnten auch ethische Schlußfolgerungen nicht den Charakter einer Direktive haben.

Manchmal kommt es vor, daß die beiden Bedeutungen von „er sollte" zusammen auftreten: dann wird ein implikatives „sollte" behauptet, das sich auf eine Prämisse bezieht, in der „sollte" als reflexives Zeichen erscheint. Über diese Doppelbedeutung muß man sich ganz klar sein. Das implikative „sollte" nimmt dann einen moralischen Sinn an; das kann aber nur dadurch entstehen, daß die Direktive, die stillschweigend als Prämisse des Sprechers vorausgesetzt wird, ein moralischer Imperativ für den Sprecher ist. Wir sagen z. B. „der amerikanische Präsident sollte die Menschen ins Land hineinlassen, die ihr Vaterland verloren haben", und meinen damit, das Ziel, diesen Menschen zu helfen, das wir unterstützen und von dem wir wissen, daß es auch das Ziel des Präsidenten ist, kann nur erreicht werden, wenn die Ein-

kognitiven Korrelaten nicht gleichwertig; wenn verschiedene Personen dieselben Imperative aussprechen, haben sie verschiedene kognitive Korrelate.

wanderung nach Amerika freigegeben wird. Die moralische Nebenbedeutung von „sollte" im implikativen Sinn kann daher auf den Gebrauch von „sollte" in der Bedeutung einer Willensentscheidung zurückgeführt werden. Wenn der Sprecher die Direktive nicht für richtig hält, verliert das „sollte" seinen moralischen Sinn. Wir sagen z. B. „statt Paris zu erobern, hätte Hitler in England einfallen sollen". Damit meinen wir, es wäre in Hitlers Interesse gewesen, in England einzufallen, und wollen also nur die implikative Verknüpfung ausdrükken; da wir aber Hitlers Ziele nicht teilen, gebrauchen wir das Wort „sollte" nicht als moralischen Imperativ. Hieraus ersieht man deutlich, daß die Bezugnahme auf den Sprecher unabtrennbar von der ethischen Bedeutung der Worte „er sollte" ist. Für eine wissenschaftliche Behandlung ethischer Probleme ist die Erkenntnis unerläßlich, daß der Ausdruck „er sollte" in seiner ethischen Bedeutung ein reflexives Zeichen ist.

Um der subjektiven Deutung ethischer Ausdrücke zu entgehen, hat man zuweilen versucht, dem Ausdruck „er sollte" eine dritte Bedeutung beizulegen. Danach heißen diese Worte so viel wie „die Gruppe wünscht, daß er dies oder jenes tue". Diese Deutung scheint den subjektiven Gehalt aus moralischen Verpflichtungen auszuschalten. Leider ist aber diese Interpretation nicht haltbar, denn wenn es sich um den Willen einer Gruppe handelt, brauchen wir die Worte „er sollte" nur, wenn man ihren Sinn auf eine der beiden ersten Bedeutungen zurückführen kann. Erstens gebrauchen wir sie, wenn sich die Handlung aus dem Willen des Menschen ableiten läßt, in dessen Interesse es ist, dem Willen der Gruppe zu gehorchen; und dann hat der Ausdruck die implikative Bedeutung der ersten Interpretation. Zweitens gebrauchen wir diese Worte, wenn wir den Willen der Gruppe teilen; und nur in diesem Fall drücken sie eine moralische Verpflichtung aus. Wenn z. B. ein Verbrecher seine Mithelfer verrät, weiß man, daß seine Gruppe ein

solches Betragen verurteilt, und ein Mitglied dieses Kreises würde daher sagen „er hätte nichts verraten sollen". Wenn *wir* diesen Satz aussprechen, meinen wir das implikative „sollte" und geben nur der Ansicht Ausdruck, daß Schweigen im Interesse des Verbrechers gewesen wäre, der sich so nur Racheakten seiner Kumpanen aussetzt. Wenn wir den Satz aber im Sinne eines moralischen Urteils aussprechen, so wollen wir damit sagen, daß wir es als eine moralische Verpflichtung des Menschen ansehen, seine Gruppe zu schützen; dann ist der Ausdruck ein reflexives Zeichen und drückt den Willen des Sprechers aus.
Diese Überlegungen lassen sich dahin zusammenfassen, daß ethische Direktiven Willenshandlungen darstellen, daß sie nämlich Willensentscheidungen des Sprechers ausdrücken. Dieses Ergebnis mag zunächst enttäuschend erscheinen, denn es sieht so aus, als ob wir keinen festen Grund und Boden mehr haben, auf den wir unseren Willen stützen können. Ist es denn aber wirklich nötig, daß wir immer auf der Empfängerseite eines Imperativs stehen, um sicher zu sein, daß wir ihn ausführen dürfen, und um verlangen zu können, daß auch andere diesem Imperativ Folge leisten? Das Gefühl der Verpflichtung, das auf der Empfängerseite des Gruppenwillens entsteht, ist, wie wir gesehen haben, von den Philosophen mißverstanden und als eine Analogie zu kognitiver Notwendigkeit gedeutet worden, als ein zwingendes Gesetz der Vernunft, oder als eine Einsicht in eine ideelle Welt. Da wir aber nun gefunden haben, daß die Analogie ungültig ist, und daß dieses Gefühl der Verpflichtung nicht dazu benutzt werden kann, der Ethik eine objektive Gültigkeit zu geben, sollten wir die Berufung auf eine Verpflichtung vergessen. Werfen wir die Krücken fort, die wir bisher zum Gehen gebraucht haben; stehen wir auf eigenen Füßen und trauen unserem Willen — nicht, weil er ein sekundärer, sondern weil er unser eigener Wille ist. Nur eine verblendete Moral

kann behaupten, daß unser Wille schlecht ist, wenn er nicht die Unterordnung unter ein Gebot von anderer Stelle darstellt.
Ich kann mir denken, daß hier mancher Leser den Einwand erhebt: wenn ethische Direktiven Willensentscheidungen sind, erscheint es berechtigt, daß jedermann seine eigenen Direktiven aufstellen kann. Wie kann man dann aber verlangen, daß andere Leute diesen Direktiven Folge leisten sollen? Hier wird uns zugerufen, daß wir unserem eigenen Willen trauen und nicht immer das Gefühl haben sollen, der Empfänger eines Imperativs zu sein, während gleichzeitig jeder das Recht haben soll, anderen Menschen Imperative zu geben. Ist das nicht ein Widerspruch? Die Deutung von Imperativen als Willensentscheidungen scheint zu der Folgerung zu führen, daß jeder tun darf, was er will – also zur Anarchie.
Diese letzte Schlußfolgerung wollen wir uns einmal näher ansehen. Angenommen, ich stelle den Imperativ auf, daß eine bestimmte Person sich in bestimmter Weise benehmen soll, und man antwortet mir darauf: „nein, der Mann kann tun was er will". Offensichtlich ist der Ausdruck „kann tun" in dieser Antwort gegen meinen Imperativ gerichtet und bedeutet, daß ich zwar dazu berechtigt bin, meine eigenen Imperative aufzustellen, nicht aber, allgemein gültige Verpflichtungen zu formulieren, d. h. Imperative für andere aufzustellen. Der Satz „Herr X ist nicht berechtigt" ist nicht kognitiv, sondern ein Imperativ im Sinne von „Herr X sollte dies oder jenes nicht tun". Die Antwort hat also die Form eines Imperativs; man gebietet mir, keine Imperative für andere zu formulieren. Warum ist nun aber dieser Imperativ berechtigt? Hier setzt jemand anderes seinen Willen gegen meinen Willen, und ich sehe gar nicht ein, warum ich es aufgeben soll, anderen Menschen Direktiven zu geben, um dafür den Willen eines anderen Menschen anzuerkennen.
Das Problem, das sich aus dem obigen Schluß ergeben

hat, ist wichtig genug, um näher untersucht zu werden. Betrachten wir zunächst die Worte „jeder Mensch hat das Recht". Diese Worte können erstens bedeuten, daß die Regierung die Handlungsweise eines Menschen nicht beschränkt. Das ist eine Tatsachenaussage, die aber nicht den Sinn der obigen Schlußfolgerung wiedergibt. Um das klarzumachen, wollen wir den ganzen Satz in diesem Sinn hinschreiben. Die Aussage „wenn ethische Direktiven Willensentscheidungen sind, dann beschränkt die Regierung die Handlungsweise eines Menschen nicht" wird dann recht fragwürdig erscheinen und ist bestimmt nicht das, was man sagen wollte. Zweitens kann der Satz „jeder Mensch hat das Recht" bedeuten, daß man die Handlungsweise eines Menschen nicht beschränken *sollte*. Das Wort „sollte" zeigt einen Imperativ an, und nach unseren vorangegangenen Untersuchungen kann dieser zwei Bedeutungen haben. Die erste Bedeutung ist die eines Befehls von seiten des Sprechers; und dann heißt der Satz: „Wenn ethische Direktiven Willensentscheidungen sind, dann bestehe ich, der Sprecher, darauf, daß den Handlungsweisen eines Menschen keine Beschränkungen auferlegt werden". Wenn man das sagen will, dann stellt man keine logische Beziehung auf, sondern gibt nur seinem Willen Ausdruck, vollzieht also keinen logischen Schluß. Die zweite Bedeutung von „sollte" ist die einer logischen Implikation, die für die betreffende Person zu einem davon ableitbaren Imperativ führt. Dann würde der Satz lauten: „wenn jemand das Prinzip anerkennt, daß ethische Direktiven dasselbe wie Willensentscheidungen sind, dann ergibt sich daraus der Imperativ, daß den Handlungsweisen eines Menschen keine Beschränkungen auferlegt werden sollen". Ist das aber ein gültiger Schluß? Ich sehe nicht, wie eine solche Folgerung logisch abgeleitet werden kann, denn es ist völlig miteinander vereinbar, bestimmte Ziele zu wollen und doch andere Leute in ihren Handlungen beschränkt sehen zu wollen, wenn sie sich diesen Zielen widersetzen.

Die letzten Überlegungen kann man auch etwas anders fassen. Was behauptet wird, ist, daß ich logisch gezwungen bin, mich zu der sekundären Willensentscheidung zu bekennen: „kein Mensch soll in seiner Handlungsweise beschränkt werden". Wenn das ein ableitbarer Imperativ ist, dann muß er von anderen Imperativen abgeleitet sein. Aber bisher habe ich gar keinen Imperativ ausgesprochen, sondern nur die kognitive Aussage gemacht, daß ethische Direktiven eine Angelegenheit von Willensentscheidungen sind. Von diesem kognitiven Satz kann man keinen Imperativ ableiten. Man kann Imperative von anderen Imperativen ableiten, oder von Imperativen in Verbindung mit kognitiven Sätzen, aber nie von kognitiven Sätzen allein. Der Schluß ist also ungültig.

Man sieht deutlich, daß die Interpretation von ethischen Direktiven als Willensentscheidungen nicht zu der Folgerung führt, daß der Sprecher jedem Menschen das Recht einräumen muß, seinen eigenen Entscheidungen zu folgen; d. h., sie führt nicht zur Anarchie. Wenn ich bestimmte Ziele will und verlange, daß andere Menschen auch danach streben, dann kann man mir nur andere Ziele entgegenhalten, die auch die Form eines Imperativs haben, wie z. B. den anarchistischen Imperativ: „jeder Mensch hat das Recht, zu tun, was er will". Was man nicht beweisen kann, ist, daß mein System einer Willensethik Widersprüche enthält, und daß die Logik mich zwingt, jedem Menschen das Recht zu geben, zu tun, was er will. Die Logik zwingt mich zu gar nichts. Die Direktiven, die ich aufstelle, sind gar keine Folgerungen aus meiner Auffassung der Ethik; und die Logik sagt mir auch nicht, welche Imperative ich als allgemein verpflichtend ansehen soll. Ich formuliere meine Imperative als meine Willensentscheidungen, und der Unterschied zwischen persönlichen und ethischen Direktiven ist auch eine Angelegenheit meines Willens. Wie wir uns erinnern, sind ethische Direktiven solche, die ich als

notwendig für die Gesellschaft ansehe und die ich als verbindlich für jedermann betrachte.
Und jetzt ist der Leser verzweifelt und ruft mir zu: „Vielleicht stimmt es logisch, was du sagst; aber glaubst du wirklich – du Verfasser eines Buches über wissenschaftliche Philosophie – daß du der Mann bist, der ganzen Welt ethische Direktiven zu geben? Warum soll ich auf dich hören?"
Es tut mir leid, wenn ich diesen Eindruck erweckt habe, denn das war nicht meine Absicht. Ich habe nur nach der Wahrheit gesucht, und gerade aus diesem Grunde gebe ich keine ethischen Direktiven, die ihrem Wesen nach nicht wahr sein können. Ich habe zwar meine ethischen Direktiven, aber ich beabsichtige nicht, sie hier niederzuschreiben. Ich will gar keine ethischen Fragen diskutieren, sondern das Wesen der Ethik untersuchen. Ich glaube sogar, daß ich grundlegende ethische Direktiven habe, die von denen des Lesers gar nicht so verschieden sind. Wir sind Produkte der gleichen Gesellschaft und sind seit unserer Geburt demokratischen Idealen ausgesetzt gewesen. In mancher Beziehung mögen wir verschiedener Ansicht sein, z. B. in der Frage, ob der Staat der Unternehmer sein soll, oder ob Ehescheidungen gesetzlich erleichtert werden sollen, oder ob es eine Weltregierung geben soll, welche die juristische Gewalt über die Atombombe hat. Über solche Probleme können wir uns unterhalten, wenn wir beide dem demokratischen Prinzip zustimmen, welches ich dem anarchistischen gegenüberstelle:

Jedermann hat das Recht, seine eigenen ethischen Imperative aufzustellen und zu verlangen, daß alle anderen Menschen diesen Imperativen Folge leisten.

Dieses demokratische Prinzip liefert die genaue Formulierung meiner Aufforderung, daß jedermann seinen eigenen Willensentscheidungen trauen soll, einer Aufforderung, die man als dem Grundsatz widersprechend angesehen hat, daß jedermann Imperative für andere Menschen aufstellen darf. Ich will nun zeigen, daß das soeben formulierte Prinzip nicht auf Widersprüche führt. Nehmen wir an, ich stelle folgenden Imperativ auf: wenn es in einem Haus mehr als *ein* Zimmer für jede Person gibt, dann sollen die übrigen Räume an Personen abgegeben werden, die kein eigenes Zimmer haben. Du stellst den Imperativ auf: niemand soll dazu gezwungen sein, sein Haus anderen Personen zur Verfügung zu stellen. Du hast ein Extrazimmer in deinem Haus und ich verlange, daß es an ein Opfer der Wohnungsnot abgegeben wird; und wenn ich die Macht habe, meine Forderung mit Hilfe der Regierung durchzuführen, indem ich z. B. ein derartiges Gesetz einbringe, dann werde ich sogar davon Gebrauch machen. Ich lasse dir jedoch das Recht, zu verlangen, daß dieses Gesetz wieder aufgehoben wird. Es ist also der Unterschied zwischen dem Recht, zu handeln, und dem Recht, eine bestimmte Handlung zu fordern, welches mein Prinzip davor bewahrt, widerspruchsvoll zu sein. Ich verlange, daß du in einer bestimmten Weise handeln sollst, aber ich verlange nicht, daß du die gegenteilige Forderung aufgeben sollst. Das ist wahre Demokratie und entspricht der Praxis, wie in einer Demokratie sich gegenüberstehende Willensentscheidungen ausgefochten werden.

Ich habe mein Prinzip nicht aus reiner Vernunft abgeleitet, und ich stelle es nicht als das Ergebnis einer Philosophie hin. Ich formuliere lediglich ein Prinzip, das dem politischen Leben in demokratischen Ländern zugrunde liegt, und weiß, daß dieses Bekenntnis mich zum Produkt unserer Zeit stempelt. Ich habe aber gefunden, daß mir dies Prinzip die Gelegenheit gibt, für meine Willensentscheidungen zu werben und sogar bis zu einem gewissen Grade ihnen zu folgen. Darum mache ich es zu meinem moralischen Imperativ. Ich behaupte nicht, daß man es für alle Gesellschaftsformen gebrauchen kann; wenn ich, der ich das Produkt einer demokratischen Gesellschaft bin, in eine andere Gesellschaft versetzt würde, dann würde ich unter Umständen mein Prinzip ändern. Für den Augenblick wollen wir uns aber dieses Prinzip, das für unsere Gesellschaft das geeignetste zu sein scheint, näher betrachten.

Dieses Prinzip ist keine ethische Lehre, die alle Fragen moralischer Art beantwortet. Es ist nur eine Aufforderung, einen aktiven Anteil am Kampf der Meinungen zu nehmen. Willensunterschiede können nicht durch einen Hinweis auf das ethische System irgendeines Gelehrten beigelegt werden, sondern können nur ausgeglichen werden, wenn die verschiedenen Ansichten wirklich aufeinanderprallen, also durch die Reibung des Individuums an seiner Umgebung, durch offene Aussprache über Streitfragen und durch den Zwang der Situation. Ethische Wertungen bilden sich als Folge von Handlungen; wir handeln, überlegen uns, was wir getan haben, erzählen anderen Menschen davon und handeln wieder — nur daß wir diesmal unserer Ansicht nach das moralisch Bessere tun. Unsere Handlungen sind Versuche, herauszufinden, was wir eigentlich wollen; wir lernen aus unseren Fehlern und wissen oft erst, nachdem wir schon gehandelt haben, ob wir wirklich so handeln wollten oder nicht. Unsere Ziele sind uns oft gar nicht klar gegenwärtig, sondern bilden sozusagen den unbewußten oder halbbewußten Hintergrund unserer Handlungsweise; und diejenigen Ziele, welche uns ganz klar und deutlich erscheinen und wie Sterne unseren Weg erleuchten, verlieren oft ihre Anziehungskraft, sobald wir sie erreicht haben.

Wer Ethik lernen will, sollte nicht zum Philosophen gehen, sondern dorthin, wo ethische Fragen ausgefochten werden. Er findet reiches Material in jeder Gemeinschaft, in der Willensrichtungen der verschiedensten Art miteinander in Wettbewerb treten, ob es nun eine politische Partei ist oder eine Arbeitergewerkschaft oder eine wissenschaftliche Organisation oder ein Skiverein

oder eine Gruppe, wie sie durch gemeinsames Studium in einem Hörsaal oder Klassenzimmer geformt wird. Dort kann er lernen, was es heißt, seinen Willen gegen den Willen anderer Menschen zu setzen, und was es heißt, sich dem Willen der Gruppe einzuordnen. Ist die Ethik eine Sache des Willens, so ist sie andererseits auch eine Angelegenheit der Erziehung des Willens durch den Einfluß der Umgebung. Der krasse Individualist ist kurzsichtig, wenn er die innere Befriedigung vergißt, die aus dem Gefühl der Zugehörigkeit zu einer Gruppe erwächst. Ob wir die Beeinflussung unseres Willens durch die Gruppe als heilsam oder gefährlich betrachten, hängt davon ab, ob wir für oder gegen die Gruppe eingestellt sind; aber niemand kann bestreiten, daß ein solcher Gruppeneinfluß stattfindet.
Woher kommt es denn nun, daß sich der Wille des einzelnen ändern läßt und den Willensrichtungen der anderen Mitglieder der Gruppe angeglichen werden kann? Was für ein Vorgang ist es, den wir Beeinflussung des Willens nennen?
Zweifellos spielt hierbei die Erkenntnis kognitiver Beziehungen eine große Rolle. Ich habe oben auseinandergesetzt, daß Implikationen zwischen Imperativen beweisbar sind, und der Anteil, den solche Implikationen an der Willensbildung haben, ist viel größer als gewöhnlich angenommen wird. Wir irren uns oft über die Beziehungen zwischen unseren Zielen; und sobald verschiedene Menschen gewisse grundlegende Ziele gemeinsam haben, verwandeln sich eine ganze Menge moralischer Fragen in empirische Probleme. Zum Beispiel ist die Frage, ob Privateigentum heilig ist, kein moralisches Problem mehr, sobald wir das Ziel anerkennen, daß allen Menschen ein bestimmter Lebensunterhalt garantiert sein soll. Es wird dann zu einem soziologischen Problem, ob man dieses Ziel auf Grund von Privateigentum oder auf Grund von Staatsunternehmertum besser erreicht. In diesem Falle ergeben sich allerdings Schwierigkeiten aus

der Unvollkommenheit der Soziologie, die uns keine eindeutigen Antworten geben kann, so wie wir sie in der Physik erhalten. Für die Anhänger der Demokratie sind aber die meisten politischen Probleme in Wirklichkeit empirische Fragen, und es ist daher zu hoffen, daß sie durch öffentliche Debatten und mit Hilfe friedfertiger Experimente statt durch Kriege gelöst werden.
Die meisten Willensentscheidungen, die wir zu treffen haben, sind sekundäre Entscheidungen, d. h. Entscheidungen, die sich aus den prinzipiellen Zielen ergeben, die wir uns gesetzt haben. Das ist der Grund, warum eine kognitive Klärung für ethische Fragen so wichtig ist. Abgesehen von politischen Fragen darf man hier an Fragen der Erziehung, der Gesundheit, des Geschlechtslebens, des bürgerlichen Gesetzes, der Kriminalgesetzgebung und der Bestrafung von Verbrechern denken. So ist z. B. die Frage, ob ein verurteilter Verbrecher ins Gefängnis kommen soll, keine moralische, sondern eine psychologische Frage, so wie man sich darüber einig ist, daß die Rechtsgewalt im Staate versuchen soll, so viele sozial zuverlässige Bürger als möglich zu gewinnen. Die Erfahrung hat oft gezeigt, daß Menschen, die aus den Gefängnissen entlassen werden, gerade das Gegenteil von sozialer Einstellung gelernt haben.
Es ist jedoch eine psychologische Tatsache, daß es manchmal sehr schwierig ist, seine eigene Willensentscheidung zu ändern, selbst wenn man sich über empirische Fragen klar ist. Wir wissen vielleicht, daß wir, um ein bestimmtes prinzipielles Ziel zu erreichen, auch eine bestimmte andere Entscheidung treffen müssen, und zögern trotzdem. So sind wir vielleicht davon überzeugt, daß ein Verbrecher nicht bestraft werden, sondern in eine Umgebung überführt werden sollte, die ihm Gelegenheit gibt, sich einer gesellschaftlichen Ordnung einzufügen; und trotzdem mag es schwer für uns sein, den Wunsch nach Strafe und Rache zu überwinden, der in so hohem Grade die Bestimmungen des Strafgesetzbuches beein-

flußt hat. Oder ein anderes Beispiel: Die Geschlechtsmoral ist so mit Tabu-Vorschriften durchsetzt, daß es außerordentlich schwierig ist, gewohnheitsmäßige Vorurteile abzuschütteln, selbst wenn psychologische Untersuchungen deutlich gezeigt haben, daß wir gewisse traditionelle Maßstäbe aufgeben müssen, wenn wir glücklichere und gesündere Männer und Frauen haben wollen. In allen diesen Fällen müssen die empirischen Ergebnisse in eine entsprechende Willensentscheidung umgesetzt werden, und das kann oft nur im Rahmen einer Gemeinschaftserziehung erreicht werden. Nur wenn wir in einer Umgebung leben, in der neue Wertungen durchgeführt werden, lernen wir auch, daß wir sie uns zu eigen machen können, und erlangen die Willenskraft, die empirischen Konsequenzen unserer prinzipiellen Ziele durchzuführen. Logische Argumente können die Psychologie der Willensbildung nicht erschöpfen, sondern Logik kann nur in Verbindung mit Gemeinschaftseinfluß zu einer Willenserziehung führen und uns helfen, die Vielheit unserer Willenshaltungen in ein geordnetes Ganzes zu verwandeln.

Kann man nun alle ethischen Fragen dadurch beantworten, daß man sie auf gemeinsame fundamentale Ziele zurückführt? Dafür spricht die Tatsache, daß wir alle menschliche Wesen sind, denn man könnte sich vorstellen, daß die psychologische Ähnlichkeit aller Menschen ähnliche grundsätzliche Ziele mit sich bringt. Andere Tatsachen sprechen dagegen, da gewisse Gruppen, wie z. B. der Adel in den Feudalstaaten oder die Kapitalisten im kapitalistischen Staat oder die Mitglieder der Partei, welche in einem totalitären Staat regiert, ausgesprochene Vorteile haben, wenn sie sich die Privilegien ihrer Klasse erhalten können.

Ich glaube aber nicht, daß die Antwort auf diese Frage so wichtig ist. Wir haben gesehen, daß logische Einsicht in die notwendige Verknüpfung zweier Ziele an und für sich eine Willenshaltung noch nicht ändert; d. h. wenn

eine solche Erkenntnis zu neuen Willensentschlüssen führen soll, dann muß sie von einer entsprechenden Willenserziehung begleitet sein. Wenn aber solche Willenserziehung nötig und möglich ist, kommt es nicht so sehr darauf an, ob sie sich auf grundsätzliche oder sekundäre Ziele bezieht. Auch grundsätzliche Ziele können von der Gemeinschaft beeinflußt werden und ändern sich, wenn sie der suggestiven Gewalt einer Umgebung ausgesetzt sind, welche uns andere Ziele und deren Konsequenzen in lebendiger Verwirklichung vorführt.
Eine solche Anpassung an die Bedürfnisse der Gruppe ist für die Anhänger einer absoluten Ethik oft sehr schwer. Wenn jemand in dem Prinzip erzogen worden ist, daß ethische Regeln absolute Wahrheiten sind, wird er große Hemmungen haben, solche Regeln aufzugeben und sich daher dem Einfluß der Gemeinschaft verschließen. Wenn jemand dagegen weiß, daß ethische Regeln Willenscharakter haben, wird er bereit sein, seine Ziele in einem gewissen Ausmaß zu ändern, wenn er einsieht, daß er sich sonst nicht mit den anderen Menschen vertragen kann. Die Anpassung der eigenen Ziele an die Ziele anderer Menschen macht das Wesen der sozialen Erziehung aus. Der naive Egoismus stößt auf Widerstand, wenn er mit dem Egoismus anderer Menschen zusammentrifft; und der Egoist entdeckt sehr schnell, daß er besser daran ist, wenn er auf andere Menschen Rücksicht nimmt. Geben und Empfangen in gegenseitiger Hilfe ist viel befriedigender als eigensinnige Absonderung. Darum ist der in einer empirischen Haltung zur Ethik erzogene Mensch besser vorbereitet, ein nützliches Mitglied der Gesellschaft zu werden, als der im Glauben an eine absolute Ethik Aufgewachsene.
Das heißt aber nicht, daß der Empirist allzu leicht zu Kompromissen geneigt ist. So sehr er auch dazu bereit ist, von der Gemeinschaft zu lernen, ist er andrerseits auch gewillt, die Gemeinschaft auf seine Ziele hinzusteuern. Er weiß ganz genau, daß sozialer Fortschritt oft der Aus-

dauer des einzelnen zu verdanken ist, der sich der Gruppe gegenüber als der Stärkere erweist, und er wird immer wieder versuchen, die Gemeinschaft, so weit er kann, zu beeinflussen. Die Wechselbeziehung zwischen Gemeinschaft und Individuum hat ihre Wirkung sowohl auf den einzelnen als auch auf die Gemeinschaft.

Die ethische Orientierung der menschlichen Gesellschaft ist also das Produkt gegenseitiger Anpassung. Das Wissen um Verknüpfungen zwischen den Zielen spielt nur eine beschränkte Rolle dabei. Wichtiger sind die nichtkognitiven psychologischen Einflüsse, die vom einzelnen auf den einzelnen, vom einzelnen auf die Gemeinschaft und von der Gemeinschaft auf den einzelnen ausgeübt werden. Die Reibung am Willen der anderen ist die gestaltende Kraft in aller ethischen Erziehung. Man wird daher zugeben müssen, daß die Umwertung moralischer Werte in hohem Grade eine Machtfrage ist — wenn man unter Macht jede Art erfolgreicher Behauptung des eigenen gegen den Willen der anderen versteht. In diesem weiteren Sinne des Wortes heißt Macht nicht nur Waffengewalt. Andere Formen der Macht sind gleichwertig oder sogar von größerer Wirksamkeit: die Macht der sozialen Organisation, die Macht einer gesellschaftlichen Klasse, welche ihre gemeinsamen Interessen erkannt hat, die Macht einer Gemeinschaft, die Macht der Sprache und der Schrift, oder die Macht des einzelnen, der das Verhalten der Massen durch sein überlegenes Vorbild bestimmt. Es ist im Grunde stets Macht, welche die gesellschaftlichen Beziehungen regelt.

Deswegen dürfen wir aber noch nicht den Fehler machen, zu glauben, daß der Kampf um die Macht von einer übermenschlichen Gewalt überwacht wird, die ihn schließlich zum Guten führt; und wir dürfen auch nicht den umgekehrten Fehler machen, zu glauben, daß Recht und Macht dasselbe ist. Wir haben zu oft gesehen, daß das Unmoralische gesiegt hat, und zu oft den Sieg der Mittelmäßigkeit und des Klassenegoismus erlebt. Wir versuchen, unsere eigenen Willensziele zu erreichen, jedoch nicht mit dem Fanatismus eines Propheten der absoluten Wahrheit, sondern mit der Festigkeit des Menschen, der seinem eigenen Willen vertraut. Wir wissen nicht, ob wir unser Ziel erreichen. Ebenso wie das Problem einer Voraussage der Zukunft kann das Problem der moralischen Handlung nicht dadurch gelöst werden, daß man Regeln findet, die den Erfolg garantieren; denn es gibt keine solchen Regeln.

Und es gibt auch keine Regeln, die uns helfen könnten, einen Zweck oder einen Sinn des Weltalls zu entdecken. Es ist ein gewisser Grund zu der Hoffnung vorhanden, daß die Menschheitsgeschichte fortschrittlich ist und zu einer ausgeglicheneren menschlichen Gesellschaft führt, obgleich starke Strömungen in der Gegenrichtung am Werke sind. Aber es ist absurd, zu glauben, daß die physikalische Welt im menschlichen Sinne fortschrittlich ist. Das Universum folgt physikalischen Gesetzen, keinen moralischen Geboten. Bisher haben wir die physikalischen Gesetze in einem gewissen Ausmaß zu unserem Vorteil ausnützen können; und es ist nicht ausgeschlossen, daß wir eines Tages größere Teile des Weltalls beherrschen, wenn es auch nicht allzu wahrscheinlich ist. Wahrscheinlicher ist es, daß die Menschheit einmal zusammen mit dem Planeten, auf welchem ihr Leben angefangen hat, zugrunde geht.

Wenn du einem Philosophen begegnest, der behauptet, daß er die letzte Wahrheit gefunden hat, sei mißtrauisch. Und wenn er behauptet, daß er weiß, was das höchste Gut ist, oder einen Beweis dafür hat, daß das Gute Wirklichkeit werden muß, traue ihm auch nicht. Dieser Mann wiederholt nur die Irrtümer, die seine Vorgänger seit zweitausend Jahren begangen haben. Frage den Philosophen nicht, was du tun sollst. Lausche auf deinen eigenen Willen und versuche, ihn mit dem Willen anderer zu vereinigeen. Das Leben hat nicht mehr Sinn oder Zweck, als du in das Leben hineinlegst.

DIE ALTE UND DIE NEUE PHILOSOPHIE: EIN VERGLEICH

In diesem Kapitel möchte ich die philosophischen Resultate, die aus der Analyse der Wissenschaften herausgewachsen sind, zusammenfassen und sie mit den Weltanschauungen vergleichen, die in den spekulativen philosophischen Systemen entwickelt worden sind.

Die spekulative Philosophie suchte nach allgemeiner Erkenntnis, nämlich nach den allgemeinsten Prinzipien, welche das Universum beherrschen. Daraus ergab sich die Konstruktion philosophischer Systeme, die Teile enthielten, welche vom modernen Standpunkt aus als naive Versuche einer allumfassenden Physik angesehen werden müssen, einer Physik, in der wissenschaftliche Erklärung durch einfache Analogien mit der täglichen Erfahrung ersetzt wurde. In gleicher Weise versuchte diese Philosophie, die Methode der Erkenntnis selbst mit Hilfe solcher Analogien zu rechtfertigen, und beantwortete erkenntnistheoretische Fragen in einer poetischen Bildersprache, statt auf Grund logischer Analyse. Die wissenschaftliche Philosophie dagegen überläßt die Erklärung des Weltalls gänzlich dem Naturwissenschaftler, baut jedoch die Erkenntnistheorie mit Hilfe der Ergebnisse der Wissenschaft auf und ist sich darüber bewußt, daß weder die Physik des Kosmos noch die des Atoms auf der Grundlage von Begriffen verstanden werden kann, die aus dem täglichen Leben abgeleitet sind.

Die spekulative Philosophie strebte nach absoluter Gewißheit. Wenn es auch unmöglich war, einzelne Ereignisse vorauszusagen, so glaubte man doch, daß wenigstens die allgemeinen Gesetze, die alle Ereignisse bestimmen, der Erkenntnis zugänglich und aus reiner Vernunft ableitbar waren. Die Vernunft, die Gesetzgeberin des Welt-

alls, enthüllte dem menschlichen Geist das wahre Wesen aller Dinge — eine solche Auffassung war die Grundlage all dieser verschiedenen spekulativen Systeme. Im Gegensatz dazu weigert sich die wissenschaftliche Philosophie, irgendeine Erkenntnis über die physikalische Welt als absolut sicher anzusehen. Weder Aussagen über Einzelereignisse noch solche über die sie beherrschenden Gesetze können mit absoluter Gewißheit gemacht werden. Die Gesetze der Logik und der Mathematik sind das einzige Gebiet, auf welchem Gewißheit erreicht werden kann, doch diese Prinzipien sind analytisch und leer. Gewißheit ist untrennbar von Leere: es gibt kein synthetisches Apriori.
Die spekulative Philosophie strebte ferner danach, ethische Direktiven, gleich der Erkenntnis, als absolut aufzustellen. Die Vernunft wurde als die Gesetzgeberin des moralischen als auch des kognitiven Gesetzes angesehen, und ethische Vorschriften wollte man in einem Visionsakt erkennen, ähnlich der Vision, welche angeblich die letzten Gesetze des Kosmos entschleierte. Die wissenschaftliche Philosophie hat den Plan, ethische Vorschriften zu geben, völlig aufgegeben und betrachtet moralische Ziele als Ergebnisse von Willensakten, nicht aber als Gegenstand der Erkenntnis. Nur die Beziehungen zwischen verschiedenen Zielen, oder Zielen und Mitteln, sind kognitiver Erkenntnis zugänglich. Die fundamentalen ethischen Vorschriften können nicht mit Hilfe der Erkenntnis gerechtfertigt werden, sondern werden befolgt, weil die Menschen nach diesen Vorschriften verlangen und wollen, daß auch andere Menschen ihnen Folge leisten. Der Wille kann nicht aus der Erkenntnis abgeleitet werden; der menschliche Wille ist sein eigener Schöpfer und sein eigener Richter.
Das ist in kurzen Worten das Ergebnis unseres Vergleichs zwischen der alten und der neuen Philosophie. Der moderne Philosoph gibt zwar viel auf, gewinnt aber auf der anderen Seite auch wieder sehr viel. Welch ein Unter-

schied besteht zwischen einer Wissenschaft, die sich auf Experimente aufbaut, und einer Wissenschaft, die aus der reinen Vernunft abgeleitet wird! Wieviel zuverlässiger sind die Voraussagen des Wissenschaftlers, trotz ihrer Ungewißheit, als diejenigen des Philosophen, der behauptet, eine unmittelbare Einsicht in die letzten Gesetze der Natur zu haben! Und wieviel überlegener ist eine Ethik, die nicht an angeblich von einer höheren Autorität stammende Regeln gebunden ist, wenn sich immer neue soziale Situationen entwickeln, die für die älteren und ethischen Systeme nicht vorauszusehen waren!

Und trotzdem gibt es Philosophen, welche sich weigern, die wissenschaftliche Philosophie als Philosophie anzuerkennen und sie lieber in das Einleitungskapitel eines wissenschaftlichen Lehrbuchs verweisen möchten; Philosophen, welche immer noch behaupten, daß es eine unabhängige Philosophie gibt, die nichts mit wissenschaftlicher Forschung zu tun hat, sondern ihren eigenen Zugang zur Wahrheit besitzt. Solche Ansprüche offenbaren meiner Ansicht nach das Fehlen jeder Kritik. Diejenigen, welche die Fehler der traditionellen Philosophie nicht erkennen, wollen natürlich ihre Ergebnisse und Methoden nicht aufgeben und ziehen es vor, auf einem Pfad weiterzugehen, den die wissenschaftliche Philosophie längst verlassen hat. Sie reservieren den Namen Philosophie für ihre mit Fehlschlüssen durchsetzten Versuche, eine überwissenschaftliche Erkenntnis aufzufinden, und weigern sich, eine Methode als philosophisch zu bezeichnen, die sich die wissenschaftliche Forschung zum Muster angenommen hat.

Wer einer wissenschaftlichen Philosophie gerecht werden will, muß seine philosophischen Wünsche und Ziele revidieren; denn ehe man nicht eingesehen hat, daß die Ziele der spekulativen Philosophie unerreichbar sind, kann man nicht verstehen, was die wissenschaftliche Philosophie erreicht hat. Figürliche Sprache ist die

natürliche Ausdrucksweise des Dichters; der Philosoph hingegen muß den Gebrauch von suggestiven Bildern an Stelle von Erklärungen aufgeben, wenn er die wissenschaftliche Philosophie verstehen will. Die Sehnsucht nach absoluter Gewißheit mag uns als bewundernswertes und großartiges Ziel erscheinen; der wissenschaftliche Philosoph indessen muß den Fehler vermeiden, in alltäglicher Erfahrung erworbene Gewohnheiten als Postulate der Vernunft aufzufassen und muß begreifen, daß Wahrscheinlichkeitswissen eine genügend feste Grundlage bedeutet, auf welcher alle Fragen beantwortbar sind, die sinnvollerweise gefragt werden können. Der Wunsch, moralische Gebote durch einen Akt moralischer Erkenntnis aufzustellen, erscheint psychologisch verständlich, doch muß der wissenschaftliche Philosoph die Suche nach moralischer Führung aufgeben und darf sich nicht dazu verleiten lassen, die Ethik als eine Form von Erkenntnis anzusehen, welche man sich durch Einsicht in eine höhere Welt verschafft. Die Wahrheit kommt von draußen; denn nur die Beobachtung physikalischer Dinge sagt uns, was wahr ist. Die Ethik aber kommt von innen und bedeutet ein „ich will", nicht ein „es gibt". Das ist die philosophische Neuorientierung, die unerläßlich ist, wenn man wissenschaftliche Philosophie treiben will; und diejenigen, welche ihre Wünsche auf die neuen Ziele umstellen können, werden finden, daß sie viel mehr gewinnen als verlieren.
Der Gewinn ist sogar sehr beträchtlich, wenn man ihn mit den Ergebnissen der traditionellen philosophischen Systeme vergleicht. Ich möchte noch einmal betonen, daß ich die historischen Verdienste dieser Systeme nicht leugne. Es ist ein langer Weg von dem ersten Auftauchen eines Problems bis zu seiner klaren Formulierung; und von da ist es noch einmal ein langer Weg bis zu seiner Lösung. Man kann viele unserer heutigen Lösungen auf ihre Anfänge in den Analogien und in der Bildersprache der Alten zurückverfolgen; aber nichts ist

gefährlicher für ein kritisches Verständnis der Philosophie als die Auffassung, daß in diesen Bildern und Analogien prophetische Voraussagen moderner Entdeckungen enthalten sind. Das erste Auftauchen eines Problems entspringt oft mehr aus einem naiven Staunen, als aus der Einsicht in seine weitreichenden Konsequenzen. Die Arbeit und Erfindungsgabe, welche in die zur schließlichen Lösung führende Entwicklung hineingesteckt worden ist, kann sehr groß, sogar größer sein als die Beiträge derer, die diese Entwicklung begonnen haben. Wohlverdiente Achtung vor den Alten darf uns den Leistungen unserer eigenen Zeit gegenüber nicht blind machen. Nur unabhängiges Urteil und schärfste Kritik machen es möglich, in dem Nebel unklarer Begriffe und dogmatischer Wortklauberei die wenigen echten Probleme zu entdecken, welche uns die traditionelle Philosophie hinterlassen hat. Und nur ein gründliches Verständnis der modernen wissenschaftlichen Methode kann dem Philosophen die Mittel an die Hand geben, diese Probleme zu lösen.
Das vorliegende Buch hat versucht, die Antworten darzulegen, welche die moderne wissenschaftliche Philosophie für viele Probleme gefunden hat, die eine wichtige Rolle in der traditionellen Philosophie seit ihrer Geburt in Griechenland gespielt haben. Es handelt sich hier erstens um die Frage nach dem Ursprung der geometrischen Erkenntnis, die mit Hilfe des Unterschiedes zwischen einer empirischen physikalischen Geometrie und einer analytischen mathematischen Geometrie beantwortet wird. Ferner gehört hierher die Frage nach der Kausalität und einem allgemeinen Determinismus alles physikalischen Geschehens, welche eine negative Antwort erfahren hat: die Kausalität ist ein empirisches Gesetz und gilt nur für makrokosmische Dinge, während es auf atomarem Gebiet ungültig ist. Eine andere Frage handelte von dem Wesen der Substanz und der Materie; sie ist auf Grund der Dualität von Wellen und Teilchen

beantwortet worden und hat zu einer Auffassung geführt, die viel erstaunlicher ist als irgendeines der Märchen, welche die philosophischen Systeme uns geschenkt haben. Sodann ist hier die Frage nach dem die Evolution beherrschenden Prinzip zu nennen, man hat darauf die Antwort gefunden, daß dieses Prinzip als eine statistische Auswahl in Verbindung mit Kausalgesetzen erklärt werden kann. Eine weitere Frage betrifft das Wesen der Logik, die sich als ein System von Sprachregeln erwiesen hat, welche keine mögliche Erfahrung ausschließen und daher keine Eigenschaften der physikalischen Welt ausdrücken. Sodann ergab sich die Frage nach der Voraussage der Zukunft, die in der Theorie der Wahrscheinlichkeit und Induktion beantwortet wird, nach welcher Voraussagen Setzungen sind und das beste uns zur Verfügung stehende Mittel darstellen, um die Zukunft vorauszusagen, wenn eine solche Voraussage überhaupt möglich ist. Ferner wurde die Frage nach der Existenz der Außenwelt und des menschlichen Geistes untersucht, welche sich als eine Frage nach dem richtigen Sprachgebrauch und nicht nach einer „transzendenten Wirklichkeit" herausgestellt hat. Und schließlich ist die Frage nach dem Wesen der Ethik zu nennen, welche wir dadurch beantwortet haben, daß wir einen Unterschied zwischen Zielen und Verknüpfungen zwischen Zielen machten, wonach nur diese Verknüpfungen einer kognitiven Beurteilung zugänglich sind, während die grundlegenden Ziele den Charakter von Willensentscheidungen haben.

Dies ist eine Zusammenfassung der philosophischen Resultate, welche mit Hilfe einer philosophischen Methode aufgestellt worden sind, die ebenso exakt und zuverlässig ist wie die Methode der Wissenschaft.

Diese Resultate darf der moderne Empirist anführen, wenn man ihn nach Beweisen fragt, daß die wissenschaftliche Philosophie der philosophischen Spekulation überlegen ist. Es gibt philosophische Erkenntnis; und die

Philosophie ist heute nicht mehr die Geschichte von Weisen, die vergeblich versucht haben, „das Unsagbare zu sagen" und ihre Antwort in die pseudologische Form wortreicher Konstruktionen oder suggestiver Bilder kleideten. Philosophie ist die logische Analyse aller Formen des menschlichen Denkens, und was sie zu sagen hat, kann sie in verständlicher Weise darstellen; es gibt nichts „Unsagbares", dem gegenüber sie kapitulieren müßte. Die Philosophie gebraucht eine wissenschaftliche Methode und sammelt Ergebnisse, die beweisbar sind und von allen denen anerkannt werden, die genügend Vorbildung in Logik und Naturwissenschaft haben. Wenngleich es auch noch ungelöste Probleme gibt, über deren Behandlung einzelne Philosophen verschiedener Meinung sind, so besteht doch die berechtigte Hoffnung, daß sie eines Tages mit denselben Methoden gelöst werden, die für viele andere Probleme heute allgemein anerkannte Lösungen geliefert haben.

Wenn man die alte und die neue Philosophie vergleicht, wundert man sich, daß noch soviel Widerstand gegen die neue philosophische Methode und ihre Ergebnisse besteht; und ich möchte daher einmal nach den Ursachen dieses Widerstandes fragen.

Erstens ist beträchtliche technische Arbeit nötig, um die neue Philosophie zu verstehen. Die Philosophen der alten Schule sind gewöhnlich in Literatur und Geschichte bewandert, aber haben sich nie die präzisen Methoden der mathematischen Wissenschaft zu eigen gemacht oder das beglückende Erlebnis gehabt, ein Naturgesetz mit allen seinen Konsequenzen experimentell zu überprüfen. Der Unterricht in der Schule führt ja nur in das Vorzimmer der Mathematik und Naturwissenschaften; und wer kann über die Erkenntnistheorie urteilen, wenn er Erkenntnis in ihrer besten Form nie kennengelernt hat?

Gewöhnlich wird die Ablehnung der neuen Philosophie damit verteidigt, daß die neue Philosophie zu sehr an den mathematischen Wissenschaften orientiert ist und den historischen und sozialen Wissenschaften keine Gerechtigkeit widerfahren läßt. Dieses Argument beweist aber nur, daß das Programm der wissenschaftlichen Philosophie mißverstanden wird. Der wissenschaftliche Philosoph heißt jeden Versuch willkommen, die Geisteswissenschaften mit derselben Methode zu untersuchen, die auf naturwissenschaftlichem Gebiet zu solchem Erfolg geführt hat. Er lehnt nur eine Philosophie ab, die eine Trennungslinie zwischen den Geisteswissenschaften und den Naturwissenschaften ziehen will und den Anspruch erhebt, daß grundlegende Begriffe, wie „Erklärung" oder „wissenschaftliches Gesetz" oder „Zeit", auf diesen beiden Gebieten verschiedene Bedeutungen haben. Solche Behauptungen entspringen oft aus einem Mißverständnis der mathematischen Wissenschaften. In Wirklichkeit bringt die Analyse der Kausalität, wie sie in der Physik durchgeführt worden ist, diese Wissenschaft in viel näheren Kontakt mit der Soziologie, als es je vorher möglich war; die Entdeckung, daß die physikalischen Gesetze Wahrscheinlichkeitsbeziehungen und keine Diktate der reinen Vernunft darstellen, sollte den Soziologen ermutigen, ebenfalls Gesetze aufzustellen, selbst wenn seine Gesetze nur für die Mehrzahl der Ereignisse gültig sind. Die außerordentlich verwickelte Struktur sozialer Bedingungen, die es unmöglich macht, ein soziologisches Gesetz in einem Idealfall verwirklicht zu sehen, erinnert an ähnliche Verhältnisse auf physikalischem Gebiet, nämlich an die Meteorologie. Obgleich es nicht möglich ist, strenge meteorologische Voraussagen zu machen, zweifelt der Physiker keinen Augenblick daran, daß das Wetter thermodynamischen und aerodynamischen Gesetzen gehorcht. Selbst wenn es schwer ist, das politische Wetter vorauszusagen, braucht der Soziologe doch die Existenz soziologischer Gesetze nicht zu bezweifeln.

Auch der Einwand, daß soziologische Ereignisse einmalig

sind und sich nicht wiederholen, ist nicht stichhaltig, denn das stimmt auch für die physikalischen Geschehnisse. Das Wetter ist nie genau gleich an zwei verschiedenen Tagen, und der Zustand eines Stückes Holz ist nie derselbe wie der eines anderen Stückes. Der Wissenschaftler überwindet diese Schwierigkeiten, indem er die Einzelfälle in eine Klasse einordnet und nach Gesetzen sucht, welche die verschiedenen Einzelzustände wenigstens in der Mehrzahl der Fälle beherrschen. Warum soll der Soziologe nicht dasselbe fertigbringen?
Die Behauptung eines unüberbrückbaren Abgrunds zwischen Geisteswissenschaften und Naturwissenschaften sieht ganz nach einem Versuch aus, in der Philosophie der Geisteswissenschaften ein Reservat für Philosophen zu schaffen, die Angst haben vor der logischen und mathematischen Technik, ohne die jedoch eine Erkenntnistheorie heute nicht mehr aufgebaut werden kann. Glücklicherweise gibt es andrerseits eine Reihe von Geisteswissenschaftlern, die sich auf der Suche nach einer für ihre Wissenschaft geeigneten Methode um Hilfe an die wissenschaftlichen Philosophen wenden und einsehen, daß erst einmal gründlich aufgeräumt werden muß, bevor eine Philosophie der Geisteswissenschaften formuliert werden kann. Ich möchte die Hoffnung ausdrücken, daß die wissenschaftliche Philosophie der Zukunft auf Gelehrte der verschiedensten Gebiete ihre Anziehungskraft ausüben und sie veranlassen möge, die Forschung auf ihrem Spezialgebiet mit philosophischen Untersuchungen zu vertauschen.
Die Hilfe von seiten unvoreingenommener Mitarbeiter auf dem Gebiet der nichtmathematischen Wissenschaften ist noch aus anderen Gründen willkommen. Obgleich mathematische und logische Untersuchungen wesentlich dazu beigetragen haben, die neue Philosophie aufzubauen, sind solche Arbeiten nicht notwendigerweise mit kritischer philosophischer Einstellung gepaart. Es gibt Mathematiker und sogar mathematische Logiker, die nie

das Bedürfnis gefühlt haben, die Strenge ihrer Methoden auf die logische Analyse der empirischen Erkenntnis auszudehnen, oder die glauben, daß eine solche Erweiterung nur möglich ist, wenn eine über das Empirische hinausgehende Einsicht hinzutritt, nämlich eine Einsicht in eine nichtanalytische absolute Wahrheit. Sie betrachten die Philosophie als eine Art Raten, das niemals zu ernsthaften Resultaten führen kann, oder sehen die Gewohnheiten des gesunden Menschenverstandes als unvermeidbare Voraussetzungen der Philosophie an und leugnen die Möglichkeit, solche gewohnheitsmäßigen Überzeugungen kritisch zu behandeln; andere wieder glauben, daß die unbestimmte und phantasievolle Sprache der spekulativen Philosophen das einzige Mittel darstellt, philosophische Probleme zu behandeln. Mathematische Ausbildung ist an und für sich noch keine Garantie für ein Verständnis der Probleme und Methoden der modernen Erkenntnistheorie. Aber selbst wenn die Probleme klar gesehen werden, mögen die Lösungen immer noch mit Hilfe von Denkweisen gesucht werden, die eine uralte Tradition berühmt gemacht hat und welche die Studenten auf den Universitäten in den grundlegenden Jahren ihrer wissenschaftlichen Ausbildung nicht kritisieren gelernt haben.
Die Trennungslinie zwischen der alten und der neuen Philosophie verläuft nicht zwischen Mathematik und spekulativer Philosophie. Sie trennt den Menschen, der sich für jedes Wort, das er spricht, verantwortlich fühlt, von demjenigen, der Worte dazu gebraucht, um intuitive Eingebungen und undurchdachte Vermutungen verlautbaren zu lassen; den Menschen, der bereit ist, seine Auffassung der Erkenntnis erreichbaren Formen des Wissens anzupassen, von demjenigen, der den Glauben an eine überempirische Wahrheit nicht aufgeben kann; den Menschen, der davon überzeugt ist, daß die Analyse der Wissenschaft streng logischen Methoden zugänglich ist, von demjenigen, der unter Philosophie ein Gebiet ver-

steht, das logischen Regeln nicht unterworfen ist und auf dem jeder sein Bedürfnis nach dichterischer Sprache und Gefühlsmalerei befriedigen kann. Die Trennung dieser beiden Mentalitätstypen ist eine unentrinnbare Folge der neuen Philosophie.

Ein zweiter möglicher Grund für den Widerstand gegen die wissenschaftliche Philosophie ist die Ansicht, daß der wissenschaftliche Philosoph kein Verständnis für die gefühlsmäßige Seite des menschlichen Lebens hat und daß logische Analyse die Philosophie ihres Gefühlswertes beraubt. Viele Philosophiestudenten gehen zum Zwecke der Erbauung in philosophische Kollegs und lesen Plato so, wie sie die Bibel lesen oder Shakespeare. Natürlich sind sie enttäuscht von einem Philosophiekolleg, in dem sie sich Erklärungen über symbolische Logik oder die Relativitätstheorie anhören müssen. Einer solchen Einstellung gegenüber kann ich nur sagen, daß die, welche nach Erbauung suchen, sich Vorträge über die Bibel oder über Shakespeare anhören sollen, daß sie aber Erbauung nicht dort erwarten dürfen, wo sie nicht hingehört. Der wissenschaftliche Philosoph will gar nicht Gefühlswerte herabsetzen und möchte auch selbst nicht ohne solche Werte leben. Sein Leben kann ebenso leidenschaftlich und gefühlsdurchwebt sein wie das irgendeines literarischen Menschen — er weigert sich aber, Gefühl und Erkenntnis miteinander zu vermischen und atmet gern die reine Luft logischer Einsicht und Klarheit. Ich darf hier vielleicht einen weniger ätherischen Vergleich benutzen; der Geschmack für logische Analyse ähnelt dem Geschmack für Austern, insofern, als man ihn erst lernen muß. Aber wer Austern ißt, trinkt auch gern ein Glas Wein dazu; und ebenso braucht der Student der Logik dem Wein der gefühlsmäßigen Erlebnisse nicht zu entsagen, der sich ihm in weniger logischen Beschäftigungen darbietet.

Es ist ein Märchen, daß ein mathematischer und logischer Geist den Wert der Kunst nicht schätzen kann. Ein berühmter Mathematiker hat die Werke eines lyrischen Dichters herausgegeben; manch ein berühmter Physiker spielt in seiner Freizeit Geige, und ein berühmter Biologe war ein Maler, wie man an dem künstlerischen Talent erkennen kann, das in den Zeichnungen seiner mikroskopischen Beobachtungen zum Ausdruck kommt. Kunst und Wissenschaft schließen einander nicht aus, aber man darf sie auch nicht miteinander identifizieren. „Wahrheit ist Schönheit und Schönheit ist Wahrheit" — das ist ein sehr schöner Ausspruch, aber kein wahrer; und damit wird er zu einem Gegenbeweis der in ihm aufgestellten Behauptung.

Vielleicht wird man hier einwenden, daß ich nicht zum Thema spreche, denn es ist ja nicht die persönliche Einstellung des wissenschaftlichen Philosophen, die zur Diskussion steht; niemand leugnet, daß der wissenschaftliche Philosoph einen guten Geschmack haben und echter Gefühle fähig sein kann. Was man ihm entgegenhält, ist, daß er in seinem philosophischen System der Kunst und dem Gefühlsleben keinen Platz anweist. Der spekulative Philosoph ordnet der Kunst eine sehr würdige Stellung zu, indem er sie der Wissenschaft und der Ethik gleichstellt; das Gute, das Schöne und das Wahre sind für ihn die dreizackige Krone alles menschlichen Suchens und Sehnens. Anscheinend hat die Krone des wissenschaftlichen Philosophen nur *eine* Zacke. Warum hat er die beiden anderen abgebrochen?

Darauf kann man nur antworten, daß die Beziehung zwischen Wahrheit und Schönheit keine Angelegenheit von Kronen oder von Würde ist. Die Frage, wo man die Kunst einordnen soll, ist eine logische Frage und daher eine Frage nach Wahrheit. Es handelt sich hier um die Frage des logischen Charakters von Wertsetzungen, und die Antwort darauf darf nicht in Form von Wertsetzungen gegeben werden. Es ist ganz gleichgültig, ob die Antwort unsere psychologischen Bedürfnisse oder Wünsche befriedigt.

Die Kunst drückt Gefühle aus; ästhetische Dinge dienen als Symbole, welche Empfindungszustände repräsentieren. Sowohl der Künstler als auch der Genießer der Kunstwerke legt den physikalischen Dingen, die aus Farbflecken auf Leinwand oder von Musikinstrumenten hervorgebrachten Tönen bestehen, Gefühlsbedeutungen zu. Es ist ein natürliches Bestreben, Gefühlsbedeutungen einen symbolischen Ausdruck zu verleihen; d. h., eine solche Tätigkeit stellt einen Wert dar, dessen wir uns gern erfreuen. Wertsetzungen sind ein allgemeiner Charakterzug zielbewußter Handlungen, und es empfiehlt sich, ihre logische Natur ganz allgemein zu untersuchen und sich nicht auf eine Analyse der Kunst zu beschränken.
In gewissem Sinn dient jede menschliche Handlung dazu, ein Ziel zu erreichen, ob es sich darum handelt, einem Beruf nachzugehen, um Geld zu verdienen, oder eine politische Versammlung mitzumachen, um politische Entscheidungen zu beeinflussen, oder eine Bildergalerie zu besuchen, wo man Landschaften oder Porträts oder abstrakte Formen durch die Augen des Künstlers sehen will, oder tanzen zu gehen und sich dem Reiz rhythmischer Bewegung und Musik hinzugeben. In allen diesen Tätigkeiten gibt es jedoch Augenblicke, wo man vor eine Wahl gestellt wird; und die Wertsetzung zeigt sich darin, wie man die Wahl trifft. Nicht immer wird die Wertsetzung ausdrücklich ausgesprochen, und sie wird oft gar nicht in bewußter Überlegung vollzogen; es kann ein momentaner Impuls sein, der uns dazu treibt, ein Buch zu lesen oder einen Freund zu besuchen oder in ein Konzert zu gehen. Aber in der Art, wie wir unsere Entscheidungen treffen, zeigen wir deutlich, was uns wertvoll ist und welche Wertordnung hinter unseren Handlungen steht.
Es ist die Aufgabe des Psychologen, diese Wertordnung im einzelnen herauszuarbeiten. Er weiß, daß sie nicht immer dieselbe bleibt, daß die Wahl von den im Augen-

blick gegebenen Bedingungen, von der Umgebung und vom Alter abhängt. Aber er kann eine Art Durchschnittsordnung als Ergebnis einer Statistik zielbewußter Handlungen aufstellen und kann zielgerichtete Handlungen verschiedener Art klassifizieren. So gibt es z. B. den physiologischen Trieb zur Nahrung, zum Geschlechtsverkehr, zum Schlaf oder den Trieb zu sozialer Anerkennung, zu gesellschaftlichem Einfluß und Macht. Ferner gibt es den schöpferischen Impuls, der einen Menschen dazu veranlaßt, ein Buch zu schreiben oder seinen eigenen Gartenzaun zu zimmern. Da ist der Wunsch zum Spielen oder anderen beim Fußballspiel zuzusehen. Da ist der Trieb, seinen Gefühlen freien Lauf zu lassen, der sich darin äußert, sich ein Streichquartett anzuhören oder sich einen feurigen Sonnenuntergang anzusehen. Da ist der Trieb zum Lernen, der dadurch befriedigt wird, daß man wissenschaftliche Bücher studiert oder Experimente macht. Jede Klassifizierung dieser Art ist unvollkommen, denn alle Versuche, die verschiedenen Ziele in eine saubere logische Ordnung zu bringen, scheitern daran, daß die Klassen sich überschneiden.

Einen Zug aber haben alle zielgerichteten Handlungen gemeinsam, und das ist die Tatsache, daß die Entscheidung für ein Ziel kein Vorgang ist, der sich mit der Erkenntnis der Wahrheit vergleichen läßt. Kognitive Implikationen spielen dabei wohl eine Rolle; z. B. kann das Ziel, seinen Lebensunterhalt zu verdienen, die Konsequenz enthalten, daß man allerlei langweilige berufliche Arbeit leisten muß. Aber die Wahl des Ziels ist kein logischer Vorgang, sondern vollzieht sich als spontane Bejahung von Wünschen oder Willensrichtungen, die sich unter dem Zwang eines unentrinnbaren Triebes, oder unter dem Reiz der Vorfreude, oder mit der einfachen Natürlichkeit täglicher Gewohnheit einstellt. Es hat keinen Sinn, vom Philosophen zu verlangen, daß er diese Wertsetzungen rechtfertigen soll. Er kann auch

keine Skala von Werten aufstellen, denn eine solche Skala ist selbst der Ausdruck von Wertsetzungen und keine kognitive Angelegenheit. Da er ein gebildeter und erfahrener Mensch ist, kann er wohl Ratschläge für Wertsetzungen geben, d. h., er kann andere Menschen dahin beeinflussen, mehr oder weniger seine eigene Wertskala anzuerkennen. Aber Leute in anderen Berufen können diese erzieherische Funktion oft gerade so gut ausüben; und wenn sie ausgebildete Pädagogen oder Psychologen sind, werden sie sogar besser dafür geeignet sein.
Der wissenschaftliche Philosoph denkt nicht daran, Wertprobleme als unwichtig anzusehen, denn sie sind für ihn genau so bedeutsam wie für jeden anderen Menschen. Er glaubt nur, daß man sie nicht mit philosophischen Mitteln lösen kann. Sie gehören in die Psychologie, und ihre logische Analyse muß auf derselben Grundlage durchgeführt werden wie die logische Analyse psychologischer Begriffe im allgemeinen.
Ein dritter Grund für den Widerstand gegen die wissenschaftliche Philosophie ist die Tatsache, daß man aus ihr keine ethischen Vorschriften ableiten kann. Die strenge Unterscheidung zwischen Ethik und Erkenntnis, zwischen Wollen und Wissen hat manchen Studenten von den Lehren der wissenschaftlichen Philosophie abgeschreckt. Der Philosoph der alten Schule gab Ratschläge, wie man leben soll, und versprach seinen Schülern, daß sie herausfinden würden, was gut und schlecht ist, wenn sie nur fleißig philosophische Bücher läsen. Der wissenschaftliche Philosoph sagt ganz offen, daß der Student von seinem Unterricht nichts erwarten darf, wenn er wissen möchte, wie er es dazu bringen kann, ein guter Mensch zu werden.
Aber wenn der wissenschaftliche Philosoph es auch ablehnt, moralische Ratschläge zu geben, so ist diese negative Haltung doch dadurch gemildert, daß er seine Schüler ermutigt, sich über die Beziehungen zwischen den verschiedenen ethischen Zielen erkenntnismäßig klar

zu werden. Die Verknüpfung von Mittel und Zweck, von primären und sekundären Zielen, ist kognitiver Art, und man darf nicht vergessen, daß diese Tatsache eine Menge ethischer Streitfragen aus dem Wege räumt. Die meisten moralischen Entscheidungen, denen wir gegenüberstehen, betreffen nicht primäre, sondern nur sekundäre Ziele; und man braucht dann nur zu untersuchen, welchen Beitrag die betreffende Entscheidung zur Verwirklichung eines prinzipiellen Zieles leistet. Von diesem Typus sind praktisch alle politischen Entscheidungen. Ob die Regierung die Preise regeln soll, ist z. B. eine Frage, die auf der Basis einer nationalökonomischen Untersuchung beantwortet werden muß, denn das ethische Ziel, alle notwendigen Güter für einen möglichst billigen Preis herzustellen, steht nicht zur Diskussion. Damit, daß er die moralischen Implikationen als kognitiv ansieht, verlegt der wissenschaftliche Philosoph die Diskussion solcher Beziehungen aus dem Gebiet der Philosophie in das Gebiet der Sozialwissenschaften. Die logische Analyse der Ethik wie die der Physik zeigt, daß viele Fragen, die man als philosophisch angesehen hatte, mit Hilfe der verschiedenen Einzelwissenschaften beantwortet werden müssen. Und die Geschichte der Philosophie kennt viele Beispiele, wo die Fragen des Philosophen schließlich dem Wissenschaftler überlassen werden mußten. Wer den Philosophen um Ratschläge fürs Leben bittet, soll dankbar sein, wenn ihn der Philosoph zum Psychologen oder Sozialwissenschaftler schickt; denn das Wissen, das diese empirischen Wissenschaften angesammelt haben, verspricht viel bessere Antworten, als man in den Werken der Philosophen finden kann. Die ethischen Systeme der spekulativen Philosophie sind aus psychologischen Verhältnissen und sozialen Strukturen vergangener Zeiten hervorgegangen; und, ähnlich wie die theoretischen Systeme, glauben sie, philosophische Ergebnisse gefunden zu haben, wo es sich nur um das Produkt eines vorübergehenden Stadiums von Kultur und Wissenschaft handelt. Der wissenschaftliche Philosoph hütet sich vor solchen Irrtümern, indem er seine Beiträge zur Ethik auf eine Klärung ihrer logischen Struktur beschränkt.

Obgleich sich der wissenschaftliche Philosoph weigert, moralische Ratschläge zu geben, ist er doch gewillt, innerhalb seines Programms das Wesen ethischer Ratschläge zu diskutieren und damit seine analytische Methode auf das Studium der logischen Seite dieser nützlichen Tätigkeit auszudehnen. Ethische Ratschläge können auf drei verschiedene Weisen gegeben werden. In der ersten Form versucht der Ratgeber, eine andere Person dazu zu überreden, moralische Ziele anzuerkennen, welche er, der Ratgeber, für gut hält. In der zweiten Form fragt der Ratgeber den anderen Menschen, was seine Ziele sind, und stellt dann Implikationen auf, die dazu geeignet sind, diese Ziele zu erreichen. In der dritten Form unterrichtet sich der Ratgeber über die Ziele des anderen nicht dadurch, daß er ihn danach fragt, sondern indem er sein Verhalten beobachtet und daraus schließt, welche Ziele der andere verfolgt. Er formuliert dann diese Ziele in Worten und stellt wie vorher Implikationen zur Erreichung dieser Ziele auf.

Von der ersten Art sind Ratschläge von Politikern, Vertretern der verschiedenen Religionen und anderen Anhängern einer autoritären Ethik. In der zweiten Form übernimmt der Ratgeber die Funktion eines psychologischen Technikers, wie es ein Berufsberater tut, der Fragen über die Vorbereitung für die verschiedenen Berufe beantwortet. In der dritten Form nimmt der Ratgeber die Aufgabe auf sich, das Verhalten des anderen richtig zu interpretieren. Da die Menschen sich oft gar nicht über ihre eigenen Ziele im klaren sind, ist der Ratgeber manchmal in der Lage, einem Menschen klarzumachen, was er „eigentlich will". Das heißt, er kann eine zusammenhängende Erklärung für das Verhalten eines Menschen geben und ihn dazu veranlassen, seine

ihm vorher verborgenen Wünsche bewußt zu formulieren. Der Ratgeber kann auf diese Weise großen Einfluß auf die Psychologie eines Menschen erlangen und ihm helfen, seine natürlichen Willensrichtungen klar zu erkennen, was in mancher Hinsicht eine ähnliche Funktion ist wie das Suchen nach Bedeutungserklärungen, welches in der logischen Analyse der Umgangssprache eine große Rolle spielt. Diese Form eines Ratschlages ist die wirksamste und verlangt besondere Fähigkeiten auf seiten des Ratgebers, vor allem psychologisches Verständnis und Kenntnis sozialer Verhältnisse.
Nur in der ersten Form ist die subjektive Komponente eines Ratschlags wirklich sichtbar; aber in den beiden anderen Versionen ist sie gewöhnlich auch vorhanden. Der Ratgeber ist im allgemeinen nur dann dazu bereit, jemandem die Mittel zu seinen Zielen aufzuzeigen, wenn er selbst mit diesen Zielen zu einem gewissen Grade einverstanden ist. Ein Anhänger demokratischer Ideale wäre sicherlich nicht gewillt, einer totalitären Regierung Ratschläge zur Erreichung ihrer Ziele zu geben, wenn er nicht dabei „seine Seele verkaufen" will – ein Verhalten, das die meisten Menschen als unmoralisch ablehnen. Gewissenhafter Rat ist daher nie ganz objektiv, und der Ratgeber ist notwendigerweise ein aktiver Teilnehmer bei der Aufstellung von Zielen; er selbst trifft auch Entscheidungen und übernimmt neben dem kognitiven Teil seiner Arbeit eine handelnde Funktion.
Es wird manchmal behauptet, daß ein Rat objektiv ist, weil der Ratsuchende, sobald er den Rat angenommen und in seinem eigenen Leben befolgt hat, oft zugibt, daß er jetzt weiß, was er will, und viel glücklicher ist als vorher. Dieses Ergebnis ist aber kein Beweis für Objektivität. Der menschliche Charakter ist beeinflußbar, und wenn dieser Mensch unter dem Einfluß von Ratgebern gestanden hätte, die ihn zu ganz anderen Entscheidungen veranlaßt hätten, würde er sich zu diesen Ratschlägen vielleicht genau so positiv einstellen

und sich glücklich und erhoben fühlen. Die Mitglieder eines totalitären Staates sind oft genau so glücklich und selbstbewußt wie diejenigen eines demokratischen Staates, und doch ist es sehr wahrscheinlich, daß sie sich gegenteilige gesellschaftliche Ziele zu eigen gemacht hätten, wenn sie in entsprechender Umgebung aufgewachsen wären. Ethische Ratschläge können nicht auf Grund ihres psychologischen Erfolges gerechtfertigt werden. Der Ratgeber soll nur wissen, daß er einen Menschen dazu veranlaßt, etwas zu tun, was er, der Ratgeber, für richtig hält, daß die Verantwortung bei dem Ratgeber liegt und daß es kein Entrinnen vor dem eigenen Willen in eine objektive Moral gibt, die man auf Grund psychologischer Untersuchungen des Menschen feststellen kann. Die Psychologie kann uns mitteilen, was die Menschen wollen, aber nicht, was die Menschen wollen *sollen*, wenn man das Wort „sollen" im nichtimplikativen Sinn gebraucht — und das implikative „sollen" kann keine objektive Ethik festlegen, weil es primäre Ziele nicht rechtfertigen kann.

Die Lösung, welche die wissenschaftliche Philosophie für das Problem der Ethik liefert, ähnelt in vieler Hinsicht der Lösung für das Problem der Geometrie. Wir haben die letztere in Kapitel 8 erklärt: während die älteren Mathematiker die Geometrie als Ganzes als mathematisch notwendig ansahen, beschränken die heutigen Mathematiker die Notwendigkeit auf die Implikationen zwischen den Axiomen und den Lehrsätzen und schließen die Axiome selbst aus dem Gebiet mathematischer Behauptungen aus. In ähnlicher Weise unterscheidet der wissenschaftliche Philosoph zwischen den ethischen Axiomen oder Prämissen und den ethischen Implikationen und behauptet, daß nur die Implikationen, d. h. die Verknüpfungen zwischen Ziel und Mittel, logischen Beweisen zugänglich sind. Trotzdem besteht hier ein grundlegender Unterschied. Die Axiome der Geometrie können zu wahren Aussagen gemacht werden, wenn

man sie als physikalische Aussagen betrachtet, die auf Zuordnungsdefinitionen beruhen und mit Hilfe von Beobachtungen geprüft werden können; sie haben dann empirischen Wahrheitscharakter. Im Gegensatz dazu können die ethischen Axiome überhaupt nicht zu kognitiven Aussagen gemacht werden, und es gibt keine Interpretation, in welcher man sie wahr nennen könnte. Sie sind Willensentscheidungen, und wenn der wissenschaftliche Philosoph die Möglichkeit einer wissenschaftlichen Ethik zurückweist, dann meint er diese Tatsache. Er wird niemals ableugnen, daß die Sozialwissenschaften eine wichtige Rolle bei allen Anwendungen ethischer Entscheidungen spielen, und er will auch nicht behaupten, daß die sogenannten Axiome unveränderliche Prämissen darstellen, die für alle Zeit und unter allen Umständen gültig sind. Sogar die allgemeinsten ethischen Prämissen können sich mit der sozialen Umgebung ändern, und wenn man sie Axiome nennt, so heißt das nur, daß sie in einem bestimmten Zusammenhang nicht in Frage gestellt werden.
Die Ethik enthält sowohl eine kognitive als auch eine Willenskomponente, und kognitive Implikationen können die Willensentscheidungen niemals völlig ausschalten, wenn sie die Zahl solcher Entscheidungen auch auf ein Minimum von grundlegenden Entscheidungen reduzieren können. Folgende Analyse mag die logische Beziehung zwischen Entscheidungen und Implikationen klarmachen. Angenommen, jemand hat sowohl das Ziel A als auch das Ziel B. Der Soziologe beweist ihm, daß A nicht − B impliziert, also daß die Ziele A und B nicht zugleich verwirklicht werden können. Muß er nun B aufgeben? In keiner Weise, denn er kann genau so gut A aufgeben und sich für B entscheiden; und er wird es tun, wenn B ihm als das vorteilhaftere Ziel erscheint. Eine ethische Implikation sagt einem Menschen nicht, was er tun soll, sondern stellt ihn nur vor eine Wahl. Die Wahl ist eine Angelegenheit des Willens, und keine kognitive Impli-

kation kann einen Menschen dieser persönlichen Entscheidung entheben.
Nehmen wir z. B. an, daß ein Mensch Friede unter den Völkern will, gleichzeitig aber Freiheit von jeder Diktatur verlangt. Er findet nun, daß unter gewissen Umständen eine Diktatur nur mit Waffengewalt gestürzt werden kann. Folgt daraus, daß er für Krieg gegen den Diktator sein muß, wenn diese Umstände zur Wirklichkeit werden? Das wäre ein Fehlschluß, denn was daraus folgt, ist nur, daß er nicht zugleich Frieden und Freiheit haben kann. Es ist seine Sache, zu entscheiden, welches Ziel für ihn das wichtigere ist. Die kognitive Implikation „Freiheit impliziert Krieg" zwingt ihn nur dazu, seine Wahl zu treffen; aber sie sagt ihm keineswegs, was er wählen soll.
Diese Analyse wird es auch deutlich machen, daß es keine absoluten Ziele gibt, d. h. Ziele, die man unter allen Umständen verfolgen muß. Jedes Ziel kann auf Grund seiner Konsequenzen beurteilt werden. Wenn ein Ziel den Gebrauch von Mitteln verlangt, die wir im Hinblick auf andere Ziele als schlecht ansehen, und wenn uns diese anderen Ziele wichtiger erscheinen als das erste Ziel, dann werden wir das erste Ziel aufgeben. Der Zweck heiligt die Mittel – ja, aber umgekehrt können die Mittel auch den Verzicht auf den Zweck verlangen. Die Implikation zwischen Mitteln und Zweck liefert keinen Beweis dafür, daß man ein bestimmtes Mittel durchführen muß, sondern beweist nur ein entweder – oder; sie zeigt, daß wir entweder von dem Mittel Gebrauch machen oder den Zweck aufgeben müssen. Diese Wahl hat jeder für sich selbst zu treffen.
Manchmal hilft es, wenn man weitere Implikationen kennt. Wenn man eine Wahl zwischen A und B treffen muß, kann es nützlich sein, wenn man weiß, daß A für ein Ziel C und B für ein Ziel D nötig ist. Statt A gegen B kann man C gegen D wägen. Einem Mann wird z. B. eine gut bezahlte Stellung angeboten, die ihn allerdings

dazu zwingen würde, für politische Ansichten einzutreten, die er bisher immer von sich gewiesen hat. Er braucht Geld, um seine Kinder auf die Universität schicken zu können, würde jedoch sein Selbstbewußtsein und die Achtung seiner Freunde verlieren, wenn er ein politisch Abtrünniger wird. Die ursprüngliche Wahl zwischen gut bezahlter Stellung und Aufrechterhaltung seiner politischen Ansichten ist so in die Wahl zwischen der Möglichkeit, die Mittel für eine Universitätserziehung seiner Kinder zu finden, und der Bewahrung seines guten Rufes verwandelt. In diesem Beispiel erleichtert die Zurückführung der Wahl auf eine andere nicht gerade die Entscheidung, aber in anderen Fällen mag es leichter sein, zwischen C und D als zwischen A und B zu wählen. Es ist aber ganz offensichtlich, daß jede solche Zurückführung uns vor eine Entscheidung stellt, die nicht mit kognitiven Mitteln getroffen werden kann. Die letzte Instanz in jeder Wahl ist unser Wille.

Ich möchte die Hoffnung ausdrücken, daß meine Formulierung den Weg zu einer Verständigung mit den Pragmatisten eröffnet, welche für die Existenz einer wissenschaftlichen Ethik eintreten. Der Unterschied zwischen ihrer und meiner Formulierung wäre nur eine Angelegenheit der Terminologie, wenn der Ausdruck „wissenschaftliche Ethik" eine Ethik bedeuten soll, welche die wissenschaftliche Methode zur Aufstellung von Implikationen zwischen Mitteln und Zwecken benutzt. Vielleicht ist das alles, was die Pragmatisten behaupten wollen; trotzdem wäre ich froh, wenn ich in ihren Schriften eine klare Bestätigung dafür finden könnte, daß sie alle Versuche, primäre Ziele kognitiv zu rechtfertigen, als unwissenschaftlich ansehen. Der Pragmatist spricht von menschlichen Bedürfnissen; aber wenn Menschen Bedürfnisse haben, dann heißt das noch nicht, daß diese gut sind. Wenn man aus dem Verhalten der Menschen ihre Bedürfnisse oder Ziele erschließen kann, mag es sehr nützlich sein, diese Ziele im einzelnen aufzuzählen; aber

wer Ratschläge gibt, die den Zweck haben, diese Bedürfnisse bewußt zu machen und zu befriedigen, beweist durch *sein* Verhalten, daß er solche Bedürfnisse nicht nur als vorhanden, sondern auch als gut ansieht. Wenn man sich darüber klar ist, daß das Wort „gut" hier den Sinn hat, daß der Ratgeber den von ihm formulierten Zielen zustimmt, ist der Pragmatist als ethischer Ratgeber willkommen.
Wenn der Ratgeber diese Interpretation offen annimmt, dann kann er z. B. darauf bestehen, daß ein Arzt das Berufsgeheimnis wahren muß, da das Ziel des Arztes, seinen Patienten zu heilen, sehr erschwert würde, wenn die Patienten nicht sicher wären, daß ihre persönlichen Fälle vertraulich behandelt werden. Oder er kann behaupten, daß wissenschaftliche Forschung, obwohl ihrer Methode nach kognitiv, die Verfolgung von Zielen einschließt, welche soziale Implikationen haben. Die Suche nach Wahrheit kann nur in einer Atmosphäre von Freiheit und Aufrichtigkeit zum Erfolg führen; und ein Wissenschaftler, der nicht gewillt ist, sich für diese ethischen Forderungen einzusetzen, handelt seinen eigenen Interessen zuwider. Dieses Argument bedeutet nicht, daß aus wissenschaftlichen Gesetzen ethische Imperative folgen, sondern daß die ethischen Ziele, die hinter der Tätigkeit des Wissenschaftlers stehen, solche Imperative verlangen.
Es wäre eine bedeutende Leistung, wenn es gelänge, eine solche Ethik für einen sozialen Organismus im einzelnen auszuarbeiten. Man würde zu diesem Zwecke mit Hilfe der Soziologie Verhaltungsmaßregeln entwerfen, die dem Leben eines Menschen in der Gesellschaft angemessen sind. Ich hätte nichts dagegen, ein derartiges System eine wissenschaftliche Ethik zu nennen, wenn man sich darüber einig ist, daß sie keine Wissenschaft ist. Sie ist im gleichen Sinne wissenschaftlich wie die Medizin oder die Maschinenindustrie; sie ist eine Form sozialer Technik, nämlich eine Technik, welche die Ergebnisse der

kognitiven Wissenschaften dazu benutzt, um von Menschen gewollte Ziele zu erreichen. Die Ziele selbst sind nicht kognitiv begründbar oder durch die Wissenschaft zu rechtfertigen. Sie drücken Willensentscheidungen aus, und kein Wissenschaftler kann irgend jemanden davon entbinden, auf den eigenen Willen zu lauschen. Der Wissenschaftler kann noch nicht einmal moralische Ratschläge geben, ohne auf seinen *eigenen* Willen zu hören. Wenn er die Funktion eines ethischen Ratgebers übernimmt, dann geht er über die Grenzen seiner Wissenschaft hinaus und schließt sich denen an, welche die menschliche Gesellschaft nach einem Muster formen, das sie für richtig halten.
Eine wissenschaftliche Philosophie kann keine moralischen Vorschriften geben; das ist eines ihrer Ergebnisse, und man kann ihr daraus keinen Vorwurf machen. Du willst Wahrheit und nichts als Wahrheit? Dann verlange keine ethischen Gebote vom Philosophen. Die Philosophen, die dazu bereit sind, moralische Direktiven aus ihren Systemen abzuleiten, liefern dir einen Pseudobeweis. Es hat ganz gewiß keinen Sinn, Unmögliches zu verlangen.
Die Antwort auf die Frage nach moralischen Richtlinien ist daher dieselbe wie die Antwort auf die Frage nach der absoluten Gewißheit: beide beziehen sich auf grundsätzlich unerreichbare Ziele. Mit dem Beweis, daß diese Ziele aus logischen Gründen unerreichbar sind, ist die moderne wissenschaftliche Philosophie zu einem kognitiven Resultat gekommen, das angesichts der traditionellen philosophischen Ziele von größter weltanschaulicher Bedeutung ist. Es verlangt nämlich von uns, diese Ziele aufzugeben. Doch das Unmögliche aufgeben, ist nicht dasselbe wie Resignation. Die negative Wahrheit führt zu dem positiven Gebot: wähle dir deine Ziele so, daß sie erreichbar sind. Dieses Gebot folgt aus dem Wunsch, daß man sein Ziel erreichen möchte und drückt eine triviale Implikation aus: wenn du deine Ziele er-

reichen willst, dann strebe nicht nach unerreichbaren Zielen.
Im Tempel von Delos im alten Griechenland stand ein würfelförmiger goldener Altar. Als einmal die Pest herrschte, befragten die Deler das Orakel und erhielten die Antwort, daß sie ihren Gott beschwichtigen könnten, wenn sie ihm einen würfelförmigen doppelt so großen Altar bauten. Die Priester fragten die Mathematiker, wie sie die Länge der Kante eines Würfels berechnen könnten, der dem Volumen nach doppelt so groß wäre wie der im Tempel stehende Altar; doch die Mathematiker waren außerstande, eine strenge Lösung für dieses Problem zu geben. Ich habe immer gedacht, daß der Gott vielleicht zufrieden gewesen wäre, wenn der Würfel *ungefähr* den doppelten Inhalt gehabt hätte; denn ein griechischer Goldschmied wäre sicherlich in der Lage gewesen, die geforderte Verdoppelung mit großer Annäherung zu erreichen. Aber die griechischen Mathematiker hätten einen solchen Kompromiß nicht angenommen; sie wollten Wahrheit, nichts als Wahrheit. Es dauerte zweitausend Jahre, die wahre Antwort zu finden, und die Antwort ist negativ – es ist unmöglich, das Volumen eines Würfels mit den gewöhnlichen Mitteln der Geometrie genau zu verdoppeln. Hätten die griechischen Mathematiker sich weigern sollen, die Antwort anzuerkennen, bloß weil sie negativ ist? Wer nach der Wahrheit forscht, darf nicht enttäuscht sein, wenn die Wahrheit negativ ist. Es ist besser, eine negative Wahrheit zu kennen, als das Unmögliche zu verlangen.
Es ist unmöglich, eine empirische Erkenntnis zu erlangen, welche die Gewißheit der mathematischen Wahrheit besitzt; und es ist unmöglich, moralische Direktiven aufzustellen, welche die zwingende Objektivität der mathematischen oder auch nur der empirischen Wahrheit hat. Dies ist eine der Wahrheiten, welche die wissenschaftliche Philosophie entdeckt hat. Die Lösung des Problems der absoluten Gewißheit, und ebenso des Problems, die Ethik

zu einer Form der Erkenntnis zu machen, ist negativ; das ist die moderne Antwort auf eine uralte Frage. Wenn sich jemand über diese Antwort beklagt und von der wissenschaftlichen Philosophie enttäuscht ist, weil sie ihm keine Gewißheit und keine moralischen Vorschriften gibt, dann erzähle ihm die Geschichte vom Altar in Delos.

Der Vergleich zwischen der alten und der neuen Philosophie ist Sache des Historikers und wird alle diejenigen interessieren, die in der alten Philosophie erzogen worden sind und die neue verstehen wollen. Wer aber an der neuen Philosophie mitarbeitet, schaut nicht zurück, denn seine Arbeit würde aus historischen Überlegungen keinen Nutzen ziehen. Der wissenschaftliche Philosoph ist so unhistorisch eingestellt wie Plato oder Kant es waren, weil er wie die Meister einer vergangenen Periode der Philosophie nur an seinem Thema interessiert ist und nicht an dessen Beziehung zur Vergangenheit. Ich will den Wert der Geschichte der Philosophie nicht herabsetzen, aber man soll nie vergessen, daß sie Geschichte und nicht Philosophie ist. Wie alle historische Forschung sollte sie mit Hilfe wissenschaftlicher Methoden und psychologischer und soziologischer Erklärungen getrieben werden. Aber die Geschichte der Philosophie darf nicht als eine Sammlung von Wahrheiten hingestellt werden, denn es gibt mehr Irrtümer als Weisheit in der traditionellen Philosophie. Darum können auch nur kritisch Eingestellte zuverlässige Historiker sein. Die Verherrlichung vergangener philosophischer Systeme, die Behauptung, daß die verschiedenen Philosophien ebenso viele Formen philosophischer Wahrheit darstellen, von denen jede zu Recht besteht, hat die philosophische Einstellung der heutigen Generation untergraben; denn sie hat den Studenten dazu verleitet, den Standpunkt einer philoso-

phischen Relativität einzunehmen und zu glauben, daß es nur philosophische Meinungen, aber keine philosophischen Wahrheiten gibt.
Die wissenschaftliche Philosophie versucht, sich von dieser historischen Einstellung freizumachen und auf Grund logischer Analyse zu Folgerungen zu kommen, die so präzis, so ausgearbeitet und so zuverlässig sind wie die Resultate der Wissenschaft unserer Zeit. Sie besteht darauf, daß die Frage nach der Wahrheit in der Philosophie im gleichen Sinn gestellt werden muß, wie in den Wissenschaften. Sie macht nicht den Anspruch darauf, die absolute Wahrheit zu besitzen, deren Existenz sie für die empirische Wissenschaft bestreitet. Sofern sie sich auf den augenblicklichen Zustand unserer Erkenntnis bezieht und die Theorie dieser Erkenntnis entwickelt, ist die neue Philosophie selbst empirisch und mit empirischer Wahrheit zufrieden. Ebenso wie der Wissenschaftler kann der wissenschaftliche Philosoph nichts anderes tun als nach seinen besten Setzungen zu suchen. Das kann er aber tun, und zwar mit der Ausdauer, der Selbstkritik und der Bereitschaft für neue Versuche, die zu wissenschaftlicher Arbeit unumgänglich nötig ist. Wenn ein Irrtum berichtigt wird, sobald er als solcher erkannt wird, dann ist der Weg des Irrtums auch der Weg der Wahrheit.

REGISTER

Ableitungen, logische, 70
Abstrakta, 295
Adams, J. C., 121
Affenmensch, 224
Alhazen, 93
allgemein, 27, 29
Analogie, 22, 23, 221, 339
Analogismus, 24, 221
analytische Aussagen, 28, 50, 128, 252
Anarchie, 327, 329
Anaximander, 20
Anomalie, Prinzip der, 209
Anomalien, kausale, 208
Anpassung, funktionelle, 225
Anselm von Canterbury, 50
Anthropomorphismus, 17, 66, 221
Antinomien, Kant, 80, 253
Antithese, 83
apeiron, 20
Apriori, synthetisch, Kausalität, 54, 129, 131; Auflösung des, 145, 161, 188; Ethik, 72, 310, 340; Geometrie, 30, 52, 146, 149, 161; Kant, 30, 51, 57, 72, 129, 149; Locke, 101
Aristarchus von Samos, 114
Aristoteles, 22, 93, 217, 243
Astronomie, 41, 114, 119, 231, 232
Atom, 91, 95, 189, 214
Atombombe, 230
Aufklärung, 56
Aureoli, Peter, 93
Ausdehnung des Raumes, 237
Ausdehnungsregel, 299
Ausgleich, thermodynamischer, 182, 239
Außenwelt, 298
außerlogische Motive, 38, 43, 88
außersinnliche Erkenntnisquelle, 93
Auswahl, natürliche, 222, 225
Axiome, 29, 52, 163, 357
axiomatisches System, 146, 273

Bacon, Francis, 94, 101, 258
Bacon, Roger, 93
Bayes, Regel, 263
Befehl, ethischer, 65, 314
beobachtbare Dinge, 200, 204, 285, 291, 299
Beobachtung, 16, 41, 55, 94, 115, 128, 130; Störung durch, 206, 302
Berkeley, G., 300
Bergson, H., 142
Bernoulli, Jacob, 112
Bestätigungsschluß, 261
Bethe, H., 231
Bewertung einer Setzung, 271
Beziehungen, 244
Biene, Fabel von der, 96
blaue Brille, Illustration, 58
Bohr, N., 57, 194, 198, 212, 302
Boltzmann, L., 183, 240
Bolyai, John, 148
Boole, G., 246, 263
Born, M., 197
Boyle, R., 117
Broglie, Louis de, 196

Carneades, 92
Cavendish, H., 121
Chromosome, 228

Dalton, J., 190
Darwins Evolutionstheorie, 140
Davisson, C. J., 197
Deduktion, 49, 71, 160, 244
Demokratie, 75
Descartes, 45, 47, 52, 118
Determinismus, kausaler, 123, 124, 185, 198, 280
Dialektik, transzendentale, 80
dialektisch: Gesetz, 83; Methode, 64
Dinge an sich, 79
Dinge der Erscheinung, 79
Dirac, P., 197
Dualität von Interpretationen, 211
Duodezimalsystem, 60

Eddington, A. S., 238
Einstein, A.: Konventionalismus, 156; Kosmologie, 236; Uhrenverzögerung, 173; Gravitation, 159; nichteuklidische Geometrie, 158, Quantentheorie, 194; Relativität der Bewegung, 83; Gleichzeitigkeit, 176; Lichtgeschwindigkeit, 174
Einzelaussage, 27
Einzelfall, Wahrscheinlichkeit des, 267, 270
Eisschrank, als Beispiel, 182
Elektron, 191
Empirismus: der Alten, 92; Biologie, 228; Britischer, 99; im Vergleich zum Rationalismus, 107, 125, 279; widerspruchsloser, 291; definiert, 91; Ethik, 103, 310, 354; Humes Kritik des, 106, 126; logischer, 286; Prinzip des, 99, 102; Sinnestheorie, 288; Theorie der Außenwelt, 291, 301; Geist, 303; Wahrscheinlichkeitstheorie, 266
Energie und Materie: Äquivalenz von, 194; Erhaltung der, 182
Entdeckungszusammenhang, 260
Entelechie, 228
Epikur, 92, 239
Erhaltung der Energie, 182; der Materie, 53
erklärende Induktion, 119, 259
Erklärung, 16, 179, 234; Pseudo-, 18, 32, 220
Erinnerung, Platos Theorie der, 35
erworbene Eigenschaften, Vererbung, 226
Ethik, 309, 332, 353; antisoziale, 320, beschreibende, 78, 309; Gruppen-, 319, 332, 336; wissenschaftliche, 357, 360; Spinozas, 66; Willens-, 323
ethisch, Ratschläge, 354; Axiome, 73, 312, 357; Implikationen, 71, 311; Urteile, 64, 103
ethisch-kognitiver Parallelismus, 65, 73, 103, 310
Euklid, 36, 52, 113, 146, 163; siehe Geometrie
Evolution, 140, 216, 229

Existenz, 33, 51, 78; der physikalischen Welt, 298; der Sinneswahrnehmungen, 306
Experiment, 115; entscheidendes, 199
Fatalismus, 124
Fermat, P., 112
Fernrohr: Erfindung, 117; auf dem Mond, 241; auf dem Palomar, 241; Reichweite, 236, 241
Fichte, J. G., 142
Finalität, 217
Form: und Materie bei Aristoteles, 22; eines Schlusses, 244
Frege, G., 247
Friedmann, A., 237
Freud, S., 124
früher, 169
funktionell: Anpassung, 225; Auffassung der Erkenntnis, 283, 286, 301

Galileo, 100, 115, 116, 122
Galle, J. G., 121
Gamow, G., 231
Gassendi, P., 115
Gastheorie, kinetische, 181, 191
Gauß, C. F., 148, 149
Gefühl, 68, 349
Geigerzähler, 213
Geist, 303
geistig, 305
Gene, 228
Geschwindigkeitsmesser, als Beispiel, 296
Geologie, 224, 230
Geometrie, 26, 29, 34, 52, 77, 145, 162, 357; axiomatisches System, 36, 357; euklidische, 61, 146; mathematische, 160; natürliche, 154, 158; nicht-euklidische, 148, 159, 237; und Gravitation, 159; physikalische, 160; Relativität der, 153; Anschauung der, 161
geometrische Anschauung, 161
geozentrisches System, 114
Germer, L. H., 197
Gesetz der Rekapitulation, 227
Gesetz: doppelte Bedeutung, 66
Gewißheit: Anselm, 50, Descartes, 47; und Leerheit, 50, 251, 339; in der Ethik, 64, 66, 310, 362; und Induktion, 112, 279; Kant, 54, 62; in der Physik, 122, 124, 186; Plato, 42
Gilbert, W., 117
gleichwertige Beschreibungen, Theorie der, 153, 157, 168, 212, 299
Gleichzeitigkeit, 171, 173; Relativität der, 176, 177
Grammatik, 249
Gravitation, 17, 100, 119, 230; und Geometrie, 159
große Zahl, 275; Gesetz, 184
Gruppenethik, 319, 332, 336
Guericke, O. v., 117

Haeckel, E., 227
Hamlet, 281
Harmonie, vorher bestimmte, 127
Harvey, W., 117
Häufigkeit: Interpretation der Wahrscheinlichkeit, 266; Limes der, 276

Hegel, G. W., 82, 142
Heisenberg, W., 197, 207; 302; siehe Unbestimmtheit
heliozentrisches System, 114, 126
Helmholtz, H. v., 162, 230
Hertz, Heinrich, 193
Hertzsprung, E., 231
Hilbert, D., 254
historische Ordnung, 223
Höhlengleichnis, 283
Hubble, E., 232
Hume, D.: Kausalität, 102, 129, 181; Induktion, 102, 103, 104, 105, 272, 279; und Kant, 126, 130; Mathematik, 103, und Rationalismus, 112, 279, Ethik, 103
Huyghens, C., 192
hypothetisch-deduktive Methode, 118, 259

Ich, 46, 300, 301
Idealismus, 43, 81, 285, 301
Ideen: Platos Lehre, 26, 30, 64, 283
Illata, 295
Imperativ, 65, 314; kategorischer, 72; Bedeutung, 315, 323; moralischer, 318; subjektiver, 323
Implikation, 16, 27, 160, 179; ethische, 71, 311, 333, 354, 357, 358
imprädikabel, 253
Indifferenzprinzip, 264
Indikativsätze, 314
Indirekte Begründung, 261
Individualist, 333
Induktion: durch Aufzählung, 98, 02, 273; erklärende, 119, 259; Rechtfertigung der, 105, 109, 130, 277
Induktionsschluß, 98, 105, 267, 273
induktive Logik, 98, 258, 263, 279
informierend, 28
Interferenz, 192, 208

Jordan, P., 197

Kant, I.; Kategorischer Imperativ, 72, 310; Kausalität, 54, 188; Erhaltung der Masse, 53; Pflicht, 74; Ethik, 72; und Hume, 126, 129; Rationalismus, 118, 142, 164, 284; synthetisches Apriori, 30, 51, 57, 72, 129, 133, 149; Erkenntnistheorie, 57; Raumtheorie, 31, 52, 153; Dinge an sich, 79, 284; Dinge der Erscheinung, 79
Kategorischer Imperativ, 72
Kausal: Anomalien, 156, 208; Theorie der Zeit, 170, 176
Kausalität, als Nachwirkung, 210; als Determinismus, 123, 124, 185, 198, 280; Humes Theorie der, 102, 129, 181; als wenn-dann-Beziehung, 16, 179; Kants Theorie der, 54, 60, 80, 131; und Statistik, 185; und Teleologie, 217
Kausalitätsprinzip, Verletzung, 156
Kegelschnitte, 113
Kepler, J., 119
Keynes, J. M., 263
Kinetische Gastheorie, 181, 191
Klasse, 243

REGISTER

Komplementaritätsprinzip, 198, 213, 302
Kongruenz; räumlich, 152; zeitlich, 168
Konkreta, 295
Konventionalismus, 60, 154
Kopernikanisches System, 126
Kopernikus, N., 83, 116
Korrelat, kognitives, 315
Kosmogonie, 19, 35, 91, 229
Kritik der praktischen Vernunft, 72
Kritik der reinen Vernunft, 55, 72, 80, 126, 130, 131

Lamarck, J. B., 225
Laplace, P. S., 124, 185
Lebewesen, 216
Leere, logische, 28, 49, 71, 98, 250
Leibniz, G. W., 126
Leitsätze, moralische: kognitive Interpretation, 64, 76, 362; definiert, 314, 318; Implikationen zwischen, 71, 311, 354; in die Geschichte hineingelegt, 86; als reflexive Zeichen, 324; Willensnatur, 340
Leverrier, U. J., 121
Licht: Teilchenauffassung, 83, 192, 195, 211; Geschwindigkeit, 172, 174; Wellentheorie, 192, 195
Limes der Häufigkeit, 276
Lobatschewskij, N. I., 148
Locke, John, 94, 101, 126
Logarithmen, 113
Logik: aristotelische, 22, 243; deduktive, 49, 98, 127, 259; induktive, 98, 258, 263, 278; mehrwertige, 256; symbolische, 246, 248, 256; dreiwertige, 214, 256; siehe Deduktion
Lucretius, 92

Macht, 337
Marx, K., 86
Materialismus, 302
Massenanziehung, 16; siehe Gravitation
Mathematik, 26, 33, 44, 103, 310; Zurückführung auf die Logik, 252; siehe Geometrie
mathematische Wissenschaften, 346
Materie und Energie, Äquivalenz, 194
Maxwell, James, 193
Mendelejeff, D., 195
Meno, Platos Dialog, 34, 63
Menge, Klasse, 252
Metasprache, 199, 255
Meteore, 233
Mill, John Stuart, 100
Mittelalter, 93, 164, 245
moralische Direktiven, siehe Direktiven
Morgan, A. de, 246
Mutationen, 226
Mystizismus, 44

Nahwirkung, 210
natürliche Auswahl, 222, 225
Neutronen, 191
Newton, Isaac, 55, 119, 192; siehe Gravitation
Newtonsche Physik, 55, 61
nichteuklidische Geometrie, siehe Geometrie
nichtumkehrbare Prozesse, 170, 181

Normalsystem, 154, 158, 204, 211, 299
Notwendigkeit; logische, 29, 49, 98; moralische, 312; physikalische, 122, 181, 268
Noumena, 79
Novum Organum, 99, 102

objektive Dinge, 293
objektiv wahr, 293
Occam, William von, 93
Oedipus, 123
ökonomische Interpretation der Geschichte, 87
Ontologie, 23, 250
Ontologischer Gottesbeweis, 50, 68
Ordnung, historische, 223, 231
Ordnung, systematische, 223, 231
Organon, 99

Palomar, Fernrohr auf dem Berg, 241
Parallelenaxiom, 147
Pascal, B., 112
Peano, G., 247
Peirce, C. S., 247
Pflicht, Kant, 74
Phaedo, Platos Dialog, 41
Phaenomena, 79, 305
Planck, M., 143, 193
Plato: Astronomie, 42; Ethik, 65, 69, 78; Existenz der Ideen, 32, 78, 284; Idealismus, 43; Mathematik, 26, 30, 34; Höhlengleichnis, 283; Wahrscheinlichkeit, 41; Rationalismus, 43; Erinnerung, 35; Ideenlehre, 26, 30, 64, 164
Poincaré, Henri, 59, 154
prädikabel, 253
Pragmatismus, 360
Prämisse, 49; siehe Axiom und Ethik
Präzision, 167
Protagoras, 63, 201
Pseudoerklärung, 18, 221
Psychoanalyse, 39, 48, 124, 286, 295
Ptolomäus, 83, 114, 126
Pythagoras, 43

Quantenmechanik, 199, 256, 291, 302
Quantum, Entdeckung, 143, 193

radioaktiver Zerfall, 230
rational, 43
Rationalismus, alter, 43; im Vergleich zum Empirismus, 107, 125, 279, 286; Definition, 43, 190; Ethik, 65, 67, 72, 310; Geometrie, 29, 52, 162; Idealismus, 81, 285; moderner, 45, 51, 56, 118; Wahrscheinlichkeitstheorie, 263
Realismus, 302
Rechtfertigungszusammenhang, 260
reflexive Zeichen, 323
Relativität: Theorie der, 140, 158, 236; Relativität der Bewegung, 126; der Geometrie, 153
relative Begriffe, 155
Ricardo, D., 86
Riemann, B., 148
Russell, Bertrand, 247, 250, 278
Russell, H. N., 231
Rutherford, E., 195

Schelling, F. W., 142
Schluß, 49
Schluß: Form, 244
Schöpfungsgeschichte, 19
Scholastik, 94
Schopenhauer, A., 142
Schröder, E., 247
Schrödinger, E., 197
Seelenwanderung, 35, 44
selbstverständlich, 28
Setzung, 271, 277, 301
Sinn, kognitiv, 315; von Imperativen, 315, 323; instrumentell, 315; Übertragung, 270, 291; Verifizierbarkeitstheorie, 288
sinnlos, 235, 242, 254
sinnvoll, 287
Sinneswahrnehmung, 40, 94, 128, 283, 291, 306
Skeptiker, 92
Skeptizismus, Humes, 106, 297
Semantik, 255
Semiotik, 255
Sextus Empiricus, 93, 99
Sinnübertragung, 270, 291
Sokrates, 35, 49, 69
Solipsismus, 300
sollte, Bedeutung des Wortes, 322
Soziologie, 346
soziologische Gesetze, 346
später, 169
Spencer, H., 142
Spektrallinien, 195
Spinoza, B., 66, 164, 188, 312
Sprache, 287
Staat, Platos Dialog, 42
Statistik, 181; der Sterne, 232
Sternensystem, 232
Stimulussprache, 296, 305
Stirner, M., 300
Stoiker, 68
Störung, siehe Beobachtung
subjektive Dinge, 293
subjektiv wahr, 293
Substantivierung von Abstrakta, 22
Substanz, 13, 20, 21, 85
Syllogismus, 244
Synthese, 83
synthetisch: Aussagen, 28, 49; evident, 278, siehe Apriori
systematische Ordnung, 223, 231

Tagebuch, ausführliches, 292, 298
Tautologie, 251; siehe analytisch
Teilcheninterpretation, der Quantenmechanik, 196, 211; der Lichttheorie, 83, 192, 195, 211
Teleologie, 86, 217
Thales, 21
theormodynamischer Ausgleich, 182
These, 83
Timaeus, Platos Dialog, 35
Toricelli, E., 117
transzendent, Auffassung der Erkenntnis, 283
transzendentale Dialektik, 80
Traumwelt, 39, 291

Tugend, 64, 310
Typentheorie, 254

Überleben der Tauglichsten, 222
Uhr: Verzögerung durch Bewegung, 173; natürliche, 168
unbeobachtbare Dinge, 17, 200, 210, 291, 299; der Quantenmechanik, 205, 210, 291, 302
Ungenauigkeitsrelation, 186, 198, 207, 302; Wahrheitswert der, 214, 256
universelle Kräfte, 153
unmittelbare Dinge, 293
unmittelbar wahr, 293
Untersuchung über den menschlichen Verstand, 102
Ursache, des ersten Ereignisses, 234; des Universums, 234, 242
Ursprung der Welt, 229
Urteile: ethische, 64

Verallgemeinerung, 15, 20; siehe Implikation
Vererbung erworbener Eigenschaften, 226
Verifizierbarkeitstheorie des Sinnes, 288
Vernunft, 13, 21, 85, 95, 341
Vitalismus, 229

Wahrscheinlichkeit, 111, 260, 273; Häufigkeitsdeutung, 266; Implikation, 187; Gesetze, 185, 209; Plato, 41; Einzelfall, 267, 270; Wellen, 198
Wallace, A. R., 223
Wärmesatz, erster und zweiter, 182
Wasserstoffbombe, 231
Welle: Deutung der Quantenmechanik, 196, 211; Wahrscheinlichkeit, 198; Lichttheorie, 84, 192, 195, 211
Weltall, Ursache, 235; Ausdehnung, 237
wenn-dann-immer-Beziehung, 16, 27, 71, 179, 187, 268
Wertordnung, 351
wesentlich, 15
Whitehead, Alfred N., 250
Widerspruchslosigkeit, Beweis der, 254
Wille, 340
Willensentscheidung, 316, 323, 325, 335, 352, 358; sekundäre, 322, 334; Willensethik, 323
Willenshaltung, 335
Winkelsumme im Dreieck, 27, 53, 59, 148, 155, 159

Zahl, Definition der, 250
Zeichen, 287
Zeit: 165; Kausaltheorie der, 170, 176; Richtung, 168, 240; Maß der, 166; Ordnung der, 168, 239; Sternzeit, 166; Sonnenzeit, 166; Gleichförmigkeit der, 167
Zeno, 253
zielgerichtete Handlungen, 351
zugeordnete Aussage, 315
Zukunftswissen, 97, 106, 108, 121, 258, 263, 290
Zuordnungsdefinitionen, 153, 168
Zweck, 220, 221, 338
Zweckursache, 218
Zweifel, 39, 46

Die Wissenschaft

BAND 72

H. REICHENBACH **Axiomatik der relativistischen Raum-Zeit-Lehre**

Mit einem Vorwort von Prof. Dr. Friedrich Beck

XII, 162 Seiten mit 15 Figuren
1924. (Nachdruck 1965.) Halbleinen. DM 16,80
Bestell-Nr. 7072

Inhalt

Einleitung — Spezielle Relativitätstheorie: Die Axiome und der Aufbau der Metrik. Kritische Betrachtungen — Allgemeine Relativitätstheorie: Die Axiome und der Aufbau der Metrik. Integraleigenschaften — Verzeichnis der Axiome, der Definitionen und der Sätze. Namen- und Sachregister.

 Friedr. Vieweg & Sohn · Braunschweig

**Auch wer nicht unterrichtet ist,
ist verantwortlich,
verantwortlich für seine Zukunft,
für die Gesellschaft,
in der er lebt.**

Die Naturwissenschaften werden in Zukunft unser Leben in einem fast unübersehbaren Maß bestimmen. Ob Wissenschaftler ihrer Wissenschaft freiwillige Grenzen der Forschung setzen sollen, ist eine Frage, die alle angeht, nicht nur die unmittelbar Betroffenen. Denn in Zukunft wird jeder unmittelbar betroffen sein, angenehm oder unangenehm. — Wer diese Frage beurteilen will, muß die Probleme kennen, die entscheidenden wissenschaftlichen Theorien, die Denkweisen und die Ziele, die den Naturwissenschaftler bewegen. Die Diskussion ist im Gange. Sie müssen an ihr teilnehmen. Die Paperbacks aus der Reihe „Die Wissenschaft" ermöglichen es Ihnen:

Atomphysik und menschliche Erkenntnis I, von Niels Bohr.
2. Auflage, 1964. DM 9,80

Atomphysik und menschliche Erkenntnis II, von Max Born.
1966. DM 12,80

Physik im Wandel meiner Zeit, von Max Born.
4., erweiterte Auflage, 1966. DM 22,50

Grundzüge der Relativitätstheorie, von Albert Einstein.
6. Auflage, 1965. DM 10,80

Der Mensch und die naturwissenschaftliche Erkenntnis,
von Walter Heitler. 4. Auflage, 1966. DM 6,80

Die Physikalische Erkenntnis und ihre Grenzen,
von Arthur March. 3. Auflage, 1964. DM 10,80

Naturerkenntnis und Wirklichkeit, von Hans Sachsse.
1967. DM 17,50

Die Erkenntnis des Lebendigen, von Hans Sachsse. 1968. DM 22,80

Geist und Materie, von Erwin Schrödinger. 3. Auflage, 1965. DM 9,—

 Friedr. Vieweg & Sohn · Braunschweig

MIX
Papier aus verantwortungsvollen Quellen
Paper from responsible sources
FSC® C105338

If you have any concerns about our products,
you can contact us on
ProductSafety@springernature.com

In case Publisher is established outside the EU,
the EU authorized representative is:
**Springer Nature Customer Service Center GmbH
Europaplatz 3, 69115 Heidelberg, Germany**

Printed by Libri Plureos GmbH
in Hamburg, Germany